U0290141

中国观鸟故事　梁文瑛　著

守望飞羽

商务印书馆
The Commercial Press

2017年·北京

图书在版编目(CIP)数据

守望飞羽：中国观鸟故事/梁文瑛著.—北京：商务
印书馆，2017
ISBN 978-7-100-15316-4

Ⅰ.①守… Ⅱ.①梁… Ⅲ.①鸟类—介绍—中国
Ⅳ.①Q959.7

中国版本图书馆 CIP 数据核字(2017)第 224874 号

守望飞羽：中国观鸟故事

梁文瑛 著

商 务 印 书 馆 出 版
(北京王府井大街 36 号 邮政编码 100710)
商 务 印 书 馆 发 行
北京新华印刷有限公司印刷
ISBN 978-7-100-15316-4

2017 年 10 月第 1 版 开本 880×1230 1/32
2017 年 10 月北京第 1 次印刷 印张 10⅛
定价：50.00 元

感谢施华洛世奇的支持

给狄桁、祝靖

—— 愿你们学会敬畏大自然，并时常感恩

作者：杨鼎立（dingli.yong@birdlife.org）
鸟名：白冠长尾雉

鸣谢

感谢多方友好一路上的鼎力支持和帮助，这本书才能顺利完成。在此衷心感谢以下诸位的热心帮忙（排名不分先后）。

感谢香港观鸟会研究经理、资深观鸟人余日东的大力支持，好多受访观鸟人都由他出面牵线，我才得以联络上他们。此外，下笔时遇到不少"史料"问题，他都热心解答。最后，他是编辑以外，第一个读毕整个稿件的人，替我指正不少错误。

感谢北京观鸟人吴岚（Wind Wu）替我联系本书编辑，本书才得以面世。

感谢香港观鸟会助理经理（中国项目）傅咏芹小姐（Vivian Fu），好几位受访观鸟人都经由她介绍。另外，书中好些重要的数据和资料都由她提供。

感谢香港观鸟会主席刘伟民先生（Apache Lau）协助我进行一些背景资料的搜集工作。

感谢友人邝素媚（Kristy Kwong），她曾是香港大集团出版社的资深编辑，给予我不少出版上的指导。

感谢友人徐天成（Albert Tsui）给予我出版上的法律意见。

我要感谢我先生给予我写作的空间和支持。此外，我要感谢三位儿时好友方素山（Susanna）、陈建德（Derek）和曾显科（Manson），以及我很尊敬的大学师兄陈昌成（Bryan）。他们在百忙中抽空读稿，为我提供了很多珍贵的读者意见。特别要感谢Bryan，他在本书的各方面给予我不少意见，为我解决不少困难，并义务替我设计封面。在我的观鸟路上，Derek和Manson都是很重要的友伴。

最后，感谢拿起这本书的你。

目 录

序 / Ⅷ

第一章　资深观鸟者给初学者的意见 / 1

　　观鸟入门指南 / 1

第二章　观鸟人访谈 / 9

　　资深观鸟人 / 10

　　　　陈亮——最高效率的"推车手" / 11

　　　　孔思义、黄亚萍——鸟界夫妻档 / 22

　　　　利雅德与贾知行——最熟香港鸟的英国鸟人 / 33

　　　　李察——温文儒雅的英国鸟人 / 43

　　　　林超英——香港观鸟会首位华人主席 / 52

　　　　约翰·马敬能——《中国鸟类野外手册》作者及生物多样性专家 / 61

　　　　莫克伦——博学多才的爱尔兰鸟人 / 71

　　　　唐瑞——英国驻京观鸟"大使" / 83

　　　　王西敏——西双版纳的环境教育专家 / 91

　　　　马丁·威廉姆斯——把北戴河带上国际鸟坛的剑桥鸟人 / 98

　　　　张浩辉——香港观鸟会前主席 / 109

　　鸟会专家 / 116

　　　　董江天——深圳市观鸟协会秘书长及前会长 / 117

　　　　陈志鸿——厦门观鸟协会秘书长 / 127

付建平——北京观鸟会会长 / 133

余日东——香港第一代本地鸟类专家 / 140

学院派观鸟人 / 149

佩尔·阿尔斯特伦——来自瑞典的国际级莺类专家 / 150

刘阳——新生代鸟类学者 / 160

赵欣如——让专业知识普及化的观鸟教育家 / 167

鸟导系列 / 179

保罗·霍尔特——中国观鸟第一的英国鸟人 / 180

邢睿、黄亚慧——新疆观鸟和生态专家 / 189

章麟——如东水鸟专家 / 199

林剑声——从猎人到鸟人 / 207

新生力量系列 / 214

雷进宇——鸟类与生态保护的新力量（上）/ 215

闻丞——鸟类与生态保护的新力量（下）/ 222

摄影大师系列 / 229

奚志农——镜头里的鸟（上）/ 230

董磊——镜头里的鸟（下）/ 239

第三章　国内鸟类调查 / 247

栗斑腹鹀 / 248

猛禽迁徙调查 / 257

中华凤头燕鸥 / 270

全国沿海水鸟同步调查 / 284

第四章　国内鸟类保护概况 / 300

序

　　在观鸟路上，我经常遇到不吝赐教的观鸟高手，他们慷慨地分享自己的心得与窍门，不但让我改善了观鸟技巧，还大大开阔了眼界与识见，深感"与大师同行"是何等弥足珍贵。我渴望跟别人分享这些喜悦，这便是写这本书的初衷。写书跟人生一样，都像一趟旅程，无论旅程开始时的预设为何，剧情不一定按牌章发展下去。所以，本书原定把观鸟大师的经验之谈辑录起来，作为一种可传播的文本，但写到后来，却发现每位主角的故事都那么扣人心弦——在孤岛上守护神话之鸟的鸟类研究者、二十年风雨无间地主持观鸟讲堂的教授、只身走遍大江南北观鸟的横眉女子、从打鸟变成观鸟的猎人，等等。而且，还有更多精彩的观鸟人故事未尽收录，他们全是中国观鸟发展路上不可或缺的板块、现代自然环境变化的见证人。"春江水暖鸭先知"，鸟儿跟很多动物一样，对环境与气候的变化极为敏感，如果说鸟儿身怀自然环境变化的密码，那么观鸟高手便是解码人，所以他们观察自然的经验，对自然保护的科学研究变得极为重要。这些人生故事的总和，以及他们为保护自然环境做出的贡献与影响，已经大大超出了我最初的设想。写书之时，我深深受益于他们的人生经验，总被他们各种守护鸟儿的热诚和坚持所触动：爱护一些跟自己看似无直接关系的动物，以及追求科学真相的谦卑态度，都是难能可贵的无私精神，绝非拙笔所能生动形容，希望读者有所包容。在这里，我衷心感谢每一位接受采访的观鸟高手，不嫌我三番四次的"滋扰"，更愿意倾囊相授他们的观鸟秘诀，并坦诚分享生命中的喜怒哀乐。

　　观鸟人的生命故事除了带来出乎意料的启发，还让我看到中国观鸟发展的一些起承转合。一如历史的总体发展，观鸟发展也不是直线上升的规律性行为，而是由好些偶发事件触发的曲线上升的不规则运动，以及一些重要人物在关键时刻的行动也带来了多米诺骨牌效应的影响，不论他们当时是否注意到了这一点。例如，赵欣如和奚志农同样因为中国鸟类学家郑作新在媒体上发表的文章而对鸟类产生兴趣（国内还有很多观鸟人也深受郑老的影响），在信息不畅通的年代，大人物的公开言论可谓举足轻重。在自媒体还没出现的年代，传统媒体工作者的影响力可以非常深远，例如中央人民广播电台记者汪永晨于1996年成立环保组织"绿家园"，举办观鸟活动，还找来赵欣如帮忙，很多身在北京的观鸟人都参加过"绿家园"的活动，例如陈亮第一次接触观鸟，便是汪永晨邀请他去采访而促成的。《人民日报》的钟嘉也是一位对中国观鸟影响良多的记者，除了经常撰写观鸟和自然的新闻专题故事，她本身也是资深观鸟人，书中不少受访观鸟人如雷进宇、王西敏等皆深受她启发和影响。

2000年年初有两件事情也触发了另一次观鸟浪潮：世界自然基金（WWF）的网上论坛流行起来，以及《中国鸟类野外手册》的出版。在互联网刚普及起来，网上论坛还没如雨后春笋般出现时，WWF的论坛是国内自然爱好者会聚的大本营。不少受访观鸟人皆在论坛上得知观鸟这回事，并认识同道中人，一起组织活动，有些鸟会的雏形就在论坛上形成，而由多地观鸟人自发组织、至今进行超过10年的"全国沿海水鸟同步调查"也在这个论坛上诞生。《中国鸟类野外手册》对中国观鸟的深远影响自不待言，尽管该书仍有不足之处，但多位观鸟人皆认为这本手册的意义非凡，尤其出版方以相宜价格发售最为人称颂，让更多人能够人手一本，极大推动了中国观鸟的发展。此外，将中外观鸟人的观鸟故事并排对比来看，更会看出社会发展和文化对观鸟的影响。例如西文方化的自然观从野蛮利用渐渐过渡至提倡环保，把自然教育列为必修课让一般市民对大自然产生基本的认识和关注，几乎所有受访的外国观鸟人皆在孩提时代接触观鸟，并对大自然有一定程度的了解。在众多影响观鸟发展的偶发事件里，很多观鸟人皆预料不到的便是摄影器材的普及化，竟会为观鸟带来一个"拐弯"——拿起望远镜观鸟的人还在缓慢攀爬（或许偶然有一两个爆发上升点，但不多），但拿起相机拍鸟的人数却急速上升。这个"拐弯"对观鸟带来"好多于坏"还是"坏多于好"的影响，观鸟界的看法也莫衷一是，难以盖棺论定。

　　本书共分四章：第一章综合了多位受访观鸟人的观鸟心得和经验之谈，作为观鸟入门指南；第二章以观鸟人的故事独立成篇，读者可以从他们身上体悟观鸟的乐趣和真谛，以及了解观鸟如何改变他们的人生；第三章以鸟种为主角，介绍国内濒危物种的研究和保护情况；最后一章概述国内鸟类的保护现状。本书封面的设计理念来自"守望"两字，这让我想起我很喜欢的书《麦田里的守望者》（*The Catcher in the Rye*），深感我所写的鸟人就是站在山上守护鸟儿的"catcher"，不让鸟儿掉下山去。

　　如果本书真能产生什么影响，我希望看见更多人拿起望远镜，跟你爱的人一起跑到野外去观小鸟、观自然、观天地，然后一起守护这份来自上天的礼物。

梁文瑛

2016年春，上海

第一章

资深观鸟者给初学者的意见

观鸟入门指南

本章综合了近三十位"鸟人"[1]的经验之谈，粗略分为四部分：工具、地点、基本技巧和个人心得，尽量以简洁清晰的方法让读者掌握观鸟入门和进阶的技巧。每位受访者所使用的望远镜和工具书，皆列在第二章的访问内容之后。

必备工具

I. 望远镜

国内外很多光学品牌出产的双筒望远镜已经达到野外专业的水平，价钱适宜的选择也不少，所以初学者选择望远镜时应考虑以下条件：

经济能力

光学性能好的望远镜不便宜，从几千块到几万块不等，假如未能确定自己是否会长期使用，便应该选择价钱适宜的望远镜。现在国内不少光学品牌出产的望远镜，数百元已能买到一个性能不错的，很适合入门者使用。

倍率功能

鸟人最常用的双筒望远镜，倍率一般为8至10倍，口径为30至45mm。倍率越大，影像越大，但亮度则越暗，视野范围越小，影像稳定性会相对降低。例如，8×30mm的双筒望远镜所看到的目标影像会比10×30mm的小，但视野会广，而且影像较亮和稳定。喜欢视野较广的读者可以考虑8倍，喜欢放大效果较佳的可以考虑10倍，但影像稳定性会容易受手抖动的影响。

口径

口径就是物镜的直径，口径越大则入镜的光量越多，亮度和清晰度等都相对上升，但体积和重量也相对增加。大部分鸟人使用的望远

---

[1] 鸟人，即指观鸟人，是观鸟人群体中指称对方或自己的戏谑之词。如无特别说明，本书中的鸟人即为此意。

镜的口径为30至45mm，有些随时准备观鸟的鸟人会选择30mm的望远镜，因为体积较小、重量较轻，便于携带。初学者可根据自己的体能和喜好做出选择，一般来说，8×40mm的望远镜是较多入门者的选择，是衡量放大功能、亮度、体积与重量等条件后的折中选择。

单筒望远镜

双筒望远镜已能应付绝大部分的观鸟需要，但如果想仔细观察距离较远的鸟类，例如水鸟，倍率功能更高的单筒望远镜便派上用场。不过，单筒望远镜的价钱不便宜，而且需要脚架支持，整体重量大大增加，携带不便，初学阶段的观鸟者不宜着急购置。

II. 鸟类图鉴

随着自然摄影队伍的不断壮大，高水平的鸟类摄影作品比比皆是，国内外出版的鸟类摄影图鉴也愈来愈多，而且印刷精美，成为鸟类图鉴以外的参考选择。不过，不少观鸟高手皆建议初学者应该从鸟类图鉴入手，待培养了一定的认鸟基础后，才以摄影图鉴作为辅助参考。"初学者应该多看图鉴，因为图鉴把鸟的辨认特征都描绘出来，而照片未必能全数看到。"香港观鸟会首位华人主席林超英说。"图鉴虽然是平面的，有时甚至跟鸟儿真实的样子有挺大的差别，但看熟图鉴上的鸟是初学者把观鸟学上手的好方法。"香港观鸟会的研究经理余日东说。

以下鸟类图鉴是受访鸟人推荐初学者熟读的中国鸟类工具书，排名不分先后：

约翰·马敬能、卡伦·菲利普斯、何芬奇，《中国鸟类野外手册》，湖南教育出版社，2000。

尹琏、费嘉伦、林超英，《香港及华南鸟类》，香港特别行政区政府新闻处，2006。

M. Brazil. 2009. *Birds of East Asia.* Christopher Helm Publishers Ltd:

United Kingdom.

C. Robson. 2000. *A Guide to the Birds of Southeast Asia*. Princeton University Press.

《中国鸟类野外手册》的作者马敬能表示，国内很多省份也出版了当地的鸟类图鉴，虽然未必全面介绍中国鸟类，但很适合初学者使用。"初学者可找一些当地出版的鸟类图鉴，以小巧轻便为主，除了方便携带，还能给自己定下一个可完成的目标——当看完手头上的本地鸟类图鉴，便可以进阶到数据更丰富的图鉴。"这样，初学者很快便有一种达标的满足感，大大提高了继续观鸟的动力。

观鸟地点

几乎所有观鸟高手都从自己生活的城市开始观鸟，先把身边的鸟认熟了，然后逐步往外发展，是观鸟进步的必经阶段。

I. 从身边开始

不少鸟人都从自家后花园开始观鸟，或者在他们经常出入的地方（如学校或单位周边）练习观鸟。综合受访鸟人的意见，公园是身处城市的初学者开始观鸟的最佳场所。李察说："找一个有水池和荷塘的公园，然后尽快认熟公园里的常见鸟。一年四季定期定点观察，你会发现这些常见鸟的有趣动向。"马敬能说："开始观鸟时要从身边的地方入手，如果你住在乡村便从山林开始，如果你靠近海边便从海岸入手，总之要先认熟你生活范围里最常见的鸟。"

II. 找合适的生境

当你观鸟已有一段日子，把身边常见的鸟都认熟了，便可以尝试去更远的地方看鸟，例如郊外。在一个范围较大的地方看鸟，留意四周环境、找寻合适的观察点以及路线，是到达鸟点后第一件要做的事。总体来说，待在鸟儿吃饭、喝水和休息的地方观察，是找鸟的不二法门。"当你看到一棵果树或者花树时，不妨停下来观察，看看有没有鸟飞来觅食。每看到好的生境，都应该耐心等待一下，要是老是跑来跑去找鸟，很难把鸟看好，尤其是喜欢在地上活动的鸟类。"马敬能说。

"当你到一个偌大的地方，先找一个制高点，好好观察整个范围。然后留意一下水源在哪里，是否为这地方的唯一水源？这在冬天尤其重要，因为当水都结冰了，鸟儿能喝水的地方更少，待在水源附近观察是一个好方法。此外，注意一些避风的位置，刮大风的时候，鸟儿和你都需要找避风的地方，那里也是好的观察点。还有，要多加注意山谷和陷落的斜坡，因为鸟儿喜欢躲在别人视觉的盲点位置。"莫克伦说。

北京师范大学的赵欣如教授说："我记得郑光美[①]老师的一句话——观鸟时要眼观六路，耳听八方。这是一种战略性的观鸟，在我的经验里，从生态角度来找鸟，就是找景观错落、生境交接的地方，例如林地和草丛交错的地方、山地跟湖泊交会的边缘，愈是在这些群种交会处，物种愈多。"

III. 找自己的观鸟"地盘"

对很多鸟人来说，另一个必经阶段便是追看未见过的新鸟种，除了追看各种本地罕见鸟，还不时出游到别的城市甚至国家看鸟。不过，不少受访鸟人皆表示，追看新鸟种当然令人兴奋，但找到一个自己能定期观鸟的好地方同样重要，就是找一个属于自己的观鸟"地盘"

---

① 郑光美为中国动物学及鸟类生态学家、北京师范大学生命科学学院教授、中国科学院院士，重要著作包括《中国鸟类分类与分布名录》等。

(local patch)，然后定期观察、做记录。这个地盘可以是你的私人花园、小区花园、附近的公园或者你很喜欢的地方，总之是一个你能经常去的地方。"在自己的地盘看鸟，我会留意到鸟类的分布，在不同季节的动向，看到许多有趣的现象。每次在自己的地盘发现新出现的鸟种，哪怕是普通的迁徙鸟，我也会很高兴，因为这是'我的鸟'。"贾知行笑着说。"我最欣赏的鸟人并非那些看过最多鸟种的人，而是非常勤力和专注地找鸟的人，这些人常定期定点看鸟，他们也总能发现好东西。"孔思义说。

IV. 注意事项

无论在哪里看鸟，所有观鸟者最应该注意的是个人安全。如果到野外观鸟，要做好保护措施，例如事先了解路线、准备充足的干粮和水等；初学者尽量不要单独去不熟悉的环境，以及偏远和难以跟外界联络的地方观鸟。

"到达鸟点后，可以留意一下其他鸟人的动向，然后细心判断自己该往哪里走。要尊重看鸟的环境，尤其是私人地方或农地等，尽量降低骚扰，更不可以破坏环境。"黄亚萍说。

"观鸟时，要跟鸟保持距离，不要令它们太紧张，尤其不可以接近鸟巢，骚扰育雏。更不可以接触鸟巢，这样做不单会暴露鸟巢位置，引来追捕者的袭击，更有可能惊吓成鸟，导致弃巢。"马敬能说。

找鸟的基本技巧

工具和观察点都找到了，接下来当然是去看鸟。除了找寻合适的环境，或者在鸟儿喜欢活动的地方等待，还有一些基本的找鸟技巧。

I. 留意声音及任何动静

"在公园或林中看鸟时，细心留意鸟的叫声，并注意是否有鸟浪

（即不同种类的鸟聚在一起群飞）。"李察说。"尝试把常听见的鸟叫声认熟，有时观鸟是听到多过看到，尤其是看林鸟的时候。此外，要慢慢行动，才能注意四周的动静，会比较容易看到小鸟的活动。"马丁·威廉姆斯说。

II．集中精神

"看鸟时，要把全副心思都放在鸟上。"李察说。"集中精神，留意每一只鸟，保持好奇心。"贾知行说。"看鸟时不要说话，不要急着看书，先专心把鸟看好。"余日东说。

III．先熟悉常见鸟

"到达鸟点后，先把常见的鸟、常听到的叫声熟悉一下，让自己的感官习惯了，它们便变成'背景'信息，然后你会对未见过的鸟或不熟悉的叫声更加敏感，找到新鸟的机会便多了。"马敬能说。

个人观鸟心得

观鸟跟很多技能一样，工多艺熟，当累积了相当的观鸟经验后，鸟人会渐渐发掘自己的观鸟习惯，以及提升技巧的方法。以下都是受访鸟人累积经年的个人心得，可说是一些"升级攻略"。

"与人同行、参加鸟会的观鸟活动，从经验丰富的人身上学习，我也是这样提升找鸟和认鸟的技巧的。"

——孔思义

"每次看鸟后也要做功课、做记录，记下老师教的辨鸟技巧，以及一些容易混淆的鸟有何分别。"

——董江天

"根据我的个人经验，要观鸟进步快，有三个程序：1. 记得鸟名；2. 牢记图鉴里的图像；3. 在野外看到实物时把脑子里的图像和实物联系起来。这三个程序就是一种学习，只要不停重复，会很快把鸟认熟。"

——余日东

"熟习每个季节的常见鸟，每次去看鸟前，预设一下大概会看到什么鸟，包括可能出现的不常见鸟。然后认熟它们的样子，找叫声和图像来温习一下，当你碰到一些不熟悉的鸟时会很快反应过来。"

——唐瑞、保罗·霍尔特

"有一位经验丰富的前辈教导我：没充分证据的都当是常见鸟。意思是，要清楚看见和辨认了特征，才能确定是罕见鸟，否则那可能是一只看起来有点怪的常见鸟。也就是说，每当看到奇怪的鸟时，要加倍仔细地看特征，才好下判断。"

——马丁·威廉姆斯

"去一些其他鸟人没去过的地方，发掘新鸟点。"

——李察

"站着不动10分钟，当你原地不动超过10分钟后，你的观察力在慢慢提升，此时再等10分钟，然后才开始找鸟。我看过一个访问，维也纳爱乐乐团的成员说，在卡拉扬领军的年代，乐团每次演奏前他都要闭目养神，此时成员只好屏息以待，直到他们再也忍不住，开始互相对望时，卡拉扬便会睁开眼，开始指挥演奏。所以，看鸟时，原地不动等待，直到你感到自己已等待了很久，然后才开始找鸟，这时候你对四周的动静会变得特别敏感。"

——莫克伦

"多出去看鸟，熟能生巧，世上没有进步的快捷方式。"

——孔思义、黄亚萍

"看得愈多，进步愈快。"

——马丁·威廉姆斯

"天道酬勤。"

——保罗·霍尔特

第二章

观鸟人访谈

资深观鸟人

陈　亮
——最高效率的"推车手"

　　陈亮在四川成都出生和成长，于厦门大学国际新闻专业毕业后，在北京《中国日报》（*China Daily*）工作至今超过10年，目前任特稿部主任记者。常年"穿州过省"的采访工作让他因利成便，得以在很多偏远地区观鸟，除贵州外，陈亮已跑遍国内所有省份，目前个人鸟种数（中国）已达1,140种。在本职工作跟观鸟无关、家有老幼的情况下，陈亮仍能拿下这个骄人数字，全靠他追求高效率的观鸟策略和丰富的"推车"①经验，当然还有一颗对鸟儿疯狂着迷的心。

---

① "推车"一词译自英语twitch，指观鸟者追看罕见鸟的行为。

广义来说，"推车"是观鸟世界里比较疯狂的一种行为：鸟人在接到某种罕见鸟的消息后，用尽一切办法在最短的时间里把目标鸟拿下；疯狂的程度包括放下手头一切工作、家中哭闹的孩子，甚至是快将迎娶的新娘（那是英国人的例子，笔者暂时未听说过国内有准新娘被鸟人放鸽子的惨事），涉及的交通包括不计成本地打车、不顾面子地蹭车，甚至是搭火车或飞机，通宵开车"穿州过省"的，笔者也听说过。事实上，笔者跟陈亮首次一起观鸟那天，便是一次典型的"推车"，我们的目标鸟是野鸭湖的一只短尾贼鸥（Arctic Jaeger, *Stercorarius parasiticus*），那是北京第一笔记录，非常罕见。那是2014年9月的某个工作日，早上8时我们在微信群接到消息后，10时许一行4人便在北四环集合，然后驱车直奔野鸭湖。在那边待了大半天后，遍寻不获，唯有打道回府。在两小时内我们迅速准备出门，包括想好向领导请假的理由和调配工作、找上有车的鸟友及计划最快的路程等，这种将井井有条的日常生活狠狠地打断的"推车"行为，在很多鸟人生活里是经常发生的。

陈亮忆述第一次正式"推车"的时间是2008年，目标是吉林的栗斑腹鹀（Jankowski's Bunting, *Emberiza jankowskii*）。他们周五晚下班后从北京坐火车出发，周六早上到达吉林，租车再跑了5小时到达鸟点，成功看到目标鸟后便立马离开。那个鸟点是军事靶场，偶尔会有子弹在头上飞过，正常人都不会逗留，但鸟人在看到目标鸟前，可以无视其他一切，包括危险。陈亮忆述当时的情景，只轻描淡写地笑说"感觉有点危险"，淡化了整个旅途上的甜酸苦辣，以及未知是否成功看到目标鸟的忐忑。为了一只小鸟，他们坐了两班火车再加两程包车，花在路上的时间共26小时，但仅用了1小时看鸟，这种付出与收获极度不成正比的情况，也是典型的"推车"。

不过，这不是陈亮最疯狂的一次。2014年3月某天下午6时，陈亮接到可靠情报，河北唐海县一个鱼塘发现雪鸮（Snowy Owl, *Bubo*

河北唐海县的雪鸮（陈亮摄）

scandiacus）（就是哈利·波特的宠物海德薇）。在国内要看雪鸮，只能在冬天走到内蒙古或更北的地方看，还要忍受零下三十多度的寒冷天气。这只在河北出现的雪鸮，是中国至今为止已知最南方的记录，所以非常难得，而且更是陈亮的个人新种。陈亮当晚8时约好友人，从北京开车到唐海县，晚上11时左右到达。第二天天亮了便去找，两小时也没发现，陈亮得赶回北京上班，上午11时便回到办公室了。过了两天，留守在唐海县的友人看见雪鸮了，那时是周五，陈亮下班后立马开车过去，周六在那边开车找了一整天，又没看见，周日只好灰溜溜地回京。离开前，他跟那里一个渔民说好，如果再有雪鸮的消息便立刻通知他。又过了一周，渔民真的看见雪鸮了，就是友人之前看见的同一地点，但经历两次惨败后，陈亮特别纠结，犹豫着去不去。"我老婆说，我不去，肯定更难受，于是就去了。三度寻鸮，终于给我看到了！我还给那渔民买了两瓶酒道谢。"陈亮开心地说。为了看雪鸮，他在三星期内从北京开车跑了河北三趟，一共跑了1,500公里，那不比从北京坐飞机到内蒙古雪鸮越冬地的距离短多少，但对疯狂鸟人如陈亮来说，只要看到目标，一切的付出都可以不计较。

　　陈亮对观鸟如此着迷、疯狂"推车"，大概有一种"补偿"的心理，这当然只是笔者的看法。陈亮说，他好几次与观鸟失之交臂，从1996年首次到高黎贡山采访开始，往后还有数次可以接触观鸟的机会，例如2002年第一届洞庭湖观鸟大赛和国际鸟类学大会，他都因出差而没去采访这些他很想了解的观鸟活动，最后在2004年7月跟随"绿家园"举办的生态旅游进行采访工作，才开始正式观鸟，言语间略带一点遗憾的意味。观鸟在中国发展较晚，很多国内鸟人都在成年后才接触观鸟，不像外国鸟人那样，孩提时代已有充足的环境条件学习观鸟。不过，陈亮总算开始了，绿家园举办的内蒙古额尔古纳之行，是他首次带上望远镜出差，感受观鸟是怎么一回事。数天里他共看到70多种鸟。其中最深刻的体会，便是站在山坡上看着不远处一只鹊鹞（Pied Harrier, *Circus melanoleucos*）在半空盘旋觅食的情景，那种自然美态深深震撼了他的心灵。"那时我想，观鸟真是太有意思了，回京后一定要好好看。"很多在成年后接触观鸟的人，或多或少会明白陈亮的"补偿"心理，就是想在未来的日子把错过的追回来。

从内蒙古回来后，陈亮把握每个机会接触观鸟，除了争取在出差的工余时间观鸟，也去找很多相关的专题来采访。因此知道了北京师范大学赵欣如老师主持的"周三课堂"，在那里认识了不少鸟人。不过，这些被陈亮形容为"当时最强的一批鸟人"，陈亮要在差不多一年后，才跟他们真正熟络起来。2005年5月，陈亮应邀去采访北戴河观鸟大赛，并结识了观鸟大赛评委、把北戴河带上国际鸟坛的英国鸟人马丁·威廉姆斯。马丁知道陈亮也观鸟，于是带着他把自己当年熟悉的鸟点跑了一遍。"马丁问我想看什么，就找什么给我看，我们一直看，从北戴河看到'快乐岛'①。跟他看鸟5天，我的观鸟水平大大提高了。"在"周三课堂"认识的鸟人也有参加观鸟大赛，大伙回京后，便相约

---

① 快乐岛名为石臼坨岛，位于河北乐亭县西南部的渤海湾中，因外国观鸟者在岛上看到很多鸟，便称之为快乐岛。

吃饭和看鸟，陈亮也自此开始密集地在北京和周边地方观鸟。

"2006年、2007年不出差的时候，每个周末我都跑去观鸟，不在北京，就去天津，那时天津去得很多，然后就是北戴河，最少有三个'五一'假期都去了那边。"那几年，这些地方的鸟况都很好，尤其是北戴河，罕见鸟的记录特多，陈亮还在那里发现红胸姬鹟（Red-breasted Flycatcher, *Ficedula parva*），是内地的第一笔记录。"那是2007年5月，我和李海涛一起发现的，当时拍了一个姬鹟，胸部红得厉害，感觉不对劲，回来查书才知道是红胸姬鹟而不是常见的红喉姬鹟（Taiga Flycatcher, *Ficedula albicilla*）。"不过，陈亮现在已不跑这些地方了，因为很多鸟点的鸟况已大不如前，回想起来，只能为之感到惋惜。

观鸟初期，除了天津、北戴河，陈亮跑得最多的地方是北京，而他最喜欢的鸟点是"从前的"野鸭湖，那时野鸭湖、官亭水库和马场还连在一起，集合了几种极好的鸟类生境，有记录的鸟种超过100种，当中还有不少是受国家保护的珍稀鸟种，如鹤类、雁类、天鹅和猛禽等，的确是北京最好的鸟点之一。在那里，陈亮亦看到他认为很能代表北京的鸟——大鸨（Great Bustard, *Otis tarda*）。被世界自然保护联盟（IUCN）列为"全球易危"的大鸨分布于欧洲、中东、中亚至中国，于欧洲中部及南部繁殖，北京仅属于它们的越冬地。虽然大鸨不是中国特有鸟种，也不只是分布在北京，但对陈亮来说，北京却是国内观看大鸨的好地方之一。"我第一次看大鸨是在内蒙古，

于北京野鸭湖越冬的大鸨（陈亮摄）

但实在太远了，用望远镜也看不清楚，感受不到它们特有的美态。后来在野鸭湖的冬天，第一次近距离看到大鸨，哇，太漂亮了。北京的大鸨越冬记录很稳定，所以很多朋友来北京要我带去看大鸨，基本都能看到，就算大鸨不是北京独有，也算是一个代表。"关于大鸨能代表北京，当然言人人殊。全球超过六成的大鸨都在欧洲，而欧洲的种群基本不迁徙，所以分布在国内的大鸨数量其实不多，能稳定地看到它们的地方则更少。古语有云"良禽择木而栖"，能在北京定期看到大鸨这种样子有点像古代鸟的濒危物种，说明这地方的自然环境还是很不错的。不过，随着农耕地面积大大减少，北京适合大鸨越冬的地方也愈来愈少，近年在北京越冬的大鸨记录已不如从前稳定，或许大鸨能代表北京的意义，在日后会愈来愈少，只能对北京"望门轻叹"。

对陈亮来说，"推车"成功当然带来不少满足感，但那始终是一种像"追星"的任务，而且看的都是"二手鸟"①，认真的鸟人追求的是自己把鸟找出来，看到、辨认到，那才算是真功夫，陈亮也不例外。2007年陈亮参加洞庭湖观鸟大赛，在林子里找鸟时，听到一个熟悉的叫声，于是循着叫声去找，结果真让他找到了，那是一只平常不易看见的小鳞胸鹪鹛（Pygmy Wren-babbler, *Pnoepyga pusilla*）。陈亮认得叫声，因为事前刘阳跟他提过，还给他听过录音。"那时候国内很多鸟人还没见过这种鸟，更遑论认得叫声，但我却成功地把它找出来，还让队员都看到，这成就感特强！"自此，鹪鹛类便成为陈亮最喜欢的林鸟之一，走到哪里观鸟，只要是有这类鸟分布的生境，他总要把它们找出来。"最神的一次是在高黎贡山，我们走到一个口，我看着便觉得应该有鹪鹛类的，于是试着播放它们的录音，结果就把长嘴鹪鹛（Long-billed Wren-babbler, *Rimator malacoptilus*）找出来了！完全出乎意料。"陈亮提起得意的经历，仍然非常回味。

---

① 二手鸟：指经由别人找到或指示才看到的鸟。

　　观鸟可以说是一种表面风光但实际上自讨苦吃的行当，在每一只令人神魂颠倒的小鸟背后，都可能是鸟人无穷尽的找寻和等待，更多的结果是空等一场，可与"一将功成万骨枯"相当。在陈亮那亮丽的成绩单上，还没上榜又令他最郁闷的，便是冠斑犀鸟。分布于中国的犀鸟主要在中国西南一带，想看犀鸟的人通常会跑去云南昔马碰运气。陈亮去了昔马4次（2007年、2008年、2010年、2013年），在各种忐忑与纠结的等待里，最终成功看到两种犀鸟，但总看不到冠斑犀鸟。后来他还去了广西两个点找，也没成功，本应是分布最广、有最多机会看到的犀鸟，偏偏成了陈亮的"滑铁卢"。① 所以，鸟人也可能是世上最能承受挫折的人群之一，等了又等才看到、可望不可即甚至是白去一趟等例子不胜枚举，长期以来的挫败训练已令很多鸟人变得愈来愈豁达和坚毅，很能承受命运女神的喜怒无常。

　　虽然观鸟是这样折腾的事儿，但鸟人仍屡败屡战，原因很简单，就是在付出无限汗水和时间后，成功一睹目标鸟的满足感实在是独一无二。2008年，陈亮跟随一队科研人员到西藏墨脱进行考察工作，在队里当志愿者，负责记录鸟种。18天的考察接近尾声时，他们要用4天时间，从海拔800米的背崩村开始，翻过海拔4,300米的多雄拉山口才能离开考察地，平均每天要爬1,000米左右的高度，走20多公里的路。头3天的路程，大队仍能勉力完成，到了第4天真的累得不行，陈亮都走得有痛风了，双脚又肿又痛，他已背不动任何东西，只能将所有行李交给背夫，除了望远镜。那年冬天这座雪山还发生过雪崩，埋了11人，所以一行人一边提心吊胆，一边拖着极累的步伐，希望尽快安全

① 根据中国观鸟年报《中国鸟类名录》4.0版（2016），分布于中国的犀鸟为冠斑犀鸟（Oriental Pied Hornbill, *Anthracoceros albirostris*）、双角犀鸟（Great Hornbill, *Buceros bicornis*）、花冠皱盔犀鸟（Wreathed Hornbill, *Rhyticeros undulatus*）、白喉犀鸟（White-throated Brown Hornbill, *Anorrhinus austeni*）和棕颈犀鸟（Rufous-necked Hornbill, *Aceros nipalensis*）。2015年采访之时，中国鸟类名录上还只有前面3种犀鸟，所以陈亮当时独欠冠斑犀鸟。截稿前，陈亮表示已于盈江洪崩河看到冠斑犀鸟。

随团队员于墨脱拍到的白尾梢虹雉（陈亮提供）

离开雪山。正当所有人累得什么也不想的时候，在他们眼前不到50米的一个山坡上，突然站着一只白尾梢虹雉[①]，正慢慢爬上山坡觅食。这完全是陈亮做梦也没想过会发生的事，因为这一带之前并无这种鸟的记录，只有另一种虹雉的记录，所以陈亮兴奋得不敢相信眼前所见！最大遗憾是相机不在手，而背夫又走得比他快，幸好有队员带了"傻瓜机"，拍了一张珍贵的记录照。"但这还不是高潮。"陈亮神秘地微笑说道。原来，不到半小时后，他们翻过另一个山坡，又看见另一种虹雉，这次是棕尾虹雉！虹雉是一种活跃于高海拔地区的珍稀鸟种，数量极少，而且异常漂亮，很多鸟人爬了不知多少次高山都遍寻不获，是一种等闲不易看见、看见也得付出踏破铁鞋的代价才有的鸟种。所以，看见一种虹雉已足够令人凯旋回归，在半小时内看见两种虹雉，

① 中国有3种虹雉分布：白尾梢虹雉（Sclater's Monal, *Lophophorus sclateri*）、棕尾虹雉（Himalayan Monal, *Lophophorus impejanus*）和绿尾虹雉（Chinese Monal, *Lophophorus lhuysii*），其中绿尾虹雉是中国特有种。

简直是碰上命运女神青睐自己的天大好事，连奥斯卡最佳编剧也想不出这样戏剧性的结局。"之前17天我都是走在最后的人，看到两种虹雉后，我是第一个走下雪山的人，4,300米的山口就这样一口气翻过去！太兴奋了，精神和力气都回来了！什么痛苦、痛风都无所谓，都值了！"陈亮的兴奋之情溢于言表，犹如昨天才发生那样历历在目，笔者听着也如置身其中，大受感动。《老人与海》的结局里，老人拼死跟鲨鱼搏斗后，精疲力竭，回家后在床上睡得死死的，但满足感是巨大的。这个可说是陈亮此行的写照，也解释了为何很多鸟人愿意为观鸟而付出不计其数的心血。

不难想象，观鸟在陈亮人生中占很重要的一席，因为鸟儿引领他走进"沉迷与忘我"的境界。"过去在内地成长的人，生存压力很大，所以从小到大的思维都是围绕'生存'而转，一直打拼、打拼、打拼，从来没有也不知道什么是obsession（沉迷）。观鸟好像打开了一扇门，门后的世界很大，甚至让我看见更多门，让我沉迷其中，得以忘我、得以解忧。"全球鸟种多达一万多种，哪怕是全职观鸟的人，要全看完几乎是不可能的，而关于鸟类的知识又是那么浩瀚，所以观鸟可以说是一种永无止境、永远可以有新目标的精神活动，不但让陈亮沉迷其中，甚至改变了他的人生观。"观鸟以后，以前会很在乎的事情，比如说生活压力呀、功名利禄呀，现在会比较无所谓，不会去纠结什么。过去十年，我都活在当下，日子就是在安排和计划观鸟里度过，可我一点儿也不觉得无聊。可以说，就是面对死亡这回事，我也变得比以前坦然，因为看鸟愈多，我便愈觉得生命没有白过。"成长背景和家庭环境使然，陈亮不能全职观鸟，所以他明白在有限的时间里争取最多的观鸟机会是很重要的，每次跟友人外出观鸟都是计划周详、准备充分，不会浪费时间去没有把握的地方。"我们总是在对的季节去对的地方找对的鸟，这种目标为本的模式效益很高，每次旅程所收的鸟种与数量都很好。你想想，每年我只有15天大假，还不能全用在观鸟上，得陪父母、老婆和孩子，但我们过去增加鸟种的速度还是挺快，就国内水平来说，很不错了。"在个人鸟种记录（中国）排行榜[1]上，陈亮排四，前三名是全职鸟导和研究鸟类的教授，这说明陈亮用对了方法。说陈亮是疯狂的"推车手"，不如说他是讲求高效率的"推车手"，因为他比任何人都明白，鸟是观之不尽，但时间却有尽头，得好好计划，不能白过。

观鸟工具小包

我的观鸟工具

双筒：Leica HD 8×42
单筒：Swarovski ATM 65HD

我推介的鸟书

1. L. Svensson, K. Mullarney, D. Zetterstrom, P. J. Grant. 1999. *Collins Bird Guide*. HarperCollins Publishers: London.
2. C. Robson. 2000. *A Guide to the Birds of Southeast Asia*. Princeton University Press.
3. M. Brazil. 2009. *Birds of East Asia*. Christopher Helm Publishers Ltd: United Kingdom.
4. A. Blomdahl, B. Breife, N. Holmstrom. 2007. *Flight Identification of European Seabirds*. Christopher Helm Publishers Ltd: United Kingdom.
5. P. C. Rasmussen, J.C. Anderton. 2005. *Birds of South Asia: The Ripley Guide*. Lynx Edicions.

---

[1] 根据观鸟权威网站Surfbirds.com的记录。这网站设有多种排行榜，皆备受中外鸟人认可。

陈亮观察并拍摄到的内地最早的一张绣腹短翅鸫的照片，整个观鸟和拍摄过程令他难忘（陈亮摄）

陈亮的墨脱之行（陈亮提供）

孔思义、黄亚萍

——鸟界夫妻档

　　来自英国的孔思义（John Holmes）和在香港土生土长的黄亚萍（Jemi Wong），分别从20世纪80年代初及90年代初开始在中国香港观鸟，并因观鸟结缘。结婚十多年来，两人国内外多地走访观鸟，妻子看鸟，丈夫拍鸟，在各种观鸟报告里都可见"John and Jemi"的联袂发表，是鸟圈里最为人熟知与敬重的"神雕侠侣"。两人最为之神往的，可以说是最早来中国考察的科学家的事迹，所以他们多年来的神州观鸟之旅，不少都是根据这些先驱科学家的足迹而计划，并因此重新发现中国的珍稀鸟种，以及很多不被人注意的人与事。他们热爱观鸟之余，多年来一直共同参与香港观鸟会的鸟类调查工作，孔思义更是《香港观鸟年报》及鸟会季刊的英文版编辑，他们拍摄的作品可见于《香港鸟类图鉴》、多份国际观鸟刊物以及《世界鸟类手册》（Handbook of the Birds of the World）。

　　跟西方社会的观鸟文化不同，华人观鸟圈并非男性的天下，尤以观鸟起步较早的香港为例，男女观鸟人数的比例相对平衡，所以不少夫妇都因观鸟而结缘，当中最为人熟知的自是孔思义与黄亚萍（鸟圈中人多数称呼他们"John and Jemi"）。孔思义于20世纪70年代末来香港，加入当时的"皇家香港警务处"工作，工余活动主要是爬山，因同事中有观鸟者，自然而然便爱上观鸟。"接触观鸟后几个月内我便喜欢上了，随即加入香港观鸟会，跟他们到内地观鸟。观鸟时我可以跟别人聊一些工作以外的事情，是我减压的好方法，而且这些人都很好玩。"孔思义说。黄亚萍自言小时候已不安于室，最喜欢"通山跑"，长大后的工余活动也是跟大自然有关的，接触观鸟的契机便是参加米埔保护区里的基围收虾①活动。"我记得那天的天气挺奇怪，后来有一群东方白鹳（Oriental Stork, *Ciconia boyciana*）飞到米埔，停在鱼塘里。活动的主持人也懂鸟，跟我们说这是香港不常见的珍稀鸟，那一刻我像触电似的，一个想法闪过：原来这么离奇的事也可以在香港发生！对鸟儿也立刻产生了深刻的感觉。"

　　20世纪80年代的香港观鸟会仍以外国人为主流群体，主席、委员和会员都是外国人，香港的鸟类图鉴《香港及华南鸟类》当时也只有英文版，对孔思义来说，只消参加鸟会的讲座和观鸟活动，便很容易找到同伴，加上工具书的帮助，所以观鸟路发展得平坦自然。黄亚萍接触观鸟的经验，则见证了林超英和张浩辉等人致力将观鸟本土化的努力。"自那次参观收虾活动后，我便立刻加入观鸟会，参加观鸟班和他们的活动。林超英和浩辉真的很懂'带孩子'，当时我们几个观鸟初学者像牙牙学语的小孩，就是在他们热心带领、耐心教导下成长起来，有些人现在还是鸟会的委员呢。"黄亚萍笑着说。当时林超英和张浩辉真的很用心留住新人，一有鸟讯便立刻通知学员，并安排一起

_____

① "基围"是人工养殖河口虾的鱼池，这些虾叫"基围虾"。

观鸟，上课时有测验，下课后回家要做练习，务求几位"孩子"茁壮成长。"每次观鸟后，浩辉都会问我们'今天看了多少种鸟'，所以，我很早便开始有做观鸟记录的习惯。"黄亚萍说。

那个时候，观鸟仍是少数人的活动，观鸟圈子不大，孔思义和黄亚萍又是积极参与鸟会活动的人，姻缘便很自然地发展起来，二人于2000年前成婚，是香港鸟圈的佳话。婚后夫唱妇随地四处观鸟，孔思义从警队退休后，时间比较充裕，他们便开始在内地展开深度观鸟旅游。相对于很多目标为本的鸟人，孔思义夫妇的观鸟行程里"漫游"成分比常人高，他们甚至喜欢发掘新鸟点，以及在非热门季节去看鸟，所以会留意到一些特别的鸟况。"好像四川马尔康的黑头噪鸦（Sichuan Jay, *Perisoreus internigrans*），我们在6月繁殖期去看，理应最易看到，却一只也没有。后来我们11月再去，以为没有，结果因为冬天里食物短缺，鸟儿都聚在剩下的几株果树上，我们很轻易便看到噪鸦，而且是一群一群地过来，看得挺痛快。"孔思义笑着说。夫妇俩早期到内地观鸟时，用得最多的工具书，便是1995年出版的《中国自然保护区名录》（*A Directory of China's Nature Reserve Area*）。不过，中国太大，书里只能列出各省自然保护区的大约位置，他们把握了大方向便出发，到当地再摸着石头过河地找鸟点。有一次，他们想去四川的瓦屋山，找了好些地图也没找着确切位置，最后在四川一县城里的书店找到由地方印制的地图，终于成功找到瓦屋山。"你真不能想象那时我们有多高兴，好像中了头奖那样！自瓦屋山一役后，我们便开始爱上在地方书店'寻宝'，找当地出版的旅游书和地图。地方政府希望推广当地的旅游发展，所以出版的刊物往往会提供更详细的资料。"黄亚萍说。"这些地图甚至会列出河川和树林的位置，我们便按图索骥去跑这些地方，不少有趣的鸟点就是这样被发掘出来的。这样看鸟很好玩，因为是自己一手一脚把地方找出来，而不是谁教我们去的，所以格外有意思。"孔思义接着说道。

他们除了喜欢用自己的方式发掘鸟点外，也喜欢跟随先驱科学家的足迹，最常读的是前人采集植物标本的故事，因为这些科学家同时也采集鸟类和其他动物的标本，所以他们跑过的路线也是发掘鸟点的好线索。孔思义在他们的博客上提过好几个著名的自然界先驱，包括英国探险家乔治·福雷斯特（George Forrest）和乔治·亨德森（George Henderson），前者为了采集植物标本，曾于20世纪初多次来云南做深度考察，他同时也采集鸟类和哺乳类动物的标本，最后在1932年于云南腾冲附近因心脏病发逝世。由他发现的金胸雀鹛（Golden-breasted Fulvetta, *Alcippe chrysotis forresti*）和侧纹岩松鼠（Forrest's Rock Squirrel, *Sciurotamias forresti*），便以他的姓氏命名。亨德森则于19世纪中期在新疆发现黑尾地鸦（Henderson's Ground Jay, *Podoces hendersoni*，其学名正是以Henderson的姓氏命名），当时正值英国和俄国在中亚地区的博弈时期，军人身份的亨德森为方便在印度与中国之间的地方活动，于是假扮商人，并给自己起了一个阿拉伯名字。早期来东方考察的先驱，不少都像亨德森那样身负官职或其他任务，以历史大时代为背景，走到偏远地方进行种种科学探索。跑到中国西部看金胸雀鹛或黑尾地鸦，就像重温前人的探索路线，同时上一堂历史课。"故人不在，但他的发现仍在，大自然是否太奇妙了？Hey, hey, yeah yeah yeah YEAH！"这是孔思义在网志里写下在青海看到朱鹀（Pink-tailed Bunting, *Urocynchramus pylzowi*）后的感受——这当然也是由探险家发现并以其姓氏命名的鸟。看过这些以前人命名的动物的人，或多或少会明白孔思义那像孩子般的兴奋心情。类似的例子不胜枚举，每当我们看见鸟名里藏着一个姓氏时，便知道背后是一个探险家或科学家探索大自然的故事，以及一段段历史的脚注。观鸟，也是观看前人留下的文化遗产。

孔思义夫妇喜欢"考古"的观鸟习惯，不单为观鸟带来文化深度，更把一种被遗忘了的鸟儿——白点噪鹛（White-speckled

差点被人遗忘的白点噪鹛的首张照片（孔思义摄）

Laughingthrush, *Garrulax bieti*）——重新带回大家的视野。这种噪鹛于
1989年由美国鸟类学家本·金（Ben King）[1]在四川首次发现，当时只
有文字和录音记录，并无照片，此后一直没人再看见。孔思义夫妇很
想把它找出来，于是在2006年往四川观鸟时顺道踩点，并根据本·金
当年的报告，把搜索范围锁定在木里蚂蝗沟，于2008年4月底正式展
开寻鸟之旅。他们相约另外两位鸟人于5月2日在蚂蝗沟的林子碰头，
碰头不久便听到噪鹛的叫声，他们立刻播噪鹛的录音，很快便看到目
标鸟跳出来，另一只也在他们身后跳出来，很典型的噪鹛行为。一行
人看鸟看得爽透了，还有不少拍照机会，没想到这么轻松便完成了任
务，不禁兴奋得手舞足蹈。黄亚萍于翌日在他们的博客上写着"梦想
成真"，孔思义稍后于11日在博客上放了照片——白点噪鹛的首张照
片。找到噪鹛后，他们一直留在四川看鸟，12日汶川大地震发生的时
候，他们正在海螺沟的一辆巴士上。"我们当时在汶川的西南方，距离

---

[1] 本·金，美国鸟类学家，专长研究亚洲鸟类，著有 *A Field Guide to the Birds of South-East Asia* 一书。

震中约200公里左右，可我们当时丝毫感受不到任何震动。回到酒店，我们才知出了大事。"孔思义说。"那天早上，我们在海螺沟看鸟时，鸟儿都比平常活跃，一般躲得很严的鸟如短翅鸫、鹈鹛等，都比平常容易看到，甚至站在石头上，感觉有点异常，谁想到原来山沟的另一端正发生地震？"黄亚萍说。两人当时身处的地方没受地震影响，但待了几天后，旅游区和宾馆也决定暂停营业，于是他们只好回到成都去。"发生这样的大悲剧，我们很难过，感到最好的做法是尽快离开四川，不给别人造成麻烦。"于是他们提早结束观鸟行程，于5月中旬回港。跟地震擦身而过，两人自觉异常幸运，也深感命运无常。

不少跑遍大江南北看鸟的人，都不爱回答"你最喜欢在哪个省观鸟"，因为国内观鸟的好地方实在太多，太难选择了！不过，孔思义夫妇却对云南情有独钟，喜欢那里的鸟况（全国鸟种最丰富的省份）、历史文化、风土人情、地理风貌等。"云南很多地方的自然风貌多年来没怎么变化，有些甚至跟前人描述的一模一样，好像走进历史照片里，感觉很奇妙。"打开他们的网站，在国内观鸟一栏里，可以看到云南的报告远远超过其他省份，从2005年第一次走进云南至今，前后跑了十几遍。在云南众多风景里，孔思义最爱梅里雪山。"我看过喜马拉雅山、安第斯山、洛基山，但梅里雪山的景致是无可匹敌的。"喜欢爬山的人，皆明白好风景须靠努力得来，翻过一个又一个山口，用汗水换来的高度，是其他景致无法取代的。孔思义夫妇喜欢到山区观鸟，也因为这些地方很偏远，交通不便，往往要靠骑马甚至徒步才能到达。"跑这些地方不只付出体力，还要时间，换言之，来的人也不会多。"这也是很多鸟人追求的境界——找寻不一样的鸟点，走别人没走过的路。令孔思义至今难忘的画面，便是在梅里雪山看到一大群大紫胸鹦鹉（Lord Derby's Parakeet, *Psittacula derbiana*）飞过。这种鸟的分布范围不大，喜欢结群活动，看到几十只色彩斑斓的大紫胸鹦鹉飞过眼前，的确很赏心悦目，而且挺难得。"我们看到的一群还有雪山做背景，画

以梅里雪山为背景的一群大紫胸鹦鹉，令孔思义印象难忘（孔思义摄）

面美极了，这可以说是我感受最深的观鸟体验之一。"孔思义语带回味地说。

　　云南的确是个很特别的地方，毗邻三个国家，而且生境良好，鸟种特别丰富。云南汇聚了很多少数民族，渗透浓厚的风土人情，无论历史和文化都是一个独特的省份，这也是孔思义夫妇对云南百看不厌的原因之一。"我记得有一次在瑞丽附近看了一场舞蹈比赛，这并非为游客而设的项目，所以没有一点商业味道，我们看得很尽兴！我还记得那里有一个市场，有很多少数民族在那里摆摊，我看到有些女人售卖用来做衣饰的银币，这些银币都是复制19世纪英国流通的银币。在中国偏远的地方看到老家的东西，感觉有点奇怪，但十分有趣。就是这些反映当地历史的文化点滴，令我们的观鸟旅程更加精彩，也是旅行的真正意义。"孔思义说。在他们的观鸟博客里，总能看到大量秀丽风光和各地风土人情的照片，还有他们旅途上的见闻与感受，所以他们的观鸟报告不但实用，而且很好看。有一次，他们在昭通打算去看黑颈鹤（Black-necked Crane, *Grus nigricollis*），途中碰到一位拍鸟的人，主动带他们去看鹤。原来他在当地成立了一个志愿者性质的保护黑颈鹤协会，并积极招揽当地市民加入志愿者行列，保护黑颈鹤及其生境。"我相信中国有很多人跟他一样，以正确的方式爱护鸟类，带头做起保护工作，默默贡献并影响他人。像他这样的鸟人，才是真正的绿色英雄。"夫妇俩提起这些在观鸟途上遇到的好人好事，欣赏之情表露无遗。说来巧合，国内好些著名的鸟人，不论是做研究的还是职业观鸟的，皆来自云南，也许他们自小在得天独厚的自然环境中成长，人与自然相处融洽，容易形成爱护天地万物的性格，就像那位自发保护黑颈鹤的人一样。"地灵人杰"，也许真有几分道理。

云南马树镇的黑颈鹤生境，是两人很喜欢的云南景致之一（孔思义摄）

如果说地方能影响甚至改变人的话，那么在国内观鸟多年的孔思义夫妇，绝对是一个好的见证。黄亚萍回忆起很多年前参加洞庭湖观鸟大赛时，不太适应当地比较落后的环境，甚至不敢到当地的饭店吃饭。"从前我在金融机构工作，眼里只有钱。"在香港土生土长，物质资源丰富，套用流行的说法，香港人比较"娇"。不过，在内地观鸟多年的体验彻底改变了她，现在她已不喜欢住酒店或光顾连锁式经营的商店，不喜欢商业化的事物，最喜欢住在当地农家，跟当地人打成一片。"每次我们去四川马尔康观鸟，都会住在同一个农家里。每次去都很开心，好像探访老朋友那样，很亲切。"黄亚萍由衷地说。"跟当地农家住在一起，不光是一种文化体验，我最重视那份热情，这些人是真心欢迎你来，实在很难得。"孔思义附和妻子说。熟悉他们的鸟人都知道，夫妇

两人最喜欢的香港自然景观——米埔的黑脸琵鹭（孔思义摄）

俩的生活作风简朴，崇尚绿色生活，甚至在自家花园堆肥、种菜。这些生活方式，绝对是观鸟多年带来的潜移默化的转变。"我们因观鸟而去过很多偏远地区，看过不少传统生活的面貌，他们的生活条件其实很艰苦，保持传统的生活方式是不得已的做法。我们活在大城市的人，拥有较多资源，所以我们有选择。既然我们能选择，那么我们该选择什么样的生活方式？追求无止境的GDP增长？买一辆用来炫耀的车？添一只我不需要的手表？还是我们更重视空气质量、环境质量、生活质量？我觉得我们都需要反思，究竟我们最重视的价值是什么。"孔思义语重深长地说。纵是文化背景截然不同的两个人，但他们多年相守、爱好一致，不论是在野外碰见他们，还是坐下来聊天，"John and Jemi"给笔者的感觉都是"你中有我、我中有你"的一对同林鸟。

他们的博客：http://johnjemi.blogspot.com/

观鸟工具小包

 我的观鸟工具 ——————————————————

夫妇用的双筒：Leica 10 x 42s

 我推介的鸟书 ——————————————————

1. M. McMullan, L. Navarrete. 2013. *Fieldbook of the Birds of Ecuador – including the Galapagos Islands.* JOCOTOCO.
2. R. Garrigues, R. Dean. 2007. *Birds of Costa Rica.* Christopher Helm Publishers Ltd.
3. A. Jaramillo, P. Burke, D. Beadle.2003. *Birds of Chile: Including the Antarctic Peninsula, the Falkland Islands and South Georgia.* Christopher Helm Publishers Ltd.
4. S. Myers. 2009. *Birds of Borneo: Brunei, Sabah, Sarawak, and Kalimantan.* Princeton University Press.
5. M. Brazil. 2009. *Birds of East Asia.* Christopher Helm Publishers Ltd: United Kingdom.
6. C. Robson. 2000. *A Guide to the Birds of Southeast Asia.* Princeton University Press.
7. R. Chandler.2009. *Shorebirds of the Northern Hemisphere.* Christopher Helm.

利雅德与贾知行

——最熟香港鸟的英国鸟人

　　利雅德（Paul Leader）和贾知行（Geoff Carey）皆于20世纪80年代末从英国来香港，两人在英国不同的地方成长，但同样于孩提时代在家附近开始观鸟，最后不约而同定居香港。利雅德对鸟类环志最感兴趣，在英国考取环志牌照时，是当时拥有环志资格的人当中年纪最轻的。他在香港米埔自然保护区里进行鸟类环志工作超过10年，并为香港发现多个首笔记录，个人鸟种数（香港）排名第一（目前是504种）。贾知行为《香港观鸟年报》（*Hong Kong Bird Report*）担任主编多年，曾出版《香港鸟类名录》（*The Avifauna of Hong Kong*），亦是香港观鸟会记录委员会的主席，主持香港鸟种记录的审核工作。两人同是亚洲生态环境顾问有限公司的执行董事，多年来经常于工余结伴到内地观鸟以及进行鸟类调查。

在埃塞克斯郡（Essex）长大的利雅德说，7岁那年的其中一份圣诞礼物是一本鸟类图鉴，自此他便对鸟类产生兴趣，想在花园里把书中的鸟找出来看看。"印象中，我在家里花园认到的第一只鸟是小斑啄木鸟（Lesser Spotted Woodpecker, *Dryobates minor*）。"跟其他英国鸟人有点不同，他对观鸟产生一发不可收拾的兴趣，是他14岁那年接触鸟类环志之后开始的。"参加鸟类环志后，我看见很多平常在花园里看不到的鸟，我真喜欢看着在手里的小鸟，简直不可思议！还记得第一次环志的鸟是只鸭子，它可真漂亮。环志让我可以好好端详鸟儿，看到很多在望远镜里看不到的事情。当时我还会为环志的鸟儿拍照，不同的姿势，繁殖羽、非繁殖羽都拍，拿着照片回去慢慢学习。再说，好些鸟儿在野外很难看见，只有在环志时才有机会碰到它们，令我获益良多。"利雅德通过父亲的朋友，结识了这些负责环志工作的观鸟前辈，自此之后，利雅德差不多每个周末都会骑自行车到环志中心，参加环志工作。"这些前辈令我眼界大开，他们是真正的观鸟者，我第一次碰到知道自己在做什么的鸟人。他们非常热心，鸟类知识非常丰富，又很愿意教导后辈，跟他们一起，我的观鸟水平突飞猛进。我跟好几位前辈仍然保持联络，都认识30年了，现在回英国时也会探访他们的。"利雅德对这些不可多得的启蒙老师，仍然念念不忘。

贾知行在利物浦（Liverpool）土生土长，也是在家里花园开始观鸟，但真正对观鸟认真起来，大概要到大学时代。"当时听朋友说，剑桥有个家伙计划到北戴河进行候鸟迁徙考察，我觉得挺有趣，于是跟他联络。"贾知行说的便是马丁·威廉姆斯，他于1985年创立"剑桥鸟类考察团"，率领几位英国大学生到北戴河看候鸟迁徙。贾知行当时在布里斯托尔大学（Bristol University）读书，并不认识马丁，自北戴河一役后两人便成为朋友，此后两度重访北戴河，其中一次也是跟马丁一起去的。跟马丁一样，贾知行跑了好几遍北戴河，又到国内好些地方看鸟后，对中国观鸟兴趣渐浓，于是干脆留下来。"大学毕业后就不想留在英国了，因为周游列国和看鸟，比留在老家找工作有趣多呀！再者，亚洲对我们来说很新鲜、很不同，于是从上海回到香港后，便决定留在这里了。"贾知行笑说。

利雅德来港的时候刚好21岁，当时是一位在香港的友人邀请他来的，他曾打算在香港留一年，攒点路费便往澳洲去，结果跟贾知行、马丁一样，一留便是30年。"来香港前，我知道这里的水鸟很不错，但想不到其他候鸟的情况也很好。"利雅德在香港刚开始观鸟时，主要在太平山顶、深圳湾和尖鼻咀这几个地方跑，不久在米埔便碰上马丁和李察。在李察的介绍下，利雅德认识了当时的世界自然基金会香港总监梅伟义（David Melville），梅伟义一直在米埔自然保护区进行鸟类环志工作，知道利雅德持有环志牌照时，立刻罗致他到自己的环志团队。"来香港的时候刚好是8月份，第一个印象是很热和潮湿，真没想到。往后几个月，我基本都往米埔跑，跟梅伟义一起观鸟和环志，还记得我第一只在米埔环志的鸟是红喉歌鸲（Siberian Rubythroat, *Luscinia calliope*）。后来我们进行夜间水鸟环志工作时，竟然抓到了一只短耳鸮（Short-eared Owl, *Asio flammeus*）！这是香港的第一笔记录，也是我第一次在香港发现的首笔记录。"说到得意处，利雅德发出会心微笑。

利雅德在香港生活的30年里，发现多个香港首笔记录，除了因为他跑得勤，还因为他专注于鸟类环志与野外调查的工作，几个他甚为喜欢的首笔记录，包括红颈苇鹀（Ochre-rumped Bunting, *Emberiza yessoensis*）和赛氏篱莺（Sykes's Warbler, *Hippolais rama*），都是在米埔取得的。他最得意的发现——太平洋潜鸟（Pacific Loon, *Gavia pacifica*），更是香港开埠以来首笔潜鸟记录。"那是1997年的事，当时我正在香港西部水域进行海豚调查，忽然在望远镜里看到有只鸟在水面上休息，我以为是普通鸬鹚（Great Cormorant, *Phalacrocorax carbo*），但当它转身时，才发现原来是潜鸟！可是当日天气很差，视野不佳，我未能在望远镜里确认是哪种潜鸟，于是拍了很多照片，希望回去能找出是哪个种。那时候拍照用的是胶片，所以冲印需时，等了好几天才能看到结果。那几天的心情还挺忐忑呢。"潜鸟是一类在香港周边水域出现的海鸟，不常见，香港至今只有6笔记录[①]，太平洋潜鸟更是只有这1笔记录。所以，在利雅德那份傲视同侪的香港首笔记录的成绩单上，太平洋潜鸟绝对是焦点。

虽然利雅德在米埔进行鸟类环志多年，取得不少好鸟的记录，但仍有好些一早该在香港出现却迟迟未见的鸟，例如苍眉蝗莺（Gray's Grasshopper-warbler, *Locustella fasciolata*）。不论从迁徙路线还是国内的分布记录来看，香港都应该是它的必经之路，可至今仍未有任何记录，不只利雅德，其实很多香港鸟人也翘首期盼着苍眉蝗莺。不过，真正令利雅德望穿秋水的鸟，莫过于被"世界自然保护联盟"列为濒危鸟种、香港仍未有记录的细纹苇莺（Streaked Reed-warbler,

细纹苇莺（马丁·威廉姆斯摄）

① 根据2015年9月更新的香港鸟类名录，潜鸟记录包括1笔太平洋潜鸟、1笔白嘴潜鸟和4笔红喉潜鸟。

Acrocephalus sorghophilus）。"如果只能选一种我最希望在米埔环志的鸟，必定是它。"细纹苇莺在中国东北接壤俄罗斯一带繁殖，迁徙时路经中国沿海至菲律宾越冬，以前曾是数量繁多的鸟，但由于生境屡遭破坏，近十数年呈大幅下降的趋势，前景非常不乐观。基本上，现在于任何地方记录到细纹苇莺，都是一件大事。不论是苍眉蝗莺还是细纹苇莺，其生境都很接近米埔自然保护区里的芦苇床，而利雅德过去十年进行鸟类环志的地方，主要就是米埔里的芦苇床。从环志多年所得的数据，利雅德对芦苇床这种生境的了解又更深一层。"通过长期观察和环志的记录，我们知道水位对芦苇床产生什么变化，以及对喜欢这种生境的迁徙鸟有何影响。哪些鸟喜欢湿一点的环境？哪些喜欢干一点？大致来说，我们发现大部分的迁徙鸟都比较喜欢湿一点的芦苇床。此外，还有好些有趣的发现，例如远东苇莺（Manchurian Reed-warbler, *Acrocephalus tangorum*）是米埔芦苇床最稳定的迁徙鸟，基本上路经香港的远东苇莺主要都在米埔出现。还有一些常见的迁徙鸟，原来经过米埔的数量非常多，例如中华攀雀（Chinese Penduline-tit, *Remiz consobrinus*），每年总能抓到几百只；或者小蝗莺（Pallas's Grasshopper-warbler, *Locustella certhiola*），通常只留一两天，例如我们在周一抓到30只，隔两天又会抓到30只，但完全是另一批小蝗莺。这些发现都很有趣，如果没有定期环志，我们不可能确切知道这些事情。"不过，利雅德也发现好些鸟种的数量在逐渐减少，例如灰头鹀（Black-faced Bunting, *Emberiza spodocephala*）和东方大苇莺（Oriental Reed Warbler, *Acrocephalus orientalis*）等，从前在米埔总能见到几百只灰头鹀过境的，但现在已经变成不常见的鸟。总体来说，利雅德认为香港的鸟况仍算不错，至少以莺的种类来说，香港可以说是挺丰富的，至今为止已录得52种莺类[①]。"中国鸟类的发展越往西部越丰

---

① 根据2015年9月更新的香港鸟类名录。

富，包括莺类，但香港处于中国东南部，落在东部候鸟迁徙的路线上，而且只是一个小城市，但也有这个数量，所以综观来说，香港的莺类其实挺不错呢！"（根据2016年中国鸟类名录，中国录得的莺类共115种。）

很多观鸟功力深厚的鸟人皆喜欢莺类，利雅德和贾知行也不例外，所以他们同样喜欢到中国西部观鸟，那里不只莺类，其他鸟种也非常丰富而集中。他们多次结伴到中国西部观鸟，新疆、青海和四川跑了4次，云南也有3次，两人最喜欢观鸟的省份同样是新疆。"我喜欢中亚地区的鸟，所以新疆的鸟很对味，最喜欢的自然是中国特有种、新疆明星鸟白尾地鸦（Xinjiang Ground Jay, *Podoces biddulphi*），最想看见的当然是中亚夜鹰（Vaurie's Nightjar, *Caprimulgus centralasicus*）。我们在新疆找了好几次，仍然无功而返。"利雅德语带失望地说。人们所知关于中亚夜鹰的唯一数据，就是1929年在新疆采得的一个样本，然后再没有录得任何记录，无人再见过它。曾有学者质疑，能否只基于仅有的样本来确认中亚夜鹰为有效物种。利雅德曾到英国自然历史博物馆检查夜鹰的样本，并于2004年跟贾知行和马鸣[1]花了两星期在新疆南部进行实地考察，最后推论中亚夜鹰实属有效物种，并于国际观鸟刊物发表结论。[2]中亚夜鹰现况如何，是否仍存在，依然是个谜，所以目前"世界自然保护联盟"把中亚夜鹰列作"数据缺乏"（data deficient），可以说是中国鸟界的一大谜团。

新疆为什么吸引贾知行，原因很简单：他喜欢古北界[3]的鸟。"古北

---

[1] 马鸣，中国科学院新疆生态与地理研究所研究员、新疆动物学会副理事长，常年研究雪豹及生态，对新疆的生物多样性情况和环境十分熟悉。

[2] Paul Leader. 2009. "Is Vaurie's Nightjar *Caprimulgus centralasicus* a valid species?". *Birding ASIA* 11:47-50.

[3] 古北界：一个动物地理分区。范围包括整个欧洲、北回归线以北的非洲和阿拉伯、喜马拉雅山脉和秦岭以北的亚洲。现时全球共分为七个区——古北界、新北界、东洋界、热带界、新热带界、澳新界、南极界。古北界是面积最大的一个动物地理区。

界的鸟包括欧洲的鸟，也就是我成长时一直在看的鸟，所以很亲切。此外，古北界鸟类的鸣声也比较有趣。"贾知行微笑说。他自言自己的听觉不错，对鸟鸣的敏锐度比视觉高一点，可能因为他其中一个爱好是音乐。"大部分的人视觉远比听觉敏锐，看鸟主要也要靠视觉，例如利雅德看鸟就很快、很准，而且他对鸟鸣也同样敏锐。相对来说，我对鸟的鸣声比较在意，也觉得观鸟的必修基本功是把常见鸟的鸣声认熟。我在香港观鸟多年，发现好多人连最普通的常见鸟的鸣声也不认得，实在是匪夷所思。"在观鸟方面，贾知行对数字不太在乎，几年前已没有更新自己的个人鸟种（香港）数目，也没有追求要看到什么鸟。总体来说，他对观鸟的热情是非常含蓄的，跟他说话时一模一样，淡然而冷静。不过，对于他的"私人观鸟地盘"——新界的白沙澳，贾知行却表现得挺动情。"我在那儿有一间小屋，住了两年，但那里不太方便，所以跟家人搬到别处。不过，每个周末我都回到那里看鸟。我真的很喜欢白沙澳，因为这是我熟识的地方，哪怕是发生什么微小的变化，我都觉得有趣。每次来到这里，远离尘嚣和闹市，都令我感到很舒服、很放松。再说，我在这里发现过不少好鸟，例如峨嵋鹟莺（Martens's Warbler, *Seicercus omeiensis*）、淡眉柳莺（Hume's Leaf Warbler, *Phylloscopus humei*）、四川柳莺（Sichuan Leaf Warbler, *Phylloscopus forresti*）、白尾蓝地鸲（White-tailed Robin, *Cinclidium leucurum*）等。在自己的'地盘'看鸟，每只有趣的小鸟，都是属于自己的发现，所以很有满足感。"自然而然，白沙澳是他目前最喜欢的鸟点。他希望未来能抽空为白沙澳的鸟写点东西，做一个详细记录，但他笑说，可能要待他的女儿长大后才有更多的私人时间了。

　　虽然贾知行目前没空为白沙澳的鸟写些什么，但多年来，他因为擅长文字和编辑的工作，从而成为好些重要文献的主编，例如1995年出版的《中国自然保护区名录》。虽然这个名录已经过时，但曾几何时也是中国观鸟一个重要的参考数据。"这名录其实是马敬能开始的一个项目，后来世界自然基金会找我来完成剩下的工作，所以我做的其实只是把所有数据汇总，整理好并出版而已。或许作为一个初步参考，这个名录大概能描绘出中国野生动物分布地的轮廓，但里面的数据其实不全，而且很多都已经不合时宜了。而且被列为自然保护区的地方有时管理不到位，很多时候在纸上看到的情况跟实际出入很大。马敬能还指出一个重点，好些自然保护区其实并没有什么保护和自然价值，这代表着人们对自然保护区的认识仍很有限，所以持续观察、搜集最新数据都很重要，应该继续做下去。"

贾知行自言很享受处理档案和文字工作，并从1992年至1998年担任《香港观鸟年报》（以下简称《年报》）的主编，后来公私两忙，《年报》难以按预期出版，才把编辑工作分出去。《年报》的意义重大，可以说是香港最重要的观鸟文献之一，在贾知行担任主编下的《年报》，无论在内容、结构还是编排方面，都有一个很高的标准。香港观鸟会前主席张浩辉说："当时《年报》算是鸟会最大的支出，印刷已要三四万元，但老外会员坚持要做，而且还坚持了一定水平。《年报》把重要的资料留下来，这是一件功德，他们真的做得很好。"对于会员的赞赏，贾知行不敢把功劳全归自己。"当年我接手《年报》的编辑工作时，我的前任主编（一位曾住在香港多年的女鸟人）已经做得很好，例如编排和内容分类等，我都沿用她的方式。真要说我的贡献，可算是我为《年报》加入更多严谨的文献资料，尽量提高《年报》的参考价值。此外，当时也参考了不少英国的观鸟年报，把好点子用在香港的年报上。"对贾知行来说，一份及格的观鸟年报，必定要完整记录一个地方在一年内出现过的鸟种，并提供有用的总结。后来内地出版观鸟年报时，自然也参考《香港观鸟年报》的做法，贾知行、利雅德以及香港的多位外国鸟人，也义务担任内地观鸟年报的英文校对。

访问利雅德和贾知行那天，就在他们位于米埔附近的办公室，采访完毕后，贾知行也刚好要回家，所以跟笔者一道走。刚离开办公室，贾知行便指着一只香港常见的黑领椋鸟（Black-collared Starling, *Sturnus nigricollis*）说："这只黑领椋鸟经常在这里觅食的。"贾知行认得，因为椋鸟是他环志过的。在这里工作多年，他们对周边环境和鸟类的认识自然很深，也亲眼目睹了不少变迁。贾知行说，香港在发展与保护方面所面对的矛盾，比很多地方都要大，因为香港实在是地太少、人太多。"宏观来说，在有人居住的地方，发展是难以制止的。悲观一点来说，我们能做的，是在发展过程里，找出如何把破坏减至最低的方法，或者希望破坏的速度减慢一点，但完全停止是不可能的。"他们的公司曾为香港政府和很多机构担任环境评估的顾问，例如1999年铁路公司打算兴建连接香港及内地的第二条过境铁路"落马洲支线"，他们便是铁路公司聘请的环评顾问。铁路工程影响了新界很多湿地与重要的鸟类栖息地，包括塱原，他们能做的，是在环评报告里列出如何减低破坏塱原生态的建议。最后环保署没有通过铁路公司的建议，塱原保住了（详情请参考林超英的访问）。铁路公司后来要避开塱原湿地，改在地底兴建落马洲支线，并承诺为工程带来的环境破坏做出补偿。利雅德和贾知行等人便建议，在落马洲车站西面开辟生态保护区，保留那里的鱼塘，提升鱼塘水质及投放鱼苗，吸引更多鸟类和动物。贾知行坦言，落马洲的生态保护区，是他们做得最好的一件事。至于未来，他最希望看见的是人们会看到自然环境的价值，不只是小鸟，还有植物、生境等。"我来自的社会，人们好像比较关心自然环境的价值。我相信，这跟经济条件很有关系，如果你吃不饱、穿不暖，那么谁还会关心自然？我不想以偏概全，但我在香港住了这么多年，的确感到这里的人对自然环境的关注比较少。"贾知行相信，人们最终可能也会看到自然环境的价值，但这是一个漫长的过程。

观鸟工具小包

 我的观鸟工具（贾知行）————————————

双筒：Swarovski 8.5×42

 我推介的鸟书（贾知行）————————————

1. K.M. Olsen, H. Larsson.2010. *Gulls of Europe, Asia and North America*. Christopher Helm. Publisher Ltd: United Kingdom.
2. C. Robson. 2000. *A Guide to the Birds of Southeast Asia*. Princeton University Press.
3. M. Brazil. 2009. *Birds of East Asia*. Christopher Helm Publishers Ltd: United Kingdom.
4. P. Kennerley. 2010. *Reed and Bush Warblers*. Christopher Helm Publishing Company.
5. P. Alstrom, K. Mild, & B. Zetterstrom. 2003. *Pipits and Wagtails of Europe, Asia and North America: Identification and Systematics*. Christopher Helm/A&C Black: London.

利雅德、贾知行和友人于青海观鸟途中（贾知行提供）

李 察

——温文儒雅的英国鸟人

　　李察（Richard Lewthwaite）来自英国伯明翰，于利兹大学毕业后在同事的影响下开始观鸟，很快便因观鸟而周游列国，于20世纪80年代来中国前，已去过非洲、印度及澳洲等地方观鸟。李察于1985年第一次来中国观鸟时，在西藏偶遇他的未来妻子，并答应在完成中国之旅后路经香港时跟她再碰头。几个月后李察如约回港见她，此后便没再离开，在香港定居至今。李察不但热衷于在香港观鸟，也经常走访广东等多个地方观鸟和参与鸟类调查工作，对鸟类的历史记录了如指掌，更曾经发表《广东鸟类名录》，可以说是"广东鸟王"。李察也是香港观鸟会的热心志愿者，多年来参与鸟会多项鸟调工作，除了是鸟会的中国保育基金会成员，也负责管理鸟会的"观鸟热线"（Birdline）多年，从90年代开始为鸟友提供最新的观鸟信息。现为香港中文大学英语教学单位（English Language Teaching Unit）的兼职讲师。

　　李察跟很多欧洲鸟人不同的地方，就是他在成年以后才开始接触观鸟，那时他在伯恩茅斯（Bournemouth）的一所语言学校给越南难民教英语。"在我的记忆里，第一只鸟儿是在校园草坪上看的欧洲绿啄木鸟（Green Woodpecker, *Picus viridis*），是我一个喜欢观鸟的同事跟我说的。"李察笑着说。伯恩茅斯是一个沿海市镇，看鸟的地方不少，李察跟着同事看鸟，很快便看出趣味来。李察自言小时候已很喜欢大自然，所以接触观鸟后，"一拍即合"的感觉便油然而生。不久，喜欢旅游的李察便开始周游列国，去过欧洲以外的好几个大洲观光与观鸟，虽然当时他只是拿着一个很一般的望远镜，但已经渐渐认真观起鸟来。后来他在澳洲待上一段日子，甚至在"来福"名单①以外另列一个澳洲名单，那时他已经是一个挺狂热的观鸟者了。

　　"不过，要说观鸟上比较明显的进步，应该是在香港生活以后的事。"李察第一次驻足香港时，是在去澳洲前夕，以香港作中转站，所以只在香港逗留几天。"香港跟我的想象很不同，我一直以为它只是钢筋水泥都市，但在香港看到好些小鸟后，我发现这里的鸟况其实挺不错，是一个意外惊喜。"1985年他开始了长达四个月的中国之旅，去桂林、成都、昆明和西藏等地方观鸟，自此爱上中国的鸟和地。回港后的一周内，他便在英国文化协会找到工作，同时又在长洲找到房子，转眼间便开始在香港定居生活，而且很快成为香港观鸟会和世界自然基金会的会员，米埔自然保护区便成了他定期出没的地方。"在香港的第一个冬天，我发现自己对鸭子不够熟悉，于是整天泡在米埔，一边看鸟书一边看鸭子，直到把鸭子的公母都认熟为止。"到了春天，迁徙路经香港的一大拨水鸟来到米埔时，李察又拿着鸟书往米埔跑，花了整个春天的时间看熟水鸟。"那时候我有条件买一个好一点的望远镜，所以在香港看鸟的头几年，进步还可以。"李察微笑着说。

---

① "来福"名单（life list）是指个人观鸟鸟种总数。

　　跟内地比较，香港的高校观鸟气氛不成气候，但香港中文大学却是香港唯一一所发表过鸟类名录的高校，这可以说是李察的功劳。李察自1988年开始在香港中文大学的英语教学单位担任讲师，教书期间也住在校园附近，所以香港中文大学可以说是他的"观鸟地盘"。李察凭着香港观鸟会出版的观鸟年报的数据，以及他自己多年观察所得的记录，在2003年发表了"香港中文大学鸟类名录"，为中文大学录得131种鸟（自1975年至2000年），占全港鸟类的26%。要说校园的"明星鸟"，李察认为小白腰雨燕（House Swift, *Apus nipalensis*）当之无愧，因为这些小东西以香港中文大学为家多年，漫天飞舞的雨燕已经成为校园的一大美景。"小白腰雨燕喜欢在本部校园的中央图书馆筑巢，因为建筑物有一些像峭壁的构造，方便它们营巢。我记得，我曾数过那里最高纪录共有三四百个雨燕的巢！这数字非常可观，跟香港其他录有小白腰雨燕筑巢记录的地方比较，'中大'的数字也是数一数二，可以说是香港一个很重要的雨燕繁殖群。"李察说起小白腰雨燕便笑起来了，不过，不是所有人都欢迎这些小家伙。图书馆附近是一个供高级教职员使用的停车场，校方不时收到投诉，说汽车经常被鸟粪弄脏，要求校方搬走雨燕的巢。"得知此事后，我去信给校方阻止，并力陈雨燕的重要性。它们会吃蚊子，为校园消灭了不少蚊患，对人们是一件好事。"最后小白腰雨燕的巢得以保存下来，李察不敢归功于己，只谦虚地说，雨燕巢没遭破坏，多得益于中国人对燕子的"信仰"——认为燕子在自家门前筑巢会带来好运气。

和香港中文大学学生在米埔观鸟，约1991年（李察提供）

李察虽然是文科生，但对数据和记录有着理科生的科学态度，甚至很喜欢接触和处理数据。凡是看过李察撰写的观鸟报告的人，都知道他对参考数据的认真程度，几近做学问的境界。所以，当他于1994年从利雅德手上接过"观鸟热线"的工作时，很多人都觉得他是不二之选。在互联网和手机出现前，观鸟热线是香港鸟人最重要的鸟讯情报来源，每天李察会收到很多电话留言，经他整理后便在翌日发放消息，鸟人只消打一通电话，便会获得整个香港的鸟讯。管理观鸟热线多年的经验，令他更加了解香港鸟类的分布，但他也收过不少令人啼笑皆非的留言，例如，在锦田水牛田上空飞过一只胡兀鹫（Bearded Vulture, *Gypaetus barbatus*），或者看到一群50只短嘴金丝燕（Himalayan Swiftlet, *Aerodramus brevirostris*），李察便认为没可能（前者是地理分布不对，后者是数量上不太可能）。"不过，我只是负责汇总，核实真伪的工作是鸟会的委员会负责。所以，每遇上这些留言，我会用上'被汇报'（was reported）这字眼，熟悉我的人，一听便知道我本人是不相信该项记录是正确的。"听了几个"非常"记录后，笔者已忍俊不禁，但李察说他听过最骇人的留言是"米埔浮桥上飞过一只企鹅"。我们相信，那应该是一个恶作剧。

除了在工余时间接下观鸟热线的工作，李察也参与过不少鸟会的鸟调工作，其中一项他最有满足感的项目，便是2000年由他和余日东一起筹组的"夜间鸟类调查"。这项调查为期15个月，他们将香港分为19个区，让参与鸟调的志愿者选择最方便进行调查的区，然后自定路线，定期沿此路线进行鸟调。"这项鸟调很成功，大部分志愿者每个月都有进行调查，得来的结果让我们更了解香港鸟类的分布，以及夜行性鸟类的活动范围。例如，香港最常见的猫头鹰原来是领角鸮（Collared Scops Owl, *Otus lettia*），以前我们以为它们比较喜欢密林，但调查发现它们其实更常在灌木丛活动。还有很多有趣的发现，都让我们更了解常见鸟不为人知的一面。"李察选择的夜间调查路线在新界的大埔滘，每次他都会带着爱犬Lucky一起，天黑前便走上铅矿坳等待，直至他看不见脚上鞋带的黄色时，他便认为天黑了，可以开始进行调查。"有一次，当我开始调查时，发现手电筒没电了，那时四周漆黑一片，伸手不见五指，幸好我很熟悉那段路，而且和Lucky一起，最后也顺利完成调查。好笑的是，几天前我才看了《死亡习作》①，没想到几天后自己便身处电影的情节里。"另一次，他带着Lucky一起到林村进行夜间鸟调，走到半路，便看到不远处有一头大野猪在前面走过。"看到野猪时，我和Lucky不约而同停了下来，然后互相对望。野猪消失后，我们又开始继续走。"李察一向给人温文儒雅的感觉，说话不徐不疾，但谈起他的鸟调伙伴Lucky，他便显得很高兴："我们是挺有默契的搭档。"

　　观鸟热线和鸟调工作让李察更加了解香港鸟类的变化，而小鸟不是活在真空里的，所以小鸟的活动变化往往是环境变化的一种结果。李察在香港生活了三十多年，也见证着香港鸟类和环境的各种变化，其中最明显的便是山火与鸟种变化的关系。"80年代，山火仍然是香港郊区的一个严重问题，所以，那些年香港很多林子都这样给烧掉了。林子烧掉了，取而代之的是杂草地，然后变成灌木林。所以，喜欢灌木林的鸟如鹎和相思便越来越多。很多年前，我们要去城门水塘某处才能看到红头穗鹛（Rufous-capped Babbler, *Stachyris ruficeps*），但后来在香港很多地方都能看见它们了（红头穗鹛喜欢灌木的环境）。踏入90年代后，香港消防处的防止山火工作开始看到成效，林子渐渐有成长的空间。"假以时日，如果郊野公园没被开发掉，林子可能会茁壮成长，喜欢密林的鸟或许会再回来。不过，有些鸟离开了便难以再见。另一个李察观察多年的地方船湾——也是他现在的家，那里的水鸟和海鸟便一去不回头。"船湾沿岸湿地以前的鸟况很好，每年能稳

---

① 《死亡习作》，又名《厄夜丛林》(Blair Witch Project)，一部讲述在幽黑森林遇上离奇事件的恐怖片。

定地看见五百多只红嘴鸥（Black-headed Gull, *Larus ridibundus*），但我已经15年没再看见它们的身影了。以前这里能见几千只鹭鸟，现在看见70只已经是不错的数字。曾经有500对牛背鹭（Cattle Egret, *Bubulcus ibis*）在这里繁殖，因为附近有一棵供它们营巢的'鹭鸟树'，但现在它们都不在这里繁殖了。以前还能经常看见几百只鸭子和鸬鹚（Great Cormorant, *Phalacrocorax carbo*），但现在看见20只鸬鹚已经很不容易了。"这些鸟的数字都在过去20年大幅下降，李察认为一定跟人类活动有关系，除了湿地和海岸线的人为改变，过度捕鱼也是原因之一。海里的鱼没了，吃鱼的鸟自然不再来。这个问题，在很多人类群居的地方也不能避免。"人进鸟退"，难道真是不能逆转的局面？

　　李察在自家门前发现的问题，其实也在中国整个东部沿海地区上演。他最熟悉的广东省，很多湿地同样面临大量人为活动的威胁。"多年来我经常在韶关、汕头一带进行私人性质的鸟调工作，主题都是水鸟和海鸟，例如燕鸥的繁殖地调查。我于2000年第一次去汕头，那时候的湿地条件仍然很好，很大很大的一片，但2012年回去再看，简直不能相信自己所见——很多湿地都给填了，消失了。19世纪，拉德勤（La Touche）①等先驱鸟类学家已经多次踏足广东省考察，根据拉德勤在19世纪90年代的记载，汕头的湿地非常辽阔，差不多是当时所知中国沿岸最大面积的湿地。"物换星移的结果，自然是生物物种和数量的转变，李察读了大量前人留下的考察文献，发现现在于广东不太容易看见的鸟如白颈鸦（Collared Crow, *Corvus torquatus*）和红喉鹨（Red-throated Pipit, *Anthus cervinus*），在文献里的形容分别是"很多"和"极多"。虽然没有准确的数字，但某些鸟类的数量大幅下降是有迹可循的，例如，李察认为鹨与鹡鸰的减少跟农地的消失很有关系，19

①　拉德勤，爱尔兰鸟类学家、动物学家及博物学家，于1882年以官员身份来中国履行职务，并同时在中国进行大量野外考察，于1925年到1934年间陆续出版的《华东鸟类志》，把他在中国的考察成果记录下来，成为对后世中国鸟类研究影响甚大的重要文献。

世纪的广东省仍然到处可见农耕地，以农田为生境的鸟类自然是"很多"和"极多"。不过，李察发现另一个更严重的问题，那便是非法捕鸟的情况在广东异常猖獗。"我和另一位长驻广东的鸟人经常到广东西南部进行鸟调，我们于2012年12月第一次到那里，便发现400张非法鸟网，每张平均长25米，也就是说延绵10公里长的地方都是鸟的陷阱！2013年11月我们再去同一个地方，发现2,000张非法鸟网！比第一年糟糕多了！幸好，第三年再去看，鸟网数目已大大减少至只有十数个。这是广东省林业局大力打击非法捕鸟的成果。"

广东的鸟况经历几度变迁，李察对广东鸟类的多年观察，为他在香港观鸟带来不少乐趣。香港跟广东只一步之遥，掌握广东鸟类的情况，便能掌握香港鸟类的走势，因为很多香港的新记录，都是从广东过来的。"很多从前在广东才能看见的鸟如绿翅短脚鹎（Mountain Bulbul, *Hypsipetes mcclellandii*）和棕颈钩嘴鹛（Streak-breasted Scimitar Babbler, *Pomatorhinus ruficollis*），现在在香港也不难看见。"李察和马丁·威廉姆斯于1993年到广东南岭小黄山看鸟，马丁便在那里发现了一群杂色山雀（Varied Tit, *Parus varius*），是广东省的首笔记录。后来杂色山雀于2012年首次在香港出现，至今已录得3笔记录。在鸟人间的众多"玩意"里，预测本地新记录是其中一种最考鸟人经验和判断的游戏。李察不讳言，他对广东鸟类深感兴趣的原因之一，便因其是预测香港鸟类新记录的一个很好的指标。李察的香港个人鸟种数目前是全港第二，共501种（第一名是利雅德），他也是第一个突破400种的鸟人（香港鸟界流传一个叫"400俱乐部"的小圈子），这自是曾经热衷于"推车"的结果。说到"推车"，李察描述了一个对比很大的画面："我记得看过一幅照片，那是很多年前英国第一笔长嘴半蹼鹬（Long-billed Dowitcher, *Limnodromus scolopaceus*）的记录，照片里看见约有150人在场追看它。1991年，锦田出现香港首次发现的长嘴剑鸻（Long-billed Plover, *Charadrius placidus*），那天共有6人，包括我（全是驻港

1992年在贵州妥打观鸟，主要目标是白冠长尾雉（李察提供）

的英国鸟人）。"对一个热爱"推车"的观鸟民族来说，6人真算不上推车场面，但这个有趣的对比，也是曾经属于香港观鸟的一个面貌。现在香港若出现罕见鸟，现场的人数肯定远多于6个人，但他们会否像李察那样记得哪些人跟自己在一起看呢？

　　"观鸟让我收获太多了，其中一样是友谊，通过观鸟我认识了很多好朋友，这很重要。接触观鸟前，我喜欢足球、板球、桥牌，这些都没让我沉迷其中，但观鸟却满足了我喜欢埋头钻研某种知识的性格。我在大学主修英国文学，对理科一无所知，但观鸟让我接触了生态学、地理学、动物行为学等理科知识，实在大开眼界。"李察说，从前他对"季节"的理解只停留在文学世界里，现在"季节"对他来说代表了截然不同的意义——大概是从季节交替带来的诗意影像，变成春秋两季带来的候鸟迁徙画面。著名生物学家道金斯①在其著作《解析彩虹》

---

① 道金斯（Richard Dawkins），英国著名的生物学家及科普作家，演化论的拥护者。1976年出版的《自私的基因》（*The Selfish Gene*）受到广泛关注，为其最引人讨论的著作。

（*Unweaving the Rainbow*）中曾说："科学发现带给我们的种种惊叹，是人类精神世界所能感受到的其中一种最高体验，这是一种堪与最优美的音乐和诗词媲美的美学感受。它让人类的生命变得更有意义，尤其是当我们接受了宇宙万物总有尽头的时候。"道金斯写这本书的主要原因是想表达一个信念：科学揭露大自然和宇宙的本相，本相是充满诗意的，所以科学和诗意并无冲突。（正如书名所示，当我们了解彩虹的原理后，会惊讶于物理现象里存在的种种奇妙，我们的视觉能接收彩虹的颜色，就是这些奇妙的总和。至于看到彩虹后产生的美学联想，便是文学的范畴了。）笔者相信，从观鸟得来的科学观察，加上大学时代的文学训练，兼得两者的李察应该会赞同道金斯的观点。

观鸟工具小包

 我的观鸟工具

双筒：Swarovski EL 10 × 42

 我推介的鸟书

1. J. Marchant, T. Prater, P. Hayman. 1986. *Shorebirds: An Identification Guide to the Waders of the World*. Houghton Mifflin.
2. C. Viney, K. Phillipps. 1983. *New Colour Guide to Hong Kong Birds*. The Government Printer, Hong Kong.
3. Cheng Tso-Hsin. 1987. *A Synopsis of the Avifauna of China*. Science Press.
4. J. D. D. La Touche. 1934. *A Handbook of the Birds of Eastern China Chihli, Shantung, Kiangsu, Anhwei, Kiangsi, Chekiang, Fohkien, and Kwangtung Provinces*. Taylor and Francis.
5. Josep del Hoyo et al. 1999. *Handbook of the Birds of the World, Vol. 5: Barn Owls to Hummingbirds*. Lynx Edicions.

林超英

——香港观鸟会首位华人主席

　　林超英于20世纪70年代中期在香港开始观鸟，从80年代起热心推广观鸟，加入观鸟会后一直致力推动鸟会华人化，希望更多香港人加入观鸟行列。他早在90年代已深入国内偏远地方观鸟，并感悟观鸟是推动自然保护的手段之一，于是开始在内地推广观鸟，协助内地成立鸟会，以及促成全国第一本观鸟年报的问世。他于1997年开始担任香港观鸟会主席，是首位华人出任此职，并在2004年起成为荣誉会长。林超英于2009年从香港天文台台长一职退休后，积极参与公益活动，经常到学校及社团演讲，又在大学兼任讲师，并先后出版散文集《天地变何处安心》及《天地不说话》，以文字记下多年来观天观地观人观物的领悟，从一只鸟看世界，可以说是观鸟界的哲人。

访问林超英那天是香港的三月天，天气开始闷热，踏进他的工作室，他第一句便说："我不开空调的，这里会有点热，不好意思。"就算天气再热，林超英也不开空调。"心静自然凉，忍一忍便好，再热，可以开电风扇。"开空调对环境造成很多坏影响，林超英一向关心自然，当然是为了减少破坏环境而不开空调。不过，如果因此把他形容为"环保分子"，他可是不接受的。这是因为他认为现代社会谈"环保"，似有"保护人类免受环境伤害"的意思多于保护环境，对环境有敌意，一切利益以人为中心，林超英不同意这个概念，他相信人属于自然的一部分，所以更乐意被称为"爱护自然人士"①。

林超英自小就喜欢观察自然，中学时代最爱观星，沉迷天文，大学毕业后负笈英国修读气象学，回港不久便加入天文台工作。虽然是理科出身，但他自言自己的思维更接近文科。而且他写得一手好文章，无论是跟他聊天还是看他的专栏，总能从中领悟不少哲理。当爱思考的人遇上观鸟，观鸟对他来说便绝对不只是感官的享受，而第一次观鸟，更是一次意识的"穿越"，给他带来莫大震撼。"那一天，我经历了从'视而不见'到'见'的过程：为何一直存在于身边的小鸟，现在才'见'？其实我们的感官是有框限制着的，如果我们不懂、不喜欢的东西，感官是接收不到的，因为我们无心装载。所以，从视而不见到见，是一个很大的跨越，这就像是英语说的'eye-opening'（大开眼界）。此后，我便走到哪里都能看见鸟。"那时候林超英加入天文台不久，既然爱好成为了工作，便想

1988年香港观鸟大赛晚宴（林超英提供）

① 林超英，《天地变何处安心》，快乐书房有限公司，香港，2010。

再另觅兴趣，于是参加了香港大学校外课程部主办的"香港鸟类"课程。第一次参加观鸟活动是去跑马地坟场，看到的只是红耳鹎（Red-whiskered Bulbul，*Pycnonotus jocosus*）、白头鹎（Light-vented Bulbul，*Pycnonotus sinensis*）、珠颈斑鸠（Spotted Dove，*Spilopelia chinensis*）等市区常见鸟，但无碍林超英"悟道"。

佛学里有"五蕴"之说：色、受、想、行、识，林超英便以此来形容自己观鸟的几个阶段。"'色'系视觉，'受'在告诉我这是一只小鸟，'想'是我懂得分辨这小鸟，'行'比较难解释，大约意思是你不只观察小鸟，还观察小鸟的行为和环境，'识'是知识的识，我看到小鸟并非独立于环境而存在，它和环境之间有着一大串关系。很多鸟人来到这阶段，开始'爱鸟及屋'，去做自然保护工作了。"林超英观鸟至今已40年，早已走过这"五蕴"，加上他对天文地理的学养，现在已身处"观一鸟，鸟便是全世界"的境界。早在十几年前，他已不再追看任何罕见鸟，甚至只需知道它们来了香港，有朋友看见了，已很高兴。

"爱鸟及屋"当然是林超英的写照，不过碍于官职，很多民间组织的保护行动，他不方便直接参与，除了一件，就是"塱原事件"。塱原是香港北面一块集农田与鱼塘的土地，环境甚好，是很多候鸟的重要栖息地。地铁公司于1999年计划在那里兴建铁路，这势必严重破坏塱原的生境。当时林超英曾咨询世界自然基金会，看他们是否会采取行动，结果当时的英国人总监回了一句"这是不可能制止的事"，故不打算行动。林超英认为香港很多重要的自然生境已遭破坏，不能失掉塱原，于是他去信反对。那时他当了两年鸟会主席，鸟会里连一个全职职员都没有，他认为"塱原事件"需要鸟会更多的投入，他便在年会上提出招聘一位全职职员[1]，若鸟会支付工资的钱不够，余数便由他包

---

[1] 这位全职职员是马嘉慧小姐（Carrie Ma），林超英形容她是"神人"，工作能力极高，在"塱原事件"上发挥很大作用。她自1999年在鸟会工作直至2006年转职至渔农自然护理署。

底。于是，一场"硬仗"开始了。鸟会向社会各界呼吁反对在塱原兴建铁路后，真有一呼百应的效果，很多人前来义务帮忙，提供电脑技术协助及法律意见，多个绿色团体如长春社、地球之友也加入行列。"不过，这场仗真的很难打！我们只是一些民间组织，但对方财鸿势大，我们扭尽六壬，只筹得3万元作经费，铁路公司则用了3000万。"林超英回忆道。他们奔走各方，宣传塱原的重要性，还有国际鸟盟（Birdlife International）的专家协助提供环境评估报告，为反对兴建铁路的立场提供充足的理据，鸟会为打这一仗做足了准备。"从一开始大家不抱太大希望，到政府开始有反应，甚至当时陈方安生[①]出席国际的会议时，也被问及如何处理塱原事件。政府很奇怪，为何国际上也注意到这件事。"经过一轮角力后，铁路计划最后由环保署署长否决方案作结，林超英他们打赢了巨人。"打赢这场仗，所有人都好高兴！这不单是一次保护的胜利，还是香港首次有绿色团体为了一个共同目标而联合作战。"后来地铁公司要多花20亿元在地底兴建铁路，至于那条铁路是否必要，民间仍存在不同意见。

　　塱原事件给香港的保护人士带来很多鼓舞，但林超英却很清醒。"自塱原事件后，好像没什么成功的例子了。很多事情，尤其是做保护，大部分时间都预料到会失败，只希望偶尔成功一次。"这种"怀最好的希望，做最坏的打算"的人生态度，也是林超英从观鸟中悟出来的，所以他最爱看的是林鸟。"看林鸟是去找一个你不知道底蕴的宝藏，去的时候，你是想去找一些东西的，但你又预料会看不到，然后到了林子里，你又很想看到，不过最后还是看不到。就在你打算放弃之际，便有好东西飞出来给你看，是小鸟找你不是你找小鸟。"这样带点玄妙的说法，当然是林超英观鸟（尤其是林鸟）多年累积出来

---

① 陈方安生（Anson Chan）为香港特别行政区前任政府高官，最高官位至政务司司长，当时的行政首长为董建华。

的感悟，特别是关于小鸟找人的经历，他自有深刻体会。"大约十多年前，我们去贺兰山观鸟，那是一个地理上很有趣的地方，要走很远的路，走到山阙才有鸟，我们的目标鸟凤头雀莺（Crested Tit-warbler, *Leptopoecile elegans*）便在那里。不过，我们找了很久很久都没有发现，于是打算在山口休息一会儿便离开。我们一坐下，雀莺便飞过来了。看到它我真的很开心，我觉得它跟花彩雀莺（White-browed Tit-warbler, *Leptopoecile sophiae*）是中国最漂亮的鸟！看得最过瘾就是它们。"林超英一边说着往事，一边把图鉴找出来给笔者看，"这两种雀莺真的很漂亮！图鉴完全不能反映出来，你一定要亲眼看才行。"不过，观鸟的人都明白，看不到的次数总比看到的多，林超英认为这是一种很好的锻炼。"好像我们玩观鸟比赛，有时候平常容易看见的鸟如普通翠鸟（Common Kingfisher, *Alcedo atthis*），有些队伍就是看了一整天鸟都没碰见。这没理由嘛，那么常见的鸟，但事实上就没有。看鸟就是这样，没有就没有，这是对'得与失'的一种很好的锻炼。"

　　林超英是最早一批到内地观鸟的香港鸟人，走到偏远地区，生活贫困，人们的生存条件太艰苦，"靠山吃山"的情况很严重。改变是很难在一夜间发生的，林超英看到中国的未来有无限可能，想到观鸟的种子越早播下越好，于是和张浩辉等人在20世纪90年代起多次走访内地，协助推广观鸟。"我们的想法是，哪里需要我们便去哪里，例如，北京于2000年年初想成立鸟会，那时赵欣如的'周三课堂'已搞了好几年，观鸟文化已累积了一定的效果，我们便举办训练班，分享一下组织鸟会的经验，协助他们成立鸟会。在其他地方也如是，有时候我们会赞助内地鸟会出版刊物和开展其他活动。总之是有钱出钱，有力出力。"最令林超英感到满足的一件事，便是促成了中国第一本《中国观鸟年报》，他希望将中国观鸟的记录统一化，成为一种最具代表性的定期文献。"我认为要成立一个平台，让所有在中国观鸟的报告和数据也汇聚于此，要做到外国人来到中国，也要在这里留记录。中国的鸟当然是在中国平台上做统一记录，中国人要拿这个主导权。"当时林超英跟中国鸟类学会提出这想法时，双方一拍即合，于是香港观鸟会开始赞助学会的张正旺教授在北京师范大学进行数据收集，后来由上海鸟友赵烟侠（网名）成立了"鸟语者"观鸟记录中心（Birdtalker.net），不论是谁都可以在这个网站上留下观鸟记录，记录会由资深观鸟者负责审核资料。由于得到业余观鸟者的积极使用，"鸟语者"的观察数据越积越多，最后中国鸟类学会也认为这个数据库是很好的学术研究参考工具，于是《中国观鸟年报》的数据便从这里来。"有了数据，还要确立中国鸟类名录，中国的鸟当然是中国人来定，在这方面有刘阳和雷进宇负责，两个人都是专家，有他们把关可以很放心。"于是，《中国观鸟年报》便在群策群力的情况下办起来，第一本年报在2003年出版，林超英更是赞助了部分出版费用。林超英认为年报要有代表性，所以得中、英文对照，数据和内容由内地鸟人负责起稿，然后由香港鸟人整理和校对，排版模式均参照香港的观鸟年报来做，所以《中国观鸟年报》可谓汇聚了内地和香港鸟人的心血而成，而且大部分皆是义务帮忙。可是，因种种原因，数年后年报便变成两年才出版一次，这是林超英最不愿见到的。"年报要年年办才能一条气延续下去，《香港观鸟年报》也曾试过拖稿，结果追得很辛苦，近几年才勉强追回进度。所以，未来我最想看见年报能恢复每年一本的传统。"林超英语带遗憾地说。

诚如林超英对自然保护的态度——"大部分时候预料到会失败，只希望偶尔成功一次"，就算在香港，推广观鸟的路也不是一帆风顺的。林超英于20世纪70年代末加入香港观鸟会，当时鸟会跟香港很多其他俱乐部一样，是英国人的天下，但最大的分别在于鸟会的英国人很愿意把观鸟本地化，所以林超英加入鸟会不久后，已成为推动观鸟本地化的一大力量。"那时候，开班谈米埔观鸟，来上课的人少于10个；谈林鸟，更少；市区观鸟，只有一个人来，但我照样上课。"林超英笑着说道。当时鸟会的观鸟团都由英国人带队，为了方便不谙英语的华人参加，林

2003年带小学生观鸟（林超英提供）

超英也帮着带团。"那时候去米埔观鸟很不容易，在市区坐车要两小时才到，我们都是夜半起床摸黑出发，还是自己开车去的，你说有多少香港人能来参加？于是，我便提议上午9时在九龙塘地铁站集合，租一辆旅游巴士把学员载往米埔观鸟，从而大大提高港人参与的意愿。这样做是蚀本的，但鸟会不反对，于是我们办下去了。"虽然林超英想尽各种办法吸引港人观鸟，但观鸟本地化的发展仍然很慢，在整个80年代的发展都是一条上升得很慢很慢的线。1994年，香港最普及的鸟类图鉴《香港及华南鸟类》推出中文版，由林超英负责翻译，而华人观鸟人数也在90年代渐渐起飞。1997年，香港回归中国，林超英接棒成为观鸟会主席，华人会员人数刚好比外国人多一点，是观鸟会前所未见的，那时会员总数已有300人。"观鸟本土化的发展在90年代明显加快，我想有这些原因吧：第一，香港人经济条件普遍改善了，开始注重工余的兴趣；第二，鸟书推出中文版也很有帮助。回看鸟会的发展，给我很大的启示便是——对准时机做事，自然事半功倍。好像我们在80年代费了很多心力，观鸟人数上升得很慢，但90年代人们的生活条件改善了，观鸟才搞得起。"香港观鸟会的会员人数至今已接近1,900人，而在英国管治期间成立的民间组织，也很少像观鸟会那样屹立至今仍继续壮大，林超英认为，本土化是关键的一步。

另一件令林超英感到得意的事情，便是促成了"红耳鹎俱乐部"——由长者组成的观鸟组织。在塱原事件后，鸟会的功能逐渐增多，他们开始申请不同的基金来组织活动，其中一项，便是从安老事务委员会申请基金，为长者安排观鸟活动。结果，这项观鸟活动自我发展下去，培养了一批很稳定观鸟的长者，他们后来自己成立了红耳鹎俱乐部，自发组织观鸟活动。这些银发一族不但热衷观鸟，还每个周末都在市区公园教市民观鸟。香港湿地公园成立初期要找志愿者，他们找了一批年轻人帮忙，结果他们经常爽约，湿地公园最后请红耳鹎俱乐部来当救兵，现在他们已是湿地公园的核心志愿者团队，备受园方信赖。"原来很多退休的长者很不愿意到老人中心玩的，但观鸟很不同，可以去不同地方玩，又可以教人观鸟。他们开始时去韶关观鸟，然后到福建、江苏，后来有些还去新疆。哗，多么厉害！观鸟真的打开了他们的世界，不用再困在家里，而是过着多姿多彩的退休生活，看见老人活得快乐，我觉得自己真的做了一件好事。"林超英说，长者做事有自己的一套，所以红耳鹎俱乐部其实不用鸟会主动协助，而是自给自足，所以他都放手让他们自己办。"红耳鹎俱乐部的成功，连国际鸟盟也拿他们来做组织活动的参考案例，还说他们是No.1！后来更有外国媒体采访他们，一群老人家开心得不得了。"林超英说起红耳鹎俱乐部的佳话，笑得很满足。

在林超英掌舵下的观鸟会，除了组织观鸟活动、观鸟班和出版年报外，他认为鸟会也应该为保护出力，于是大力倡议增设鸟类调查与研究的项目，这也是观鸟会的一大变化。"在殖民统治时代，英国人认为保护的事情留给世界自然基金会做便可，但我认为鸟会的功能不止于搞活动和出版。"观鸟会至今负责的众多鸟类调查项目里，最有代表性也是历史最长的项目便是后海湾水鸟普查，这是奠定米埔作为水鸟迁徙的重要湿地的项目。在全球多条候鸟迁徙路线里，由俄罗斯至澳大利亚的一条是最重要的水鸟迁徙路线，米埔只是迁徙路线上其中一站，其余皆分布在中国东部沿岸地区。"我最怕看见的事情，是这条迁徙路线变成历史。在我有生之年里，这事成真的机会率可能不算太高，但在你有生之年，应该是100%。"笔者听过不少对水鸟迁徙路线消失的悲观言论，但像林超英这样斩钉截铁的悲观言论，还是很少数。林超英曾在散文里写过，自己是"积极的悲观者"，在采访时，他说自己应该是"悲观垫底的积极者"——在面对看似不能逆转的变化时，自己能做的不多，但他采取的态度是有得做便尽力去做。"很多人会问我，这样努力争取，一定能赢吗？我便说，知道一定会赢，还用做吗？正是不知道结果如何才要去做。"就像多年前的塱原事件，如果当年林超英也抱着"这是不可能制止的事"的心态，什么也不做，塱原早已消失了。虽然是百年难得一见的成功，但也是一次成功。"虽千万人，吾往矣"，不知能否代表林超英的心声？

林超英与美国前财政部部长亨利·保尔森（Henry Paulson）及其妻子在香港大浦滘观鸟（林超英提供）

约翰·马敬能
——《中国鸟类野外手册》
作者及生物多样性专家

　　约翰·马敬能（John McKinnon）在中国自然界有着巨人般的影响和建树，国内的观鸟者无不受益于他与何芬奇教授[①]合著的《中国鸟类野外手册》——也是国内出版的第一本全面描述中国鸟类的工具书。本书于2000年出版后，国内的观鸟人数有着明显的上升趋势，可以说是中国观鸟发展之路上的一个里程碑。马敬能于1987年首度踏足中国，参与世界自然基金会的大熊猫项目，此后便与中国的自然保护结下不解之缘。多年来他跑遍中国，为多个动物栖息地进行环境评估，厘定自然保护区的准则，并协助保护区申请成为世界遗产。他曾担任中国环境与发展国际合作委员会生物多样性工作组的主席达14年，参与过多项重要的保护项目，现任中国—欧盟生物多样性项目宣传教育子项目负责人。20世纪60年代末，马敬能还是高中生时，曾跑到非洲跟珍·古道尔博士（Jane Goodall）学习研究黑猩猩以及昆虫；回英国后在牛津大学研修生物学，师从诺贝尔奖得主尼古拉

---

① 何芬奇，中国科学院动物研究所教授，我国著名鸟类学家，多年来致力鸟类及生态研究。

斯·廷贝亨（Niko Tinbergen），取得动物行为学的博士学位；大学毕业后又独自跑到婆罗洲①研究猩猩。从毕业后至今，马敬能在亚洲工作超过40年，曾在联合国粮农组织、世界野生动物基金会、世界自然保护联盟、联合国开发计划署等机构工作，在亚洲多国担任自然保护的重要顾问，协助多国建立国家公园和自然保护区。过去100年里，人类新发现的哺乳类动物共有10种，马敬能便发现3种。其中一种，便是1992年在越南和老挝边境发现的中南大羚②，他也是第一个到越南工作的西方生物学家，其设计的保护区原则至今仍在亚洲多地被引用，可说是一个重量级的自然保护专家。

---

① 婆罗洲（Borneo）即加里曼丹岛（Kalimantan）。——编辑按
② 中南大羚（Saola, *Pseudoryx nghetinhensis*）主要分布于越南及老挝之间的安南山岭，活跃于海拔200至1200米的山区。根据世界自然保护联盟（IUCN）的资料，中南大羚多年来被严重猎杀，生境大幅遭到破坏，当地猎人亦多年不见其踪影，估计成年个体少于750只，实际数字应该更少，故被列为极度濒危物种。

马敬能跟很多英国鸟人一样，都在后花园开始观察鸟类和小动物。他记得在3岁至6岁期间，经常跟父亲去狩猎（他父亲持有狩猎牌照，可以射杀兔子和雉鸡等动物），并开始对各种生物感到好奇。"我很怀念那些早上，每次都

马敬能早年获益于珍·古道尔博士的教导，两人多年来亦保持联系（马敬能提供）

好像一次小小的野外探险。"马敬能笑着说。他的外祖父是首位出身于工党的英国首相拉姆齐·麦克唐纳（Ramsay MacDonald），舅父马尔科姆·麦克唐纳（Malcolm MacDonald）曾担任多个重要的海外官职，被派驻过非洲和亚洲等地方出任外交工作，他本身也是观鸟爱好者。不难想见，马敬能的成长环境里，早已齐备了培养生物学家的条件。就在他升上大学前，舅父便给在非洲研究黑猩猩的珍·古道尔博士写信，向她大力推荐"虽然没有受过任何正式的科学训练，但对昆虫深感兴趣，并自发研究起天蛾科昆虫来"的天才侄子[1]，于是马敬能便跑到非洲去了。

由于马敬能的博士论文题目是研究婆罗洲和苏门答腊的猩猩，所以大学毕业后，他花了一年多的时间在婆罗洲继续进行野外考察，研究猩猩和其他雨林生物，也利用这段时间思考一下未来路向。"那一年的大部分时间，我都在雨林里生活，晚上不用帐篷也不用任何照明工具，就随便睡在地上，连当地人也不会这样做！很多人笑我像疯子（我觉得自己也是，哈哈哈），但我可以看到很多别人从未看过的现象，例如有些植物的叶脉原来会发亮，有些甲虫的幼虫晚上也会有夜光，晚上的雨林实在是五光十色！我觉得自己跟自然很亲近，那些植物、

---

① Dale Peterson. 2008. *Jane Goodall: The Woman Who Redefined Man*. Mariner Books.

婆罗洲雨林是马敬能最喜欢的地方，
可说是他第二个家（马敬能提供）

"这是黑猩猩Mike，我的老朋友，也是
东非贡贝溪的老大，时值1965年。"马
敬能说（马敬能提供）

昆虫、雨林的气味，仍然记忆犹新。"马敬能回味道。当时物质和交通条件很差，补给成为最大的困难，马敬能只能叫当地人把物资投放在雨林里的不同地方，让他自己去找。"真希望那时有手机，那么补给会更加方便。"马敬能笑着说。婆罗洲猩猩和苏门答腊猩猩是亚洲唯一的猩猩亚科动物，被"世界自然保护联盟"分别列为"濒危"和"极危"物种，自华莱士（Alfred Russell Wallace）[1]开始已成为生物学家钟情研究的哺乳类动物，马敬能也不例外。"婆罗洲猩猩是一种非常奇怪的动物，它们喜欢在树干上静悄悄地活动，每次不会走得太远，但其实它们的活动范围却很广。这些家伙非常难找也非常害羞，所以要看它们，你能做的是——找到一只后便不要走开，否则你无法再在原地找到它们。可是观察它们也真叫人闷出鸟来，因为它们是慢性子的动物。你去看黑猩猩，都是很好动的家伙，有丰富的群体生活，常常有好戏上演。可是婆罗洲猩猩只闷坐在树上，几小时也纹风不动，你只能干坐在那里看着它，哪怕是下着倾盆大雨还是正被一群吸血虫咬得你奇痒

---

① 华莱士，英国博物学家、生物学家、人类学家及探险家。他根据多年野外考察发现"天择"的现象（natural selection），发表论文后，促使达尔文出版《演化论》一书。华莱士最经典的著作《马来群岛的自然科学考察记》（*The Malay Archipelago*）记录了他在马来西亚、印度尼西亚和新加坡的见闻和发现，至今仍有再版。

难当，你还是得坐在那里看着它。就算它们吃饭的时候，也是慢吞吞的（此时马敬能一边说一边以慢动作模仿婆罗洲猩猩吃香蕉的动作，表情异常痛苦，令人忍俊不禁），真叫人不耐烦！"话虽如此，马敬能也走遍婆罗洲多个地方去了解猩猩的行为，发现了它们一些不为人所知的有趣现象。"很多研究猩猩的人以为婆罗洲猩猩也像其他灵长类动物一样，在小范围活动，喜欢群体生活。事实上，婆罗洲猩猩的活动范围很大，雄猩猩会跟随季节迁移，避开降雨严重的地方，带着幼儿的雌猩猩则不太迁移。"虽然马敬能表面上说受不了婆罗洲猩猩的闷骚性格，但聊起婆罗洲的一切，老爷子还是满心欢喜的。"我去过很多很多地方，但只有在婆罗洲我才不会觉得自己是访客，我常常感到自己是属于婆罗洲雨林的。我已经七十多岁了，但如果我再回到婆罗洲，肯定会感到自己精力充沛起来，甚至可以再去爬树，看那些昆虫、猩猩……那是我的家。"只要提到婆罗洲，马敬能便会双眼放光，像个孩子似的笑起来。

马敬能跟当地居民合照，1971年摄于苏门答腊，身后为其研究基地一部分（马敬能提供）

　　从高中时代对昆虫产生莫大兴趣，到后来研究猩猩和植物，马敬能注定要走上生物学家的路。20世纪70年代末的亚洲像是未开发的处女地，对西方科学家有着莫名其妙的吸引力，马敬能的独特背景、科学训练及丰富的野外考察经验，让他轻易获得不少在亚洲进行科研的机会。例如，当时越南仍处于战后未开放的年代，马敬能因为政府一项建立保护区的项目，获批准自由走访越南境内的动物栖息地进行评估和考察，令当时的西方科学家羡慕不已。[①]后来他在印度尼西亚也进行过差不多的工作。"当时我替联合国一个项目工作，要在印度尼西亚寻找新的合适的地点做自然保护区。那时候我编制了一共8册的自然保护区评估准则，用于评定一个地方是否适合列作自然保护区。比较重要的准则包括面积、生境是否多样化、动物总数量多少、其他类似的地方是否未被列为自然保护区（这个会获得很高分）、如果这地方不入围是否会立刻遭到破坏等。我拿着印度尼西亚的地图到处跑，这真是一项非常棒的工作！"马敬能说。除了印度尼西亚、越南等东南亚国家，基本上整个东洋界[②]，从巴基斯坦到印度尼西亚东部的重要生境，马敬能都考察过并做出过评估。

　　究竟环境评估是怎样一回事？怎样可以看到一个地方的自然条件如何？马敬能说了好些小方法，基本上任何人都能够做到。"例如，我想知道这条河的鱼类资源如何，我试过拿着防水的纸和笔，潜到水底观察两分钟，每看到一条鱼便记录为'已见'或'新种'。这些数据会告诉我很多事情：在两分钟内，我见到多少种鱼以及总共多少条鱼。虽然我完全不知道它们是什么品种，但它们已经是具有科学价值的数据，而且这方法也可以用在其他生物如鸟类身上。"事实上，鸟儿在环境评估上是很重要的物种，其中一个原因是它比昆虫和其他动物容易观察。马丁·威廉姆斯曾经在20世纪90年代初参加过一项由马敬能主持的中国生

① Eric Dinerstein. 2013. *The Kingdom of Rarities*. Island Press.
② 东洋界：一个动物地理分区，又称印度马来亚区。范围包括喜马拉雅山以南、秦岭淮河以南、华莱士线以西的地方。

物多样性调查项目，他们在西双版纳对森林进行环境评估，马敬能让他们每人在观察到20种鸟之后便离开原路，另找一条新路继续观察，接着每达到20种鸟后便再找新路。最后把所有人的数据汇总，再用方程式计算一下，便可以约略评估整个森林究竟能支持多少生物。"人们不应该只关注罕见鸟，罕见表示数据不足，在科学上不能告诉我们太多事情。鸟人要问具有科学价值的问题，观察常见、易见的鸟，留意最普遍的行为和规律，然后多些问为什么。常见鸟往往最能帮助我们了解环境发生了什么变化。"这是马敬能多年来对鸟类科学考察的一些经验总结。

世界自然基金会于1987年聘请马敬能为高级顾问，主持他们的大熊猫保护项目，这把马敬能带到了四川卧龙。留在四川的4年间，老爷子看到了他最喜欢的中国鸟：红腹角雉（Temminck's Tragopan, *Tragopan temminckii*）。"我曾在武夷山看过中国特有种黄腹角雉（Cabot's Tragopan, *Tragopan caboti*），虽然红腹角雉不算是中国特有种，但我还是比较喜欢它。它可真漂亮，而且挺不惧生，在其生境不算难见，每次近距离看见它们都令我兴奋上好一阵子。我在卧龙生活的日子里，跟这些家伙混得挺熟的。"马敬能笑着说。除了研究大熊猫外，马敬能后来也为世界自然基金会统筹另一个项目——考察中国的生物多样性状况，并为多个生境做环境评估。"那时候我最主要的考察工具是卫星照片，当地政府给我们提供了大约530张，于是我便几乎把中国每一寸土地都描摹出来了，我不知以前有没有人试过这样做。最后我一共考察了超过1000个生境，从中选了40个最重要的栖息地，建议在那里成立自然保护区。"

这个规模庞大的生物多样性调查项目为中国带来了很多深远影响，其中一项便是为《中国鸟类野外手册》（下简称《手册》）提供了差不多是现成的基础数据。当时马敬能已经写了多本鸟类野外手册，包括婆罗洲、苏门答猎、爪哇和峇里等，而跟他合作多年的牛津大学出版社也希望他能编写一本中国的观鸟书，在各种环境因素的促成下，对中国观鸟发展影响甚大的工具书便诞生了。"当时我很幸运地获得很多协助，包括内地的鸟类学家、当时现成的地图、名录和文献等。此外，绘图家卡伦·菲利普斯当时已协助香港那边完成了《香港及华南鸟类》的绘图，所以一本属于中国的鸟类工具书其实已万事俱备。"虽然必要的条件已经到位，但制作《手册》的过程仍然存在不少困难，其中一样最令马敬能费神的便是鸟种的分类。"当时我的中国伙伴很接受旧有的分类法，即根据形态学的原则进行分类，但我认为我们应该跟上国际标准[1]，即依从分子层面的数据来进行分类。后来大家渐渐接受了我的想法。另一个问题是如何描述鸟的鸣声，我希望现在的观鸟书会在这方面做得更好。"《手册》收录了所有中国鸟种，所以作为野外的工具书，它是厚重了一点。书的重量和内容，很难做到两全其美。"我们当时决定不只要收纳所有鸟种，连每种鸟的所有亚种[2]都要拿进来。回头看来，我们做对了，因为这些年来新加进中国鸟类名录的鸟种，很大一部分都是从亚种升级而来，而这本书没把它们遗漏了。"老爷子说，这本书仍然有很多需要改善和更新的地方，但他最大的安慰是启发了很多年轻人开始观鸟。笔者多年来不时听到鸟人对《手册》吐槽，大家也期待另一本同样全面且资料更合时的工具书，可是目前为止好像仍没有一本能取代《手册》的图鉴出现。笔者也听过另外一些意见，他们认为说总比做容易，哪怕《手册》有着百般不是，数据和分布图已过时，但至少马敬能等人把书做出来了，这比坐在那里净批评来得更有建设性。

作为生物学家、环境保护专家，马敬能视观鸟为一种科研手段，而非一种爱好。"我不能称为观鸟者，但我喜欢观察鸟，在生物学层面上它们的分类、规律更令我产生兴趣。我很喜欢留意我究竟重复看见过多少种鸟，哪怕是很普通的鸟，它们的日常规律也藏着科学价值。"虽然

---

[1] Sibley-Monroe名录：马敬能指的国际标准便是这份名录，由美国鸟类学家Charles Sibley和Burt Monroe通过分子鉴定法进行鸟类分类研究而制定的鸟类名录。

[2] 亚种（subspecies）：属于同一物种但因地理分布不重叠、繁殖群种隔离不完全，以及形态有一定分别的生物类群。

老爷子看的从来都是比个体和物种巨大许多的自然本相和事物的规律，但不代表他不留意个别鸟种的情况，也不代表他没有特别喜欢的鸟儿。例如他很喜欢非洲海雕（African Fish-eagle, *Haliaeetus vocifer*），因为它"非同凡响地漂亮，很有贵气，而且它们的叫声非常独特，令人难忘"。如果要他在已灭绝的众多鸟种里选一种最想看见的，他的选择是大眼斑雉（Great Argus, *Argusianus argus*）的亚种双带斑雉（Double-banded Argus, *Argusianus bipunctatus*）。"人们对这种鸟所知的一切，只有一根飞羽，所以我们只好凭这根羽毛来想象它究竟长得怎样。如果真的能看到它，会是非常棒的一件事。"这斑雉可说是已灭绝鸟种里最神秘的一种，于1871年被生物学家正式描述为新鸟种，估计其生境应该在爪哇或印度尼西亚一带。当时这根羽毛跟其他羽毛一起运到英国作为帽子的配饰材料，目前已被英国自然历史博物馆所收藏。毕竟只有一根羽毛，所以也有另一派生物学家不承认它为有效物种[①]。

　　马敬能的背景显赫，成就非凡，但最令人印象深刻的除了他孩子气的笑声，还有他极度平易近人的作风。笔者采访他那天，碰头的地方是北京秀水街附近一间咖啡店，马敬能推门进来的时候，一身简约便服，一手提着一支高尔夫球杆，一手拿着酒店免费赠阅的《中国日报》。聊了半个上午后，老爷子便去打高尔夫球，坐的是地铁，连出租车也不愿意坐。他去过的地方多不胜数，出差时却毫不讲究吃喝住行的条件，从不要求住在星级酒店或使用豪华房车。"我对生活的要求很简单，我经常提醒自己，其实人真正需要的东西很少、很基本。"物质财富从来都是人世间最大的障眼法，但有多少人能像马敬能那样，看到生命中难以用金钱买来的富有——例如看到晚上发亮的昆虫、像野人一样活在雨林里的自然状态？

[①] 国际鸟类学家联盟（International Ornithologists' Union）已于2011年从有效鸟种名单上移除了双带斑雉。

观鸟工具小包

 我的观鸟工具 ———————————————————————

双筒：我现在用的西德制蔡司望远镜是父亲留下来的，仍然很合用。

马敬能于70年代曾几度协助大卫·艾登堡（David Attenborough）拍摄动物纪录片，包括苏门答腊猩猩和雨林。"大卫非常友善、平易近人，没有一般电视主持人的傲慢，而且学识广博，经常分享他周游列国的有趣见闻。他拍摄纪录片时常常不用背稿，直接对着镜头便说话，甚少需要重拍，非常专业！"图为两人1973年于苏门答腊（马敬能提供）

莫克伦

——博学多才的爱尔兰鸟人

莫克伦（Colm Moore）在爱尔兰出生与成长，12岁开始观鸟，于都柏林大学圣三一学院选修植物生物学，接着在都柏林学院大学获博士学位，其后负笈丹麦深造。莫克伦因为观鸟而游历多个国家，17岁时已远游至希腊及东欧，曾在葡萄牙旅居30年，前后共出版了4本关于葡萄牙的观鸟书籍，撰写相关的学术文章达数十篇，并为葡萄牙发现超过30个新鸟种记录。莫克伦的本科专业虽然是理科，但他懂得多国语言，包括母语苏格兰盖尔语（他10岁才习英语）、葡萄牙语、西班牙语及拉丁语，自幼便有写诗的习惯，并醉心于古典音乐，可以说是文理兼通的博学家。莫克伦于2008年在北京旅居至今，现为北京世青国际学校的生物老师，闲暇之余与爱人结伴在北京及周边观鸟，在2014年于北京沙河发现中国新记录——黄额燕（Streak-throated Swallow，*Petrochelidon fluvicola*）。

　　法国思想家伏尔泰有一段话，说的是人类已发展出了文明社会，但地球上有超过一半地方的人仍停留在原始阶段——"他们没有足够的衣服可穿，没有机会享受语言的乐趣，更没有发现自己活得不快乐，过了一生都没发现以上匮乏"。①四句话里，关于语言那一句，是笔者在认识莫克伦后，最感同身受的一句。跟莫克伦聊天、读他的文章，哪怕只是谈鸟儿和环境的电子邮件，总为他那古雅流丽的英语所折服，惊觉大学时代的英国文学是白修了。莫克伦除了对生物学拥有深厚造诣外，对文史哲理的课题也无一不通，"与君一席话，胜读十年书"，用在他身上是最适合不过。绝顶聪明的他不单是专业学霸，而且不少学问都是自学而成。"在我升上大学前一年，爱尔兰的老师集体罢课，学生整年只能在家自修。那一年，我学会了'自学'，此后，这种能力便没离开过我。"只要莫克伦认定要学懂的，决没有"半桶水"的事儿，例如，他精通葡萄牙语，甚至用葡萄牙文写了一本观鸟图鉴。

　　莫克伦笑着说，观鸟是为了逃离父亲——一个在他口中是"天才"的数学家。莫克伦出身于学术世家，叔父们与哥哥都是医学家，父亲则是最聪明的一员，别人的枕边读物是小说或杂志，他看的是艰涩的数学理论，还看得津津有味。不难想象，在俨如奥林匹克诸神殿的环境下成长，哪怕莫克伦的学业成绩再出众（例如本科一级荣誉毕业），头上也总有一片阴影跟着他。"我选读生物，因为这是我父亲不懂的科目。"年少反叛的莫克伦总是想做一些事，希望获得父亲的认同。在严父的管教下，莫克伦总是鞭策自己进步，但家里甚少给他正面的鼓励，这难免令他感到孤独。所以，当他12岁那年，在都柏林发现了一只赭红尾鸲（Black Redstart, *Phoenicurus ochruros*），向当地的观鸟组织汇报并获得很正面的反应时，他觉得自己终于获得成年人的认同了。

---

① Voltaire. 2014. On Man in the State of Nature. *Voltaire: Political Writings*. Cambridge University Press.

他发现，原来世上有一群人在做的、在谈的，是父亲完全不懂的事情（但据莫克伦说，这是他父亲没兴趣去了解的事），于是，他好像找到一个避难所。

观鸟让莫克伦找到借口离开家庭，甚至离开爱尔兰，到遥远的地方去。当他在丹麦深造，打算建立他的学术事业时，一次实验室意外令他的左眼永久失去四成视力。手术及休养花去不少时间，严重影响其研究工作，甚至前途和婚姻，他不得不做出痛苦的抉择。几经挣扎，他毅然抛下一切，只身来到葡萄牙开始另一段新生活，在一所国际学校里担任数学及科学系主任。那时候，葡萄牙的观鸟风气不盛，曾成立的观鸟会也废掉了，在观鸟方面是一种百废待兴的局面，莫克伦的才能派上了大用场。"那时候，人们对葡萄牙的鸟所知甚少，因为此前很少有人去做系统化的观察和记录。所以，在葡萄牙待了30年，我花了很多时间去看鸟，尤其是海鸟，了解那里的海岸和海岛。可以说，这些年来的发现，改写了葡萄牙海鸟的历史故事——虽然这样说好像有点自大。"事实上，莫克伦这样说绝不自大，而且他只说了事实的一小部分。

欧洲不少国家，如英国、瑞典和丹麦等国的观鸟文化发展得很成熟，但与之相比，仍有好些国家在这方面发展得比较慢，如葡萄牙。所以，莫克伦在葡萄牙的30年里，除了协助当地鸟人重新成立观鸟会，还创办"珍稀物种委员会"（负责鉴定珍稀鸟种及立案的工作），并制定葡萄牙的鸟类名录。为了这几件事，莫克伦跑遍葡萄牙搜集数据，可以说是彻底摸透了这个国家的鸟况。多年来莫克伦和几个同伴共发现了超过30个新鸟种，甚至在葡萄牙海岸发现欧洲第一笔红嘴鹲（Red-billed Tropicbird, *Phaethon aethereus*）的记录，创下很多个"第一"的佳绩。莫克伦把这么多年的汗水和心血结集成4本观鸟书籍，让世人了解葡萄牙鲜为人知的一面。除了这些成就，莫克伦对葡萄牙观鸟文化的最大贡献，可以说是以其一丝不苟的做学问的精神，重整了葡萄牙的鸟类文献库，并厘定观鸟记录报告的新标准。保罗·霍尔特在访问里说："很多年前，葡萄牙第一笔苇鹀（Pallas's Reed Bunting, *Emberiza pallasi*）的报告出炉时，我一看，立马发现这是世界级的文章——仔细、严谨，不论是描述、论证与绘图皆是一流的。"不用多说，这当然是出自莫克伦之手。可以说，他不单改写了葡萄牙的海鸟故事，还重写了葡萄牙的观鸟史，奠定了一套现代化的观鸟标准，为葡萄牙鸟人留下珍贵的资产。

葡萄牙的海鸟资源甚丰富，莫克伦在这里生活可说是如鱼得水，因为海鸟是他的心头好，在家乡时他早已经常跑到海边看海鸟。看海鸟跟看林鸟、山鸟或水鸟非常不同，很多时候都在坏天气才有较多机会看到海鸟（天气差的时候，海鸟都往海岸靠近躲开坏天气），所以鸟人不时要冒着风雨坐船出海，就算劳师动众后还不保证一定能看到，是非常考验耐力和意志力的一种观鸟活动。莫克伦不但喜欢看海鸟，更钟情于观察海鸟迁徙。海鸟跟其他候鸟的迁徙行为不同，候鸟总会在迁徙途中的栖息地停留一下，但海鸟迁徙时是一去不回头，观察者往往只有十几秒的时间去判断品种，所以海鸟迁徙是对观察力要求最高的观鸟行为。"我喜欢观察海鸟迁徙，因为它要求严格的纪律，作为当下唯一的见证者，我要为正确辨认出每一只路过的海鸟负上全部责任。"换言之，除了要对海鸟足够熟悉，还要拥有强大的抗压力，否则便难以胜任记录海鸟迁徙的工作。莫克伦比其他人还多了一重困难——左眼意外的后遗症，令他在使用单筒望远镜和相机时会出现恶心的感觉，他只能靠双筒望远镜来观察，比别人少了两项重要工具。所以，记录的准确度便全权倚赖双眼，和当下十几秒的判断，这对任何认真观鸟的鸟人来说，都是一份莫大的责任和压力。"看海鸟迁徙的日子，我总是要求自己'不许出错！出错我便要去死'。"如此骇人的自我鞭策，大概不是人皆有之，笔者只记得饮誉国际的传奇女钢琴家玛塔·阿格里奇（Martha Argerich）曾说过类似的话："大概9岁那年，在一次莫扎特演奏会前夕，我跟自己说'如果我弹错一个音符，我便要去死'。"阿格里奇童年习琴时，严师经常要她"像钢一样"弹琴，她也经常要求自己不能出错。她成名后，乐评总会赞许她"弹得像男人一样"。能够创下非凡成就的人，总是对自己要求极高，阿格里奇严以律己，莫克伦也一样。可以看出，严父其实从来没离开过他的心灵。

莫克伦在葡萄牙创下很多观鸟新发现，当中最令他难忘的，便是1981年在葡萄牙海岸的Farilhao Grande小岛上发现斑腰叉尾海燕（Madeiran Storm Petrel/Band-rumped Storm-Petrel, *Oceanodroma castro*）的繁殖群体，而且是欧洲首笔繁殖记录。令他雀跃的是，通过环志个体的记录，他发现在这岛上有春、秋两个不同的繁殖群，同一个物种，却有不同的繁殖行为，结论是这种海燕原来是一种隐存种（cryptic species）[①]海鸟。"隐存种是怎么一回事？当你把一只斑腰叉尾海燕拿在手里时，你不能从表面特征上辨认出它究竟是哪一个亚种，但在分子层面上它和其他个体却极可能是不同的物种。换言之，你在见证着达尔文所说的新物种形成（speciation）的过程！"莫克伦和同伴在小岛的发现，引发了接下来三十多年科学家对斑腰叉尾海燕的分类研究，由于这种海鸟分布甚广，数量庞大，新发现的隐存种仍存在很多问号，这也是莫克伦为之着迷的原因：像隐藏了的谜一样，留待后人破解。海燕的英文名字"Petrel"，就是基督教里圣彼得的拉丁名，由于海燕在海面上低飞时，双脚快速拨动却不沾水，就好像圣彼得在水面上走路显神迹那样。"我们知道这小岛上有斑腰叉尾海燕，是因为当地渔民说看见'Painhos'（就是'Petrel'的葡萄牙语）。在水面行走的圣彼得。啊，多好听的名字！"莫克伦语带陶醉地说着这个葡萄牙语鸟名，名字带着如此诗意，海燕自然是他特别钟情的海鸟。

---

① 隐存种，是指该物种的个体在形态上非常相似，甚至看不出分别，但彼此不能交配繁殖。在分子鉴定下，科学家可能会从该物种分类出另一个物种出来。

斑腰叉尾海燕。莫克伦通过环志，发现同一鸟种的不同繁殖群体（莫克伦提供）

　　虽然莫克伦游历世界多个地方观鸟，但他却不知道自己一共看过多少种鸟，对他来说，个人的鸟种数目毫不重要，但鸟类记录却十分重要。"因为，准确的报告和记录是为了让别人了解真相呀！好像马丁·威廉姆斯于1985年撰写的北戴河候鸟迁徙报告那样，他的报告提供了实际数字，为前人所说的'很多''大量'填补了有科学价值的意义。"①莫克伦对数据和事实的严格要求，除了源于其学者性格，也因为一位曾对他影响甚深的爱尔兰观鸟先驱拉特利奇（Robin Ruttledge）②。这位前辈是爱尔兰观鸟会前身的创办人，他也一手改写了爱尔兰的观鸟史，制定了很多现代观鸟的标准，提高了观鸟的科学精神。莫克伦年少时曾与他通信，在他身上学习了不少可贵的观鸟习惯，这些习惯直至今天仍在莫克伦身上能看见。"他是那种会反问你'你真的看到14只吗'的人，然后你不得不反复审视自己的观察记录，进而要求自己做到仔细观察、严谨记录。就是他教我懂得'纪律'的。纪律很重要，我认为这是对每个鸟人都很重要的条件。"虽然左眼的后遗症给他观鸟带来不便，但他仍然严以律己，除了因为前辈的影响，还因为一句话——"By endurance we conquer"（坚毅必胜），这是爱尔

① 详情请参看马丁·威廉姆斯的访问。
② 拉特利奇（1899-2002）为爱尔兰的观鸟先驱，他创立爱尔兰保护鸟类协会（现名为BirdWatch Ireland），把鸟类环志的概念引入爱尔兰，于1954年出版的The Birds of Ireland可以说是当地最重要的鸟类文献之一。

兰航海家沙克尔顿（Sir Ernest Shackleton）的家族座右铭。"如果说我在观鸟上有什么座右铭，这句可算是吧。巧合的是，这也是我家的座右铭。在我的人生道路上，我的确很努力地身体力行，希望做到坚毅不屈。"

事实上，这句话的确在莫克伦身上发挥作用，因为人生的考验再一次来临——2006年，莫克伦在希腊旅游时骑摩托车发生意外，双腿严重受伤，大大影响了行动力。"意外发生后，我的人生崩溃了，我放弃了自己，放弃了一切，包括观鸟。"经历两年挣扎的日子，莫克伦再次做出人生的抉择，毅然抛下葡萄牙的人与物，包括住了30年的房子，于2008年只身来到北京，重新开始。"来到北京时，严格来说，我已经不是一个观鸟者了。"莫克伦淡然地说。或许有人会觉得他这样说有点夸张，坐在家里的阳台观鸟，也是观鸟的一种呀。不过，莫克伦过去数十年的观鸟都是很极致的那种，一看可以几个月不回家，而且涉及大量体力劳动，对身心条件的要求都极高。经历了几番人生波折的莫克伦，已经很难重拾从前观鸟的热情了。

笔者于2013年认识莫克伦时，他已经是他家沙河水库"著名"的鸟人，那里的街坊都认得他，去沙河观鸟的人，不时看到莫克伦附近不远处，他的爱人赵奇正在拍鸟。他们两在学校认识，赵奇不懂观鸟，却很好奇，于是莫克伦便带她去野鸭湖观鸟。从打算放弃观鸟，到重拾观鸟，莫克伦笑着说："还好，没让我盲掉。"（在没有药物的辅助下，长时间观鸟会令他的左眼不胜负荷。）一起观鸟几遍后，莫克伦忽发奇想，既然赵奇喜欢摄影，自己又不便使用相机，为何不让她拿自己的相机拍鸟？这岂不是一举两得的事？于是，事情便顺其自然地发展，一个教、一个学，天作之合。"我很感谢她，她完成了一件不可能完成的任务（让我重拾观鸟）。"莫克伦自言，在北京观鸟，跟在葡萄牙、丹麦、爱尔兰的时候已经很不同了，因为他在做一件从来

莫克伦在沙河，看鸟、拍鸟的人碰上他，总会跟他亲切地打招呼（赵奇摄）

不会做的事——在一个固定的小地方观鸟。"从前，我的观鸟地盘是整个国家！我喜欢何时去哪里便去哪里。"眼疾、腿患等外在条件虽然限制了莫克伦的活动范围，却不能限制他思想的广度。有时候，启发与顿悟，总在人们以为面前只有绝路的时候，以最意想不到的形式降临。

　　跟莫克伦熟稔的鸟人，皆知他是英国著名鸟人及鸟书作者基里安·穆拉内（Killian Mullarney）①的启蒙老师，后者一直秉承着莫克伦的观鸟习惯——"正确辨认好一只鸟，才去看下一只鸟。"这在看水鸟的时候尤其有用，几千只水鸟站在一起，同类的站在一块，很多人看了一群同类一眼，便以为自己已看好了。对莫克伦来说，这不是认真的观鸟，而他一直坚持"看好每一只鸟"的精神，在他活动范围受限制的日子里，为他带来意想不到的收获——

①　基里安·穆拉内是著名爱尔兰鸟类学家及鸟类绘图家。于20世纪70年代开始在英国鸟界成名，享负盛名的《欧洲鸟类图鉴》（*Birds of Europe*）里的鸟类插图的一部分便是他绘制的。

黄额燕，莫克伦于北京沙河发现的中国第一笔记录（莫克伦摄）

黄额燕，中国第一笔记录。那是2014年5月的某个早上，莫克伦和赵奇如常在沙河水库观鸟，在一大群崖沙燕（Sand Martin, *Riparia riparia*）里，莫克伦发现其中一只显得有点奇怪，看了好一会儿也不能肯定其品种。由于崖沙燕和家燕总是一大群混着飞，要定点追踪一只燕子不是易事，那只奇怪的"崖沙燕"很快便不见了。对莫克伦来说，在自家门前发现一只不能辨认品种的鸟，简直是心里的一根刺，所以他很不舒服。过了几小时后，这只奇怪的"崖沙燕"再度出现了，这次燕子飞得比较近，赵奇尝试好几遍都不能成功拍下它，最后莫克伦顶着恶心的感觉，不管好坏地按下快门，希望有几张照片让他回家好好鉴定。一般鸟人不会执着于一只奇怪的燕子，因为数量实在太多，也太常见了，但莫克伦却是例外。"如果真要说我跟别人的最大分别，我相信是别人放手时，我仍然坚持。"回家后，莫克伦翻遍中国鸟类图鉴，都找不出答案。虽然他心里有底，知道这燕子非比寻常，但他不愿轻率下判断，于是把照片发电邮给保罗·霍尔特看。由于保罗当时正在国外带观鸟团，一个月后回北京才有空查看电子邮件。保罗一看照片，呆了，这是印度来的燕子，中国第一笔记录！他半开玩笑说道："这件事的教训是，以后看见莫克伦的邮件，得立马打开来看！"

黄额燕并非莫克伦在沙河水库的最大收获——虽然这项发现已足够令很多鸟人兴奋莫名——对他来说，沙河水库的每一只寻常鸟，只要细心地看上几十遍、几百遍，自会发现它们其实不寻常。"某个宁静的早上，鸟况很淡，突然有10只大天鹅从我头上飞过，伴随着那典型的'a-hoo a-hoo a-hoo'的叫声，我好像回到童年时，第一次看见大天鹅的早上。这是怎么一回事？当眼前飞过的大天鹅，是你看过无数次的大天鹅，为何你会想起第一次？这就是观鸟最美妙的地方：每一次看大天鹅，都是在重温第一次看它的感觉。如果你问我，怎样提升观鸟的技巧，我会说，好好看每一只鸟，重复地看，哪怕已看了无数次。我今年62岁了，但我看到骨顶鸡时，仍会问自己：为何我认为这只是骨顶鸡？如果你也这样反复问自己，你会发现观鸟的真谛就在眼前。"

莫克伦自言，从前天大地大任我行地观鸟时，他注意的是物种、数量、分布等一堆科学概念，如今行动有限了，但眼界却开阔了，他看到从前看不到的层次——个体。现在他在沙河水库看鸟时，已能够分辨出同一品种不同的个体出来。"每一只棕眉山岩鹨（Siberian Accentor, *Prunella montanella*）都是不一样的，正如大天鹅鼻子上的黄色是这样黄，每一只天鹅的那一抹黄都不一样。只要你足够细心，会发现每一只个体都有不同之处，可能是羽毛上有一抹斑点是别的没有的，也可能是足部受伤了，所以动作显得有点怪。"当莫克伦开始注意个体后，他感悟了从前没留意的一件事：小鸟不是一个物种，而是不同的个体，人也一样。如果注意小鸟的个体是重要的话，那么，对人，应该也一样。好几年前，有鸟人曾相约莫克伦一起到郊外观鸟，但他以一句"我习惯独行"而婉拒了。在某次鸟人聚会上，笔者壮着胆子问他为何拒人于千里，他说："我在爱尔兰观鸟时，野外经常是我一个，想找半个人影也难，自此我便习惯了一个人看鸟。"究竟他爱独行是因为本性孤独，还是另有苦衷，笔者不知道，只知道他在聊天时曾郑重提及法国哲学家萨特（Jean-Paul Sartre）的一句名言："他人即地狱。"他坦承自己是不折不扣的存在主义者，可以想见，在他的半生里，"他人"从来都是一个不好搞的课题，甚至是痛苦的来源。不过，当他来到耳顺之年，却在无声无息间，渐渐对"他人"的看法改变了。"我想，我开始明白'人'是怎么一回事，我第一次了解到，人不是一个物种，而是不同的个体。每个人都有缺陷，而缺陷是美丽的。"一个一生都严以律己地追求完美的天才，最后从最寻常的鸟身上，接受了"人无完人"的道理。

莫克伦出版的鸟类书籍：

Portugal: A Birdwatchers, Guide, Prion Ltd., 1997.

Berlenga Bird Year, Instituto da Conservacao da Natureza, Reserve Natural das Berlengas, December 2001.

A Avifauna do Estuário do Sado, Reserva Natural do Estuario do Sado, 2006.

A Birdwatchers' Guide to Portugal, the Azores and Madeira Archipelagos, Prion Ltd., 2014.

观鸟工具小包

 我的观鸟工具 ————————————————————

双筒：Swarovski 10 × 42

我推介的鸟书 ————————————————————————

1. L. Svensson, K. Mullarney, D. Zetterstrom, P. J. Grant. 1999. *Collins Bird Guide*. HarperCollins Publishers: London.
2. C. Robson. 2000. *A Guide to the Birds of Southeast Asia*. Princeton University Press.
3. M. Brazil. 2009. *Birds of East Asia*. Christopher Helm Publishers Ltd: United Kingdom.
4. D. A. Sibley. 2003. *Sibley Guide to Birds of North America*. Knopf.
5. Tadao Shimba. 2007. *A Photographic Guide to the Birds of Japan and North-East Asia*. Christopher Helm Publishers Ltd.

尽管左眼受伤的后遗症令莫克伦使用相机和单筒望远镜时产生恶心的感觉，但每次外出观鸟，他仍然会全副武装上阵（赵奇摄）

唐 瑞

——英国驻京观鸟"大使"

　　唐瑞（Terry Townshend）可以说是北京鸟界无人不识的英国鸟人，从2010年开始于北京旅居，至今已发现好几个北京的第一笔记录。唐瑞致力提高观鸟文化的水平，除了参与多项观鸟的志愿工作外，也热心于组织，把北京的中外观鸟者聚拢在一起，提倡信息和经验的交流。可以说，他的努力令北京的观鸟气氛比之前更浓厚和热闹，并树立了一种健康的观鸟文化的典范。在诺福克郡（Norfolk）出生的唐瑞，四五岁已在后花园开始看鸟，自此没放下过望远镜。他曾旅居丹麦，从事气候与环境的立法顾问工作，目前在北京全职观鸟，兼职做鸟导，同时致力于鸟类保护的志愿活动。

　　笔者是在赵欣如主办的"周三课堂"上认识唐瑞的，当晚他是主讲人，题目是"英国观鸟"，除了简述观鸟在英国的历史和发展，还提到一种曾在英国很常见但已灭绝多时的大海雀（Great Auk, *Pinguinus impennis*）。大海雀曾是英美两国间大西洋周边岛屿上的常见海鸟，但一直被人类大量猎杀，取其肉食及羽毛，在某些海岛上的猎杀手段尤其残忍。最后一只在英国存活的大海雀，被岛上的居民用绳子拴着，后来那海岛遭遇一场风暴，居民认为大海雀是巫婆化身，带来暴风雨，于是用棍子将其活活打死了，大海雀在英国正式灭绝，时为1844年。唐瑞说，如果真能让哪种已灭绝的鸟死而复生，他最希望是大海雀。课后唐瑞跟在场多位中国鸟人交流观鸟心得，又讨论北京的冬季鸟况，并相约同场鸟人一起观鸟。笔者第一次跟唐瑞观鸟便是一次"推车"，在莲花池公园里追看在北京挺罕见的日本歌鸲（Japanese Robin, *Erithacus akahige*）。过了两天，唐瑞开车带着包括笔者在内好几位北京鸟人，一起到密云水库观鸟。唐瑞一边开车一边介绍密云水库的环境，又简述北京的鸟况，然后突然把车停下来，说："噢，远处好像有几只大鸨！"一车子的人用望远镜看了好久都没发现什么动静，那天天气不太好，能见度很低，我们都不置可否。及至唐瑞把车再往收割了的玉米田驶近一点，我们终于看到田上有4只大鸨在休息和觅食，不禁大呼"好眼力！"。后来，临离开密云水库前，我们发现前几天有鸟人报告过的非法鸟网仍在那里，唐瑞二话不说便上前拆网，我们见状也立刻上前帮忙，又致电当地执法人员求助。忙了好一阵子后，超过100米的鸟网终于被全拆掉了，唐瑞跟我们几个拥抱，用英文和半咸淡的国语说"做得好！"，这是笔者认识唐瑞后的第一印象。

　　这个第一印象大概总括了唐瑞在北京鸟圈的形象：热衷观鸟，也很热心带人观鸟、交流心得，对北京的鸟和鸟点皆了如指掌，看到什么好东西都会第一时间通知其他鸟人。唐瑞重视分享，每次观鸟后都会写下详细的报告放在博客上，在微信还未流行前，他会把观鸟报告

唐瑞参与在北京的雨燕调查与环志项目（唐瑞提供）

和最新消息用电子邮件发给大家。在他的组织下，不论是在北京观鸟多年的外国鸟人还是中国鸟人都被聚拢起来。此外，除了相约观鸟，他还不定期为大家组织联谊会。可以说，在唐瑞出现前，北京的鸟人仍然是自己各自看鸟，信息都只在小圈子里流通，不会跟他人分享。他一手把众人凝聚起来后，北京观鸟的气氛便比以前浓厚，而且信息交流变得更频繁。健康、正面的观鸟文化渐渐在北京鸟圈里植根，如果说，鸟类也有外交大使，唐瑞可说是不二人选。

　　不过，唐瑞并非天生便是"外交家"。在家里排行中间的他，在孩提时代非常内向，从小便习惯了没有得到太多的关注。"我记得有一年，姐姐考了第一名，妈妈给她买了新书包。于是我很努力读书，后来也考了第一名，但妈妈却什么表示也没有，我挺失望的。在家里，我不是最受重视的孩子。"唐瑞笑着说，还是孩子的时候便很喜欢观鸟，大概是因为在那里得到了成人的关注吧？他最有满足感、最难忘的一次观鸟，便是看到人生第一只鹤，那时他刚好11岁。"那天我在一个叫Martham Broad的湖区看鸟，突然看到一群4只的灰鹤（Common Crane, *Grus grus*），当时手上那本鸟书说，英国已没有鹤了，所以看到灰鹤那刻我是非常激动和兴奋的。"唐瑞说，当时他特别想告诉别人，但他不知道可以跟谁分享这个好消息，因为不论是家里还是学校里都没人观鸟。父亲便提议他致电在当地报章写观鸟的专栏作家，于是唐瑞便翻开厚厚的分类电话簿，给那作者打电话。"那个作者人很好，他听了我的消息后也很兴奋，又把消息告诉给其他人。他还告诉我，原来从1979年开始，那片湖区已有灰鹤的记录，我是在1982年看到的，可能灰鹤已在那里安家了。"唐瑞想起第一次最有成功感的观鸟经验，仍然回味无穷。

　　唐瑞在诺福克郡里一个叫Winterton-on-sea的小村里成长，村里没人看鸟也没观鸟组织，离村子最近的观鸟组织在10英里外的小镇上。所以，唐瑞观鸟的最初几年里，都是从后花园观察在喂食器上取食的小鸟，或者骑自行车到附近的湿地和沙滩看鸟，手上拿着父母在圣诞节送给他的鸟书 *Hamlyn Guides to Birds of Britain and Europe*，就这么一个人看起鸟来，可以说是自学成才。唐瑞还记得，当时在家里经常看到白腹毛脚燕（Northern House-martin, *Delichon urbicum*）筑巢，他一有空便去看。"它们就在我家门前筑了几个窝，我留意到第一批出窝的燕子会帮忙照顾弟弟妹妹，出巢后它们会在电线上休息。它们在4月到来，待上一整个夏天，于初秋便往南迁徙。这些燕子可以说是第一种让我明白迁徙是怎么一回事的鸟，也是在英国繁殖的鸟中，我最喜欢的一种鸟。"观鸟对他来说不只是课余爱好或者换来别人的关注，还是一个避难所。"大概10岁左右，我在学校过得很不快乐，有时会遭到同学欺负。所以，在课余的大部分时间里，我都会跑去看鸟，避开所有人。"换个角度看，如果当时唐瑞在学校里大受欢迎，经常忙于各种课外活动，可能便没有时间观鸟，也不会变成优秀的鸟人了！

在初学观鸟的路上，唐瑞虽然没有任何导师或同伴，但得益于英国极浓厚的观鸟气氛和各种发展成熟的观鸟组织，唐瑞很早已开始参与一些公众鸟类调查，学习如何系统性地观鸟和做记录。"英国鸟类信托组织（British Trust for Ornithology，BTO）常设有多项鸟类调查，开放让公众参与，例如'花园观鸟'，每年选定一天，全国市民把他们在自家花园里看到的鸟种和数目记录下来，BTO便收集数据并分析。多年累积的数据让我们更了解英国的常见鸟，以及它们的分布变化。大约10岁那年，我开始参加这项调查活动。他们还有一项叫'繁殖鸟种调查'的活动，志愿者在所住地方附近选一个一平方公里大小的地方作观测点，然后定期在那里观察并记录繁殖鸟的品种和数量，我也参加过这项调查。BTO把收集得来的数据整理与分析，每10年便会出版英国鸟类志，让我们对英国鸟种有更科学的认识，可以说是大力推动了公民科学。"所以，大部分的英国鸟人无论走到哪里，都会在观鸟时做有系统的记录，因为那是自小培养的习惯。在这种文化下，观鸟便几近成为一种"国家运动"，不观鸟的人对英国常见鸟也有基本认识，观鸟的人就算没走上专家之路，也是很精湛的业余观鸟者，对英国鸟况大都非常熟悉。"这可以说是英国观鸟的优点和缺点。"唐瑞笑着说道，"没错，我们对英国的鸟况非常了解，消息流通度极高，这是好事。不过，每次去观鸟我都知道我大概能看到什么，因为我去的地方别人早已去了，几乎不用走进去也能知道林子里有什么鸟。这样下去，观鸟时便容易'懒散'起来，不会很在意看清楚每一只鸟，因为我知道不会有惊喜。"所以，当他于2010年来到陌生的北京时，可以说是开启了观鸟的新一章。

唐瑞的前妻在英国外交部工作，于2010年被派驻中国工作前曾派驻丹麦，所以唐瑞和前妻曾旅居哥本哈根好几年。丹麦也是观鸟文化挺浓厚的地方，但鸟种跟英国相去不远，所以对唐瑞来说，并无特别大的冲击。来到北京后，不论是鸟种还是文化、风土人情都跟他所认识的一切大相径庭，于他而言很多人与事都十分新鲜。"在北京观鸟，启发非常多，因为我对这里了解甚少，又不像英国那样收到最新鸟讯，每去一个鸟点都不知道会看见什么，所以我要非常警觉，每一只鸟都要看清楚，随时可能有惊喜的发现。"唐瑞自言，在北京观鸟数年，感官又变得敏锐，而且重拾学习观鸟的乐趣，因为北京的鸟类世界仍有很多未知有待发掘。他记得，来到北京第二天，家里还没收拾好，便急不可待地相约在京旅居多年的丹麦鸟人叶思波（Jesper Hornskov）一起去白河看鸟，而他的第一个中国新鸟种便是鹮嘴鹬（Ibisbill, *Ibidorhyncha struthersi*）。"虽然事前我大概知道北京的鸟种，但没想到北京能吸引数量庞大的鸟类，例如大群越冬的鹤类和雁类，真的很令人惊讶。"初到新境的唐瑞，不时跟住在北京的外国鸟人一起看鸟，例如布莱恩·琼斯（Brian Jones）和斯派克·米林顿（Spike Millington），便经常和唐瑞一起去野鸭湖看鸟。"那时我没有车，大伙一起在德胜门坐公交919号到延庆，然后随便找个地方住一晚，早上坐出租车去马场看鸟。当时野鸭湖自然保护区还没被围起来，我们都能从马场走过去看鸟，离开保护区时才在出口处交门票。"唐瑞在几个熟谙北京鸟点的外国鸟人帮助下，很快走了好几个北京鸟点，有了车后，唐瑞更积极发掘北京的鸟点，看鸟已差不多是每个周末的指定节目。

北京观鸟改变了唐瑞很多，唐瑞也改变了北京观鸟不少，或许源于童年时代的经验，当他找到同伴分享观鸟的乐趣时，会格外满足，于是他非常乐意跟更多的人分享，这大大改变了北京的观鸟气氛。2014年2月唐瑞在灵山发现北京非常罕见的贺兰山红尾鸲（Ala Shan Redstart, *Phoenicurus alaschanicus*）一事，可以反映他和北京观鸟的积极关系。"那天早上我带着两位鸟人到灵山观鸟，开车到达山上的第

唐瑞经常与北京的中外鸟人相约一起观鸟（作者摄）

一个鸟点后，我便看见一只红尾鸲飞过，那肯定不是颇常见的红腹红尾鸲（White-winged Redstart, *Phoenicurus erythrogastrus*）。于是我架起单筒望远镜再看清楚，原来是贺兰山红尾鸲！这是在中国其他地方都不易看见的鸟呀！于是我赶快拍下几张照片，然后把消息和照片发到'北京观鸟'的微信群里。大约5分钟后，一辆旅游巴士停在我附近，原来是北京观鸟会的观鸟团刚巧路过，我赶紧把消息告诉他们，众人都显得很兴奋。不过，当时那只红尾鸲刚好飞走了，他们留下来等，我便和友人继续往山顶看鸟。后来我又和观鸟会的人碰上了，原来他们已看到贺兰山红尾鸲了，还拍了很漂亮的照片呢！大伙都非常高兴，于我来说，观鸟应该是这样'众乐乐'的一回事，所以我非常享受像这样观鸟的一天。"唐瑞说起这些观鸟乐事，不禁喜上眉梢。

民间观鸟在国内仍未算发展得很成熟，不同地方都各有不同的观鸟小圈子，除了一些敏感数据不便公开（例如繁殖期的鸟巢位置和鸟讯），很多时候连很普通的鸟讯都不甚流通，分享对很多人来说不是很重要的事。要像唐瑞那样公开地分享鸟讯，把观鸟变成"众乐乐"的事，恐怕还得等待一段很长的日子，毕竟文化不是一天半天能改变的事情。不过，唐瑞感到更迫切的是国内鸟类面对的各种威胁，宏观一点的如生境遭破坏，微观一点的如非法抓鸟。笔者不止一次目睹唐瑞拆非法鸟网，或者举报伤害鸟类的事情，可是现实的破坏速度远超过保护的力量，这不是不令人气馁的。他经常挂在嘴边的一句鼓励的话是"改变是从每一个行动累积而来"（It takes events to make a change），所以每有行动的机会，他都积极参与。不过，保护的力量能跑多快，能否赶在某些物种灭绝前发挥作用？答案不是乐观的，哪怕在英国，鸟类保护的发展那么成熟，也无人能把早已列为受保护物种但仍难逃灭绝命运的大海雀拯救回来。有些东西，一去不复返。

观鸟工具小包

 我的观鸟工具

双筒：Swarovski 8×42
单筒：Swarovski ATX95

 我推介的鸟书

1. L. Svensson, K. Mullarney, D. Zetterstrom, P. J. Grant. 1999. *Collins Bird Guide*. HarperCollins Publishers: London.
2. P. Alstrom, K. Mild, & B. Zetterstrom. 2003. *Pipits and Wagtails of Europe, Asia and North America: Identification and Systematics*. Christopher Helm/A&C Black: London; Princeton University Press: Princeton.
3. M. Brazil. 2009. *Birds of East Asia*. Christopher Helm Publishers Ltd: United Kingdom.
4. Martin Garner. 2014. *Challenge Series: Autumn*. Birding Frontiers.
5. Nick Davies. 2015. *Cuckoo: Cheating by Nature*. Bloomsbury USA.

唐瑞的个人网站，收录了他撰写的观鸟文章和报告。
http://birdingbeijing.com/

王西敏
——西双版纳的环境教育专家

　　王西敏（网名风入松），浙江人，1998年于北京师范大学中文系毕业后，在杭州当中学老师期间开始接触观鸟。有志于从事儿童文学写作的他，后来辞掉教书的工作，到上海师范大学攻读儿童文学硕士，课余时间在上海观鸟，曾因目睹非法捕鸟的情况猖獗，激起他保护鸟类的心而跑去当警察。当警察并非王西敏的最终志向，过了一段日子后，他选择到美国留学，于威斯康星大学攻读环境教育硕士。王西敏回国后学以致用，于2009年开始在中科院西双版纳热带植物园科普旅游部担任科普教育组组长，推广环境教育，并以孩子为目标人群，教他们认识与保护自然。王西敏现任西双版纳州政协委员，曾翻译儿童教育丛书《林间最后的小孩：拯救自然缺乏症儿童》。

　　笔者在内地旅居已十年，从一开始问内地朋友"你的英文名字是什么"，到后来很自然地改为"你的网名是什么"，直至现在，我仍然对友人的网名深感好奇和有趣，觉得这比英文名字更有意思，因为每个网名背后，总有一个典故。笔者认识的鸟人朋友，不少网名皆跟鸟有关，而王西敏为何用一个宋词词牌的名字"风入松"作为网名？"我在北京师范大学读书时，有个很有名的书店叫风入松，我经常去，觉得这名字很好，就取了这个网名了。"王西敏的网名充满书卷气，而他的微博也叫"风入松书呆子"，真有几分人如其名——他从小至今所喜欢的、所做的，都有一些典型知识分子的理想主义在里头。例如，他自幼喜欢读书看报，中学时代的理想是当作家，读大学时便很自然地读中文系。后来攻读儿童文学，也是因为他希望为儿童做一点事情，儿童文学便结合了他的两种理想。接触观鸟后，自然世界开阔了他的眼界，让他意识到除了为儿童做一点事，自己原来还有保护环境的心志，因此最终选择了环境教育这条路，并一直走到现在，从事着结合几种理想在一起的工作。对此，王西敏说："我当然是理想主义者，但我同时也是一个比较现实的理想主义者。我的意思是，我不会不顾一切地追求所谓的'理想'，但是，我对自己想过什么样的生活有比较清醒的认识，愿意为此放弃一些现有的条件。"

　　所谓一些现有的条件，当然包括放下东边家乡的一切，跑到西边工作和生活，并承受其中带来的改变与不便。西双版纳植物园的自然环境非常好，但王西敏在这里生活，要适应的包括天气、交通，有时甚至购买日用品也不甚方便，远行可能都要坐飞机，无形增加了生活成本。"但总的来说，这些不便都是小事。"可以想见，王西敏目前过着的生活，应该是他"愿意为此放弃一些现有的条件"的理想生活。"植物园最吸引我的地方是自然环境好，在这样的地方生活简直是天堂一样，观鸟条件非常优越，基本不用做什么准备，找个空闲的时间，拿着望远镜就出门了。看半天鸟，中午回家吃饭。"当然，这种理想生活不是从天掉下来的，而是一点一滴建立起来的，回顾王西敏的每一步，都跟理想离不开，而观鸟在其中的作用至为关键。

王西敏在杭州教书时，在免费派发给教师的《都市快报》里看到一个介绍杭州鸟类的专栏，出于好奇，他花100元买了一个"军事望远镜"便跑去西湖边上的孤山看鸟。初期看到的都是常见鸟如白头鹎、珠颈斑鸠等，一个人看鸟，没人指点，要坚持下去并不容易，后来王西敏便渐渐放下望远镜。笔者认识好些鸟人，他们在不同的人生阶段里也曾试过放下望远镜，后来重拾观鸟，全因碰到投缘的同道中人。王西敏也不例外。他在上海读硕士时，在世界自然基金会的论坛上，认识了华东师范大学的几位生态学硕士和博士研究生，几个年轻人经常于周末组织一些环境保护活动，包括观鸟，于是王西敏慢慢重拾了观鸟的热情。通过这些同学，他认识了第一个对他影响挺深的前辈——上海的著名生态专家陆健健。"陆老师非常平易近人，对我们这些'志愿者''观鸟爱好者'非常友好。他做调查的时候，会带着我们和他的学生一起。我是穷学生，根本出不起路费，费用都是他来承担。去山东荣成做鸟类调查，第一次看到铺天盖地的雁鸭类和大天鹅，鸭子屁股朝天地觅食，大天鹅把脖子柔软地搭在身体上休息，大天鹅一家三口优雅地散步，这些景象记忆犹新，从此对鸟类的喜欢一发不可收拾。"王西敏现在也热衷于带新人观鸟，或多或少是受陆老师影响的。"因为我也是这样被陆老师带出来的，非常感谢他对我们这样的年轻人的宽容和引导，虽然毕业后已很少联系，但内心一直敬重他。"王西敏说。

在上海生活那几年，可以说是王西敏面对冲击比较多的时期，除了跟着前辈观鸟大开眼界外，他与几位年轻友人当时做了很多保护鸟类的事情，包括去花鸟市场举报猛禽贩卖和拆除非法鸟网等。其中一次跟非法捕鸟的人发生冲突时，对方说了句"你算什么东西"，王西敏无计可施，唯有报警。那些捕鸟人看见警察来了便作鸟兽散，让王西敏感触良多，他看到成为警察就有力量帮助保护鸟类，于是跑去投考，后来成为椒江公安分局的警察。工余时，王西敏当然不忘观鸟，在他的影响下，当时带出一批"警察观鸟队"，成为一时佳话。那时候，当地媒体接到读者来电说发现鸟类或者查询鸟类的事情时，很自然都会想到与王西敏联系。

当警察虽然有力量帮助保护鸟类，但毕竟这不是警察的主要工作，过了一段日子后，王西敏再次选择求学，这次的专业是环境教育。环境教育是一门综合科目，结合生、化、物等理科，还有生态学、地球科学、数学及地理等科目的知识，通过观察实际环境，找出如何让人与自然共存共荣，以及可持续发展下去的方法。联合国教科文组织发表声明，指出环境教育能通过环境保护、消除贫穷、减少不公平现象以及保障永续发展等几种手段，帮助人类建立优质生活。在国外，很多学校都以环境教育作为通识科目，以学生为目标对象，是改善地球未来命运的希望之一。2009年，王西敏从美国学成归来，当时环境教育在国内仍未为大众熟悉，要找对口的工作不容易。王西敏最后能找到一份让他一展所长的工作，也跟观鸟脱不开关系。"那时我去普洱参加观鸟比赛，比赛结束后一些观鸟者相约到西双版纳去观鸟，而植物园是其中一个鸟点。到了植物园后，发现里面的环境特别好，是一个做环境教育的好地方。恰好同行有人认识植物园做科普教育的人，便相约一起吃饭、聊天，看看如何在这里工作。原来当时适逢植物园换届，部门调整，在对外招聘科普教育组组长，于是报名、面试、最后录取。"整个过程充满巧合，好像冥冥中有一种微妙的安排，让王西敏在这里落脚，推广环境教育。

西双版纳植物园不但是个观鸟好地方，也是认识自然环境的胜地，因为这里的生物多样性很丰富，就算不是观鸟者，在这里游玩也能看见很多珍贵的动植物，实在获益良多。难怪王西敏说，在这里待久了，他对于跑很多地方看鸟的兴趣越来越淡，宁愿集中精力搞清楚植物园的鸟类分布情况。王西敏虽然没有做正式的鸟类调查，但经过长期观察和努力，植物园的鸟类名录已经整理出来。通过几年观察，王西敏发现了好些有趣的现象。"最明显的变化是鸟类向北方

王西敏在勐仑小学讲课（王西敏提供）

扩展呀！植物园这几年不断发现新的鸟类记录，例如钳嘴鹳（Asian Open-bill, *Anastomus oscitans*）。除了有些鸟种可能是以前漏掉的，不排除鸟类向北扩展的可能。"在这里工作6年，王西敏发现来观鸟的人越来越多，这个改变挺明显的，每年平均大约有500人为了观鸟而来到植物园。这个改变当然令人鼓舞，但王西敏希望来植物园的其他游客，能花更多时间待在这里，好好享受这么难得的自然环境。虽然植物园的科普旅游工作做得不错，但王西敏认为仍有很多改善空间。"植物园里的工作，在鸟类保护方面的变化基本看不出来，而且对小区的影响力还很小，现在感觉和小区是隔离的。外面一个世界，里面一个世界。"

　　相信不少从事环境保护和动物保护工作的人，或多或少也明白"外面一个世界，里面一个世界"的感觉。多年前，当王西敏仍在上海生活的时候，他曾经参与创立"浙江野鸟会"，跟鸟会会长陈水华一起做了很多工作，在浙江大力推广观鸟。早在进入植物园工作之前，王西敏已明白向公众推广自然教育是一件很不容易的事情。所以，提起鸟会，他由衷地希望看到这些改变："鸟会能发展壮大，养得起专职人员，能养活自己，然后开展各种活动，而不仅仅是户外观鸟。我希望，有一批人能把鸟类保护当成事业来做，而不仅仅靠热情或者奉献。"虽然鸟会在国内的发展仍面临重重困难，但改变的希望仍然存在，推广

就像播种，人们不知种子是否会发芽，或何时发芽，但总有发芽的希望。当年让王西敏产生观鸟的兴趣，源自《都市快报》的一个鸟类专栏，而写这个专栏的人，便是陈水华。陈水华后来对王西敏说，王西敏是唯一一个对他说因为看到这个专栏而开始对鸟类感兴趣的人。相信陈水华也没想到，一位读者看了他的文章后，对观鸟产生了兴趣，甚至在几年后，跟他一起创立鸟会。王西敏这种子"发芽"了，他又在很多地方"播种"，而且好像看到发芽的希望。"2012年的冬天，一批来自浙江的鸟类摄影爱好者对我说，在镇上的某家餐厅，一位服务员知道我的名字。我不相信，后来打听才知道，那是因为我去一所中学办过爱鸟讲座，而那位服务员当年是那里的学生。"这件小事，令王西敏感到推广和教育的工作仍然是有希望的，而且也明白这不是一朝一夕能成功的事情。"保护动物的事情，该从小教育的从小教育，该法律打击的法律打击，这个事急不得，但不能因为耗时长、觉得看不到希望就不去做。"

在事业上，王西敏拐过几次弯，既有戏剧性的转变，也少不了冥冥中的巧合，这些经历都令王西敏变得比以前更随遇而安，在观鸟上也作如是观。"观鸟像其他爱好一样，只是令人生体验更加丰富，不要特别提升到某种高度。没有所谓的好鸟，是鸟都值得看。"所以，当他说对跑遍大江南北追鸟的兴趣越来越淡，并非他不爱观鸟，而是把观鸟视为顺其自然的爱好，就是看看普通鸟的行为，都已经看到大自然的奇妙。"我第一次看到翠鸟捕鱼，就觉得实在神奇，翠鸟怎么会这么准呢？褐河乌（Brown Dipper, *Cinclus pallasii*）在水中顺流而下的觅食方式，也让我倍感好奇。暗绿绣眼鸟（Japanese White-eye, *Zosterops japonicus*）挤在一起互相梳理羽毛，鹊鸲能发出多种多样的鸣唱等，都让我觉得非常奇妙。"笔者并非教徒，但小学至高中时代都在教会学校度过，所以《圣经》是必修课，其中一句至今仍有印象的经文是："你们看那天上的飞鸟，也不种、也不收、也不积蓄在仓里，你们的天父尚且养活他。"[1]经文里的道理，我至今仍没参透，但当我在野外观鸟时，看到它们不种、不收、也不积蓄在仓里，而且还要面对来自环境与人类的种种威胁，但它们仍然顽强地存在，这种奇妙的感觉，或许跟王西敏所说的有异曲同工之妙。

王西敏在西双版纳植物园带领公众认识园里的生物和生态（王西敏提供）

观鸟工具小包

 我的观鸟工具

双筒：Kowa 8×42

 我推介的鸟书

1. David Sibley. 2008. *The Sibley Guide to Birds*. Paw Prints.
2. Stephen Moss. 2004. *A Bird in the Bush: A Social History of Birdwatching*. Aurum Press.
3. Jonathan Trouern-Trend. 2006. *Birding Babylon: A Soldier's Journal from Iraq*. Sierra Club Books.

①《马太福音》第6章第26节。

马丁·威廉姆斯

—— 把北戴河带上国际鸟坛的
剑桥鸟人

　　马丁·威廉姆斯（Martin Williams）生于英国约克郡，剑桥大学毕业，物理化学系博士。马丁于1985年首度踏足中国观鸟，在北戴河进行长达3个月的候鸟迁徙考察，考察结果在英国及欧洲鸟界引起极大反响，此后前往北戴河观鸟的外国鸟人络绎不绝。北戴河因此成为国际鸟界认识中国的第一个窗口，为中国打开了新的中外观鸟交流的通道，更成为国内数一数二的观鸟胜地。马丁在1985年后多次回到北戴河进行持续考察，最后为了方便考察工作，定居香港。他曾为多个国内发展项目进行环境评估，以及为世界自然基金会及其他组织进行鸟类调查等工作。马丁一直致力于鸟类、动物与环境的保护活动，并经常为多个媒体撰写评论文章。现与家人居于香港长洲。

　　"人们跑到北戴河看鸟，皆追求一个长长的鸟种名单，或者费尽心力找罕见鸟。不过，当一群又一群优雅的鹤在你头上飞过，然后静听它们的鸣声，那一刻，人生已别无所求。"马丁忆述在北戴河观鸟感受最深刻的画面时说。身在香港这个很难看见鹤的弹丸之地，难怪30年前充满诗意的画面，对马丁来说仍历历在目。北戴河是候鸟迁徙的必经之地，由于几条迁徙路线都在北戴河重叠，所以这里曾有多项惊人的候鸟数量纪录，例如1986年9月12日曾录得2,957只鹊鹞，这项单日纪录至今未破。至于深受欧洲鸟人欣赏的鹤，于北戴河最少有6种记录，从前在迁徙季节里通常可看到数千只鹤在这里休息，没有哪个鸟人不被这壮观的景象震撼。鹤曾经在西欧包括英国有繁殖记录，但400年前开始已因生境遭破坏而陆续消失，近年来虽然有回归西欧的迹象，但情况仍未完全恢复。为了看跟鹤有着相似命运的其他珍稀鸟，便成为欧洲鸟人来亚洲、中国的动力，其中便包括马丁。

　　不少长驻中国的欧洲鸟人（尤其是英国人），皆异口同声说中国是观察候鸟迁徙的上佳之地，除了因为多条迁徙路线都经过中国，还因为路经中国的候鸟数量庞大，哪怕是在英国观察水鸟迁徙最佳的地方，也难以跟中国好些观鸟热点比较。"那种万鸟齐飞的宏大场面，真是中国才有。"笔者不止一次听见欧洲鸟人如此赞叹。马丁在北戴河看到第一个震撼的场面，就是一天里看到超过1,500只鹤迁徙，对于欧洲鸟人来说，这种画面就像梦境一样。马丁在约克郡的城市斯卡布罗（Scarborough）成长，那里就是英国观察水鸟迁徙的好地方之一，但即使是令他感到震慑的画面，

欧洲鸟人最神往的白鹤，北戴河1986年（马丁摄）

鸟的数量也不及北戴河的多。马丁自言，他对候鸟迁徙的兴趣，跟自己成长的环境有关系。"16岁那年，英国来了不少好鸟，可以说是观鸟的好年，其中一只英国极罕见的楔尾鸥（Ross's Gull, *Rhodostethia rosea*），就在我家附近出现。我也是自这年开始认真观鸟，此前都只是玩票性质，因为我曾经认为观鸟是女孩和基友才喜欢的玩意。"马丁说罢，爽朗地大笑起来。

马丁对观鸟认真起来的原因，不外乎受到同侪的激励和好鸟况的刺激。在剑桥上课的某个长假期，他凭着一笔奖学金到以色列进行为期5周的候鸟迁徙考察，自此他便开始认真地计划到不同国家进行候鸟迁徙考察。那时是20世纪80年代初，中国刚改革开放，欧美国家皆对中国抱有莫大的好奇心，马丁跟几位同辈鸟人也有意到中国，但中国那么大，不知从何入手。"我们从著名的欧洲鸟类学家如拉德勤和阿克塞尔·赫明森（Axel Hemmingsen）[1]留下的文献里，知道很多关于中国鸟类的珍贵数据，例如，他们在很多年前已于北戴河进行候鸟迁徙观察，但真正令我下定决心到北戴河的，是英国广播公司的著名节目主持人杰弗里·博斯沃尔（Jeffrey Boswall）[2]。"马丁从小便喜欢看他制作和主持的探索自然的节目，后来更因为观鸟而和他通信，当杰弗里知道马丁打算到中国观鸟时，便写信跟他说："去北戴河吧！那是观察候鸟迁徙的最好地方！"于是马丁着手准备，四处筹集资金，最后连他在内共有8位鸟人，于1985年春天以"剑桥鸟类考察团"的名义出发到北戴河观鸟。

---

[1] 阿克塞尔·赫明森，丹麦科学家，于1942年至1945年在北戴河进行野外考察，其考察报告是研究北戴河鸟类发展史的重要文献。

[2] 杰弗里·博斯沃尔，1957年至1987年在英国广播公司自然史部门工作，是该部门资历最深的节目监制之一，多年来制作与旁述过多个自然节目。英国广播公司首个彩色野生动物节目 "The Private Life of the Kingfisher"（《翠鸟的生活》），便是由他创作与监制的，并于1967年首播。他的成就对英国自然史广播产生重大影响，被视为广播界先驱之一。

虽然中国已踏上改革开放之路，但对外国人来说，中国仍然神秘莫测。马丁等人从未踏足中国，对中国一无所知，所以他们来到第一站北京后，仍未知怎样去北戴河，而到了北戴河后的一切安排，则更是茫无头绪。当时能接待马丁等人的中方人员，包括已故的中国鸟类学家许维枢[1]，许先生不但在马丁出发前给予各种帮助，在往后数年，更是亲力亲为跟马丁一起在北戴河进行考察工作。1985年的考察非常成功，很快引来多方关注，令马丁更容易筹集资金回来考察，于是他从1986年起连续5年的秋天均在北戴河进行定点候鸟迁徙考察，并把考察结果汇总，于2000年出版。前后共6次的考察结果，让马丁等人深切体会到北戴河的重要性，除了大力推动北戴河成为观鸟中心与保护重地，更于1988年成立"北戴河观鸟会"，希望北戴河的重要生境能保存下来，成为中国最重要的观鸟基地。

由马丁领头的北戴河秋季迁徙考察，是继拉德勤和赫明森等鸟类学家后最大型和最有系统的科学考察，考察内容主要记录候鸟迁徙路线、候鸟种类和数量、天气与迁徙的关系等，所以候鸟迁徙观察不但要求优秀的观鸟技巧，还要掌握地理和天文常识，并要能吃苦。在他们6年的定期考察里，每次为期大约3个月，除非天气太恶劣，每天平均要待在野外9至10小时，好天顶着太阳，雨天则挨雨淋，饿了便随便吃点干粮，晚上回去还要整理数据和做记录。某

"剑桥鸟类考察团"和许维枢（左一）等中国鸟类学家（马丁提供）

[1] 许维枢，北京自然博物馆研究员、中国鸟类学会副会长。从事自然历史教育和鸟类学研究40年，发表专集8部，论文40篇，代表性著作有《中国动物志·鸟纲》第8卷、第9卷。于2008年病逝。

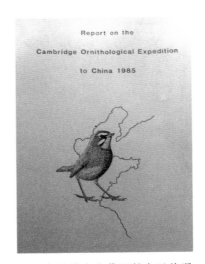

Report on the
Cambridge Ornithological Expedition
to China 1985

1985年的首个北戴河候鸟迁徙调查十分成功，其报告在欧美鸟界"一石击起千层浪"，很多国外观鸟专家，例如Paul Holt，便表示如非看了马丁的报告，应该不会来中国观鸟（马丁提供）

年10月，北戴河天气已冷，但宾馆仍未提供暖气，马丁和同伴只得盖着毛毯坐在书桌前整理记录。那时候没有电脑和互联网，他们带着沉甸甸的鸟类图鉴、文件和各类工具书到野外，把观察结果一笔一笔地写在硬皮簿里，他们把大学时代的青春花在远离家乡的一片候鸟迁徙地上，为的就是从科学观察里获得知识带来的满足感。"候鸟是了不起的动物，你知道斑尾塍鹬（Bar-tailed Godwit, *Limosa lapponica*）的迁徙路线吗？它们从北极的繁殖地南迁到新西兰越冬，是迁徙路线最长的一种候鸟，最高纪录可以不眠不休地飞6天。你能不为候鸟生命的韧度而感动吗？"马丁解释为何喜欢观察候鸟迁徙时说。如果没有前人辛苦累积得来的考察结果，我们不会知道候鸟迁徙跟天气和环境的关系。为何观察候鸟迁徙那么重要？因为鸟儿对环境极度敏感，水源不干净了，土地农药多了，它们很快便做出反应。鸟儿待不久的地方，人类久留也不是好事。所以，结合科学知识、有系统地观鸟，是窥见大自然规律的一种手段，也让我们作为大自然一员的人类，学会懂得如何欣赏自然、与之共存，而不是予取予携。

从6年的定期考察里，世人可以知道北戴河有什么重要鸟类记录，为何重要，例如，被列为极危物种的白鹤（Siberian Crane, *Grus leucogeranus*），1985年春天共录得652只，差不多是当时全球数量的4成。被列为濒危物种的东方白鹳（Oriental Stork, *Ciconia boyciana*），

于1986年秋天录得2,729只，超过
当时全球已知最高数量的一倍以
上。这些濒危物种的数字和在北
戴河的比例，皆说明北戴河极需
要得到保护。候鸟在迁徙路上遇
到很多不明因素，生命时刻受到
威胁，迁徙路经的地方对它们来
说至为重要，它们需要在这里休
息、补给食物，然后再上路。如
果重要迁徙中途站如北戴河不保，
这些濒危的候鸟也随时因缺乏休
息与补给而大批死亡。此外，这
些数字也说明候鸟过度集中在一
个中途站，不一定是好事，可能
是别的中途站已消失，候鸟不得
不集中在某一点。如果估计属
实，那么北戴河便更加不能遭到
破坏。

1985年北戴河上空的东方白鹳（马丁摄）

　　一如四百年前的欧洲，中国坐上发展的高速列车后，人与自然的
平衡再一次遭到破坏。北戴河的候鸟也面临各种威胁，不但遭捕猎和
恶意捕杀，很多重要的迁徙生境也因为发展而逐渐消失。马丁等人为
了推动北戴河的保护工作做出多番努力，除了和当地鸟人共同合作成
立鸟会，又替他们写信给有关方面阻止一些破坏湿地的发展，还建议
他们在湿地上建立保护区，像香港米埔湿地保护区那样，既能吸引游
客又能保护重要生境。马丁在1990年完成最后一次大型考察后，促请
当地政府在一个叫"水塘"的地方建立保护区，并找来英国湿地管理
专家友人迈克尔·昂斯特德（Michael Ounsted）免费设计了一个鸟类

公园的蓝图，但结果却是不了了之。马丁于2005年应北戴河观鸟大赛的邀请重游故地，发现那里不但没有设立任何保护区，连当日竖立的"保护区"指示牌也消失了。最令马丁失望甚至愤怒的，便是他在2009年应邀参观"秦皇岛鸟类博物馆"时，看见这个由当局花费巨资而建的博物馆里，放满不同种类的鸟类标本、巨型照片、4D电影体验等，但跟保护北戴河的重要生境全无关系，甚至连一个可以看见真鸟儿的窗也没有。"这完全不是什么观鸟中心，人们坐在空调充足的展馆里能了解什么？鸟就在馆外面啊！水鸟呀海鸥呀就在外面，他们只要拿起望远镜走到外面便可看到，而不是坐在这个馆里！"马丁提起这个博物馆，仍然愤愤不平，为花了这么多钱，鸟儿和迁徙地却毫无受惠而感到痛惜。

马丁近年重点关注的事情之一是大象的保护，而最近他在看的书，便是由研究中国史闻名于世的剑桥学者伊懋可（Mark Elvin）[1]所写的《大象的退却：一部中国环境史》，书里提及中国人自古已有的一种自然观："栽培花卉是园艺施展的乐园。它们最强烈的吸引力在于能让人本能地回忆起消失了的那个世界；在那里，人类与未经改变且几乎完全独立的自然之间相互作用、相互影响。同时，它们也是人类驯服和塑造这一自然的例证……间接地证明了同时期并行不悖的对中国自然界的驯化……栽培花卉，即是对人们日常接触'真品'（the real thing）的高雅的替代。"[2]中国人自古崇尚的大自然，却是"驯化"了的大自然，例如把后园打造成富山水意境的园林，欣赏人造自然之美，却少有对真正的自然进行深入了解。西方社会崇尚大自然，会置身其中去探索和了解，为认识大自然的运作和美而感到满足。马丁所提倡的观

---

① 伊懋可，剑桥大学博士、澳大利亚国立大学历史系退休教授。早期研究中国社会经济史，于20世纪90年代开始研究中国环境史，被视为英文学界中最重要的中国史学者之一。

② 伊懋可，《大象的退却：一部中国环境史》，江苏人民出版社，2014年。

鸟中心，是在鸟类自然生境里设立观察站，人们置身其中，在不打扰鸟儿作息的情况下观察、欣赏它们；而中国人心目中的观鸟中心，则大概是坐在室内看鸟的照片和资料，而不是走到"危险的"野外去看"真品"。不难理解，"秦皇岛鸟类博物馆"为何会那么受中国游人欢迎。

发展与保护一向都是一种你进我退的博弈，人类发展不会停滞不前，但也不能对大自然取之无度。多年来，北戴河面临各种发展压力，但当地亦有不少力量一直推动保护工作，希望在这场博弈里维持双方的平衡。当年跟马丁一起在北戴河考察的丹麦鸟导叶思波，多年来不时带团到北戴河观鸟，他在2011年秋天的观鸟报告里指出，虽然北戴河已失去很多重要生境，但终于出现一个好消息：有一片湿地给围起来列为"生态保护区"，不让进入也不让发展。虽然，叶思波所录得的鸟类数量已大不如前，如他2012年11月在北戴河观察到的白鹤和东方白鹳，分别是101只和275只，跟当年的最高纪录（分别为652只和2,729只）相差甚远，但看到湿地被保护起来，哪怕是一片，也是好事。关心动物福利和自然生态的人，自然希望这种情况会变得愈来愈多——在北戴河的生境未变得回天乏术、我们仍能力挽狂澜的时候。

英国观鸟团Birdfinders在2015年5月带着一批外国鸟人到北戴河观鸟，一行人从北京坐巴士出发到北戴河，在5小时的路程里，团员几乎看不到一片自然生境或天然植被，无不为之感到诧异和慨叹。这是关注环境变化和保护的人也明白却感到无奈的情况：中国东部人口密集，在发展的巨大压力下，自然生境和天然植被只能被牺牲，但偏偏重要的候鸟迁徙路线也在东部，所以在中国东部推动自然保护是极具困难和挑战的事情，只能像北京大学生物科学院的闻丞所说，"生态红线多划一条是一条"。马丁一直提倡的在北戴河设立保护区，也不是要把整个地区圈起来保护，完全漠视当地居民的需要。"保护区的重点是在对的地方做好保护工作，不一定要大面积。在英国，很多管理得很好的保护区，规模不是很大，但效果很好。哪怕是一小片湿地，只要管理妥善，也能造出一鸣惊人的效果。我仍然相信，就算是现在的北戴河，也有条件恢复过来，成为中国最重要的湿地。中国需要它，世界也需要它。"每每谈到北戴河多年来的变化和破坏，马丁总掩盖不住那"爱之深、责之切"的情绪。对一片不属于他祖国、跟他毫无关系的土地，他仍然关注甚殷，比活在这片土地上的人们有过之而无不及。外人极其珍惜的瑰宝，我们却随手丢弃，是我们的知识、文化水平有限？还是我们根本就不关心大自然？这是我们该反省的地方。（2017年2月，中国政府向联合国教科文组织提出申请，将国内包括北戴河在内的14个重要生境列为世界遗产。此举若成功，这些地方有望得到适当的保护。）

　　马丁在香港定居二十多年，除了致力推动国内的鸟类保护工作，也积极参与香港的自然保护活动，例如他居住已久的长洲，多年来政府曾经计划过的发展，有不少都为马丁大力反对。他笑言，官员和有关当局对他已"避之则吉"，很多时候他写的建议和信件完全没有回音，官员也会找各种借口不接见他等。面对种种冷漠反应，马丁却没有放弃，推动他迎难而上的力量很简单，就是小鸟。"观鸟让我了解大自然的运作，了解愈多，愈有感受，无论对动物或环境，都会很容易产生同理感、产生感情。当你对大自然感同身受，便会深深了解人类对自然和动物造成了什么影响和伤害，然后你会很自然地想去保护它

许维枢（左一）和马丁及其同伴一起观鹤，1986年北戴河（马丁提供）

们。"马丁在2000年出版了他们在北戴河考察6年的汇总报告，报告的第一页，他引用了《庄子·外篇·马蹄》（英译本）：

> 故至德之世，其行填填，其视颠颠。当是时也，山无蹊隧，泽无舟梁；万物群生，连属其乡；禽兽成群，草木遂长。是故禽兽可系羁而游，鸟鹊之巢可攀援而窥。夫至德之世，同与禽兽居，族与万物并。

笔者访问马丁那天，就在他长洲的家，聊得起劲时，他会突然说"噢，那里有一只石龙子，爬出来晒太阳呢"，然后跑过去看。我们一边聊一边走的时候，他会如数家珍地给笔者指出长洲的各种生境，哪里有什么植物、会看到什么鸟、活跃在那里的动物有何习性，他都一清二楚。就是看到两只麻雀在嬉戏，他都会发出会心的微笑。马丁不懂中文，或许他没读过庄子其他作品，不了解庄子哲学，但相信庄子所描述的"同与禽兽居，族与万物并"，应该就是马丁最向往的乌托邦。

观鸟工具小包

 我的观鸟工具 —————————————————

双筒：Leica 10 × 42

我推介的鸟书 ————————————————

1. M. Brazil. 2009. *Birds of East Asia*. Christopher Helm Publishers Ltd: United Kingdom.
2. C. Robson. 2000. *A Guide to the Birds of Southeast Asia*. Princeton University Press.
3. 尹琏、费嘉伦、林超英，《香港及华南鸟类》，香港特别行政区政府新闻处，2006。
4. Morten Strange. 2003. *A Photographic Guide to the Birds of Indonesia*. Princeton University Press.
5. Hermann Heinzel, R.S.R. Fitter, John Parslow. 1979. *Birds of Britain and Europe with North Africa and the Middle East*. Collins.

马丁的个人网站，收录了他撰写的所有文章和报告。
http://www.drmartinwilliams.com/

北戴河的主要街道，1985年春天（马丁提供）

大鸨和灰鹤，1986年秋天于北戴河（马丁摄）

张浩辉
——香港观鸟会前主席

张浩辉于2004年至2011年间担任香港观鸟会主席，在任期间热心推广香港和内地的观鸟活动，令香港的观鸟人数大大上升，在观鸟圈子里，大家都亲切地叫他"辉哥"。他于2014年7月从大学副教授一职退休，现定居云南保山市，专注国内观鸟教育的工作。辉哥退而不休，除了在国内积极推广观鸟教育，他近期还出版了《中国鸟类辨识图鉴》，为中国鸟类工具书填补一项空白。

假如观鸟曾被认为是一种"怪胎"（英语说法是"nerd"）的爱好，那么辉哥一定反对。此话何解，得先稍稍认识辉哥的背景。孩提时代，辉哥得过一场大病，病愈后在学习上便表现出色过人，尤其是数学成绩极为优秀，很多题他一看便懂，不明白为何老师要多做解释。大学时代负笈美国留学，攻读理论物理，博士论文的研究题目是"变态研究"（phase transition，即研究液态变气态、液态变固态的变态过程中一个很细微的领域）。这样的一位超级学霸，在英语世界被称为"nerd"，表面上虽然在戏谑他们，但实际上，被称为"nerd"的人都拥有优秀的脑袋，只是一般人难以理解他们的想法，于是觉得很难沟通。辉哥直言在物理世界里他乐在其中，满脑子都是复杂的方程式和数学难题，难度愈高的他愈喜欢钻研，解决难题后便非常满足。可是，世上能明白他这种乐趣的人少之又少，更遑论跟他谈论物理，很难不感到吾道甚孤。

"物理对社会的影响很难看见，我做的研究、我感兴趣的都是物理，真正能理解我想法的人寥寥可数，所以我常觉得自己做的事跟社会毫无关系，像活在象牙塔里。后来执起教鞭，便产生推广科学的想法，但从物理着手很难，太抽象了。观鸟很不同，鸟儿是看得见的，而且很漂亮，容易产生共鸣和影响。爱上观鸟后，我加入香港观鸟会，在鸟会接触了很多大学工作没碰到过的事情，大大拓展了我的生活。"小鸟带领辉哥走出象牙塔的生活，让他接触不同层面和背景的人，从中学习待人接物、组织活动的技巧，把一个"nerd"变成跟社会有联系的人，所以辉哥一定不觉得观鸟是"怪胎"的爱好。

辉哥于1988年从美国回到中国香港，1990年在吴祖南博士（现任香港观鸟会副主席）的邀请下开始观鸟，当时吴博士刚完成鸟会的观鸟班，观鸟班的导师便是林超英（香港观鸟会荣誉主席）。辉哥爱上观鸟是自然而然的事，因为他从小喜欢爬山、观云、观星。"观鸟就是在我爬山时多做一件事而已，很容易啊，更重要的是有书可看。"于是首次在米埔观鸟后，辉哥便立马买下《香港及华南鸟类》，很快把书"消化"掉，其学霸性格在此可见一斑，不论是观星还是观鸟，只要是有书可查的学问，他都会在短时间内上手。对很多人来说，把观鸟"弄上手"，往往是指在最短的时间内看最多的鸟种，或像电影《观鸟大年》那样，在一年里不停观鸟，务求成为个人鸟种记录最多的保持者。不过，这不是辉哥追求的目标。"要增加鸟种，最好是去米埔，但90年代的米埔禁区证不易拿，我也不坚持。所以，我是很久以后才达到100种，这个数字不难，去米埔数遍已能达标，但达标不代表技术好，可能当中很多鸟你仍然不懂辨认。于我来说，先拿下技术比拿下数字更重要。"直至现在，辉哥仍是这样想，问他至今看了多少种鸟，他会半开玩笑地说："国内1,000种，全球的没记录下来。"辉哥在国内看过的鸟当然不止1,000种，他这样说只是表示自己不执着于观鸟的数字而已。

如果用武林来比喻观鸟世界，那么最难学的"门派"当然包括莺类、鸥类和水鸟等，就拿柳莺作例子，不少莺儿不但长得很相似，如果没有叫声作旁证，就算看着清晰的照片，柳莺专家也不一定能把某些极相似的柳莺分辨开来。所以，不少鸟人致力钻研这几门艰深武功，以示自己的实力，但对辉哥来说，辨鸟技术难度不限于最难的几个门派，还在于辨认每一只常见鸟。"好像看家燕，它们站在电线上，完全不像一只鸟，直至飞起来才肯定它们是家燕。又好像麻鹰（学名黑耳鸢）（Black Kite, *Milvus migrans*），要观察多久才能分辨？同时飞来数只猛禽，要统统辨认出来，一定要快，于是我会想，半秒内要把鸟认出来，就是这样提升辨鸟的能力。"辉哥的进步法门，就是要求自己用最短的时间成功辨认一只鸟，于是他很快便看完手头的鸟书，发现不够，愈看愈多，进步也愈快。

辉哥这种进步神速又热心的观鸟人，在20世纪90年代的香港仍是少数，当时的观鸟主流人群仍是外国人，所以辉哥加入鸟会不久后，便被林超英邀请做观鸟团导师，然后渐渐接手更多会务。鸟会原本只有英语的鸟讯热线，辉哥提议成立中文热线，为不谙英语的鸟友提供最新的观鸟消息，多年来他一直负责热线工作，近年才由后辈接手，但电话费仍然由他支付，从没任何微言。1997年，林超英成为鸟会首位华人主席时，辉哥获邀担任副主席，直至2004年林超英退任后，他便顺理成章接手，成为鸟会主席。在林超英大力推行鸟会会员本地化的影响下，辉哥接任主席一职时，会员已有600人，直至他退任时，会员已达1,600人。辉哥自谦说对鸟会的贡献不是很大，但他在任期间，除了香港鸟会会员人数大幅增长，辉哥还很致力培育新人，经常亲自带观鸟团，又大幅增加鸟会的研究项目。最重要的建树之一，便是全力推行"中国保护基金"，协助内地成立观鸟会、鼓励国内学者和观鸟者等从事鸟类基础研究和保护等工作。

　　辉哥热心推动内地的观鸟活动，不单是以香港鸟会名义拨款那么简单，他还经常亲力亲为，频繁走访内地跟不同地方的鸟会和鸟友交流，提供他们需要的帮助，甚至会自掏腰包资助内地鸟会、调查项目或者送书，等等。例如，2005年开始香港鸟会每年投入约30万元，协助内地沿海地区开展水鸟调查，辉哥也曾以个人名义提供资助；跟香港最接近的

看见观鸟可以影响社会，令更多人关注大自然、野生动物、环保，辉哥觉得自己好像做了一些好事，没白过这一生，挺满足的（张浩辉提供）

深圳鸟会，也自然是辉哥最热心帮忙的鸟会，除了协助他们组织大型观鸟活动，他也捐款支持深圳鸟人展开本地鸟类数据记录、成立观鸟培训班等。辉哥热心助人的形象，在深圳市观鸟协会秘书长及前会长董江天（网名麦茳）的眼中，就是"带队时总是笑眯眯的"。"辉哥带队看鸟时，总是把队员放在第一位，哪怕是多么不容易看到的鸟，只要他发现了，第一时间便通知队员，以尽力让更多人看到，自己看不到也没关系。他总是把好位置都让给别人，有时候人太多，他在后面完全看不到，便干脆放下望远镜笑眯眯地分享大家的惊喜。"麦茳回忆跟辉哥观鸟的片段时说。辉哥看鸟的时候，最容易流露他全情投入做事的性格。不少跟辉哥看过鸟的人也说，哪怕是多陡峭的山坡，只要辉哥认为坡上有他要看的鸟，都会一鼓作气地走上去，其他人还在喘气休息的时候，辉哥已走到山上了。辉哥不带队看鸟的时候，会为了目标鸟而奋不顾身地向前走，大家都没看到的鸟，往往只有辉哥能看到，因为他跑得最快，也最愿意为目标鸟走很艰难的路，这也归功于他少年时代经常爬山，为他奠定下敏捷身手的基础。还有一位香港鸟人说，有一次跟辉哥到四川看鸟，车跑到半路，路上给半截倒下来的大树干拦住了，大家下车研究了很久都不知道怎样才能绕过树干继续前行，便打算折返，岂料辉哥提议大家去找些工具来把树切开、移走！怎说也要继续向前跑。不难想象，只要辉哥认定了一件事，他肯定会排除万难找方法去完成。

对中国观鸟，辉哥的热心不只是出于对大自然的喜爱，更源于他对中国的情结。"我们那代人早在读书时代已说'科学救国'，物理系的同学会组团访问国内大学，关注国家问题。"因此，在某年鸟会年会上，林超英让大家写下鸟会未来计划时，辉哥是唯一一个写下"中国"的会员。林超英看见，很有同感，认为香港鸟会要放眼中国，将香港的模式拿到内地做，借此把观鸟文化带到内地。不过，当时在内地别说推广观鸟，就观鸟本身而言进行得也很困难。"20世纪90年代林超英、吴祖南和我等人到内地观鸟，印象最深的是广东南昆山，到了后便觉不对路，满眼商店皆出租枪支供人打猎，有一个书记跟我说，他的最高纪录是一枪打掉6只斑鸠。我们观鸟两天，见到不足10只鸟！最常见的斑鸠，老远看见我们便飞走。没办法，当时人们太穷，只能靠山吃山。"后来，他们到贵州去，放眼望向一片大农田，竟然一只麻雀或八哥也没有，辉哥只感到"好恐怖"，顿觉协助内地推行观鸟和鸟类保护，实在刻不容缓。

　　辉哥现在退休了，推动鸟类保护的工作却没停下来，除了编写鸟类图鉴，他还协助云南鸟会的鸟类教育工作。问他选择在保山市定居，是否因为他钟情高黎贡山，辉哥笑而不语。自1994年首次到高黎贡山观鸟以来，辉哥会定期回云南观鸟，现在近水楼台，他还会探索其他鸟点。例如保山水库有很多鸭子，辉哥会定期去看，做些记录。不过，辉哥自言现在观鸟的心态又是另一种境界："现在我会考虑观鸟的价值，例如定期观察是很值得做的。此外，我喜欢观察小鸟的行为，原来啄花鸟懂得种树，会将寄生植物带到树上，长出来的植物可供它们吸食汁液。啄木鸟还会在树上啄很多很整齐的洞，以前我一直以为是放果子的，后来再三观察，才发现它们凿洞后在吸食树汁。"唯一没有变的习惯，便是双耳长期处于"收音"状态，无论何时何地，他都在接收鸟声，哪怕是跟别人聊天时。

　　作者按：

　　辉哥于2011年卸任香港观鸟会主席后，由刘伟民先生接任。鸟会会员总人数现已接近1,900人，每月皆举办讲座，而每年举行的户外观鸟活动超过40个。目前由鸟会主持的鸟类研究调查项目共计7个，最有代表性也是历史最长的项目便是后海湾水鸟普查，可以说是米埔得以成为保护区的重要基石项目，而所有鸟调的年度总经费已超过200万港元。虽然辉哥已从"中国保护基金"主席一职退下，但仍然是该基金的委员，而基金成立至今一共资助超过50个国内鸟类保护项目，包括沿海水鸟调查、如东水鸟调查、黑龙江的中华秋沙鸭调查以及北京的燕子及雨燕调查等。

观鸟工具小包

 我的观鸟工具 —————————————————————————

双筒：Minox BF10x42
单筒：Swarovski STS 80HD

 我推介的鸟书 —————————————————————————

1. L. Svensson, K. Mullarney, D. Zetterstrom, P. J. Grant. 1999.
   Collins Bird Guide. HarperCollins Publishers: London.
2. 约翰·马敬能、卡伦·菲利普斯、何芬奇，《中国鸟类野外手册》，
   长沙：湖南教育出版社，2000年。
3. B. Bhushan, G. Fry, Akira Hibi, Taej Mundkur, D. M. Prawiradilaga,
   Koichiro Sonobe, Shunji Usui,Takashi Taniguchi. 1993. *A Field
   Guide to the Waterbirds of Asia*. Kodansha Amer Inc: Japan.
4. C. Robson. 2000. *A Guide to the Birds of Southeast Asia*.
   Princeton University Press.
5. B. Lekagul, P. D. Round, M. Wongkalisn, K. Komolphalin. 1991. *A
   Guide to the Birds of Thailand*. Saha Karn Bhaet Co.

香港鸟类里，张浩辉自言最喜欢燕鸥，觉得它们比较"干净"，会在清洁的水
域觅食，而且飞行姿态很优雅，比海鸥好多了。图为粉红燕鸥（黄卓研拍摄）

鸟会专家

董江天

——深圳市观鸟协会秘书长
及前会长

　　董江天（网名麦茬）是深圳市观鸟协会的创始人之一，从鸟会成立至今一直热心于会务，在深圳推广观鸟与鸟类调查方面皆不遗余力，并于2015年开始担任第四届会长，至2016年退任，并开始担任深圳市观鸟协会秘书长及法人代表。她观鸟至今十多年，跑遍中国所有省份，不但对国内鸟点路线异常熟悉，还经常跑到偏远地区开发新鸟点。她的专业和工作跟观鸟甚至是理科无关，但通过努力学习和对自然生态的热情，多年来在不同地方成功推动了不少鸟类科学调查与保护计划。近年来，麦茬致力在深圳的中小学推广观鸟，把观鸟的种子播在未来一代身上，希望小鸟能启发他们对科学、大自然的好奇心，薪火相传。

　　如果生命可以"再来一次",相信麦茬现在过的是她的"二次生命"——从2002年开始观鸟至今,除了在鸟会服务外,她大部分时间都在全职观鸟,光是西藏最少便跑了4次,最喜欢的青藏地区已不知去了多少遍。每次外出观鸟的行程为期一个月到数个月不等,国内没有哪个省份她没有去过,只要是去过的地方,她都对当地的鸟况了如指掌。不观鸟的时候,她最喜欢读书,家里一整面墙全放满跟观鸟有关的书籍,印象最深刻也令她获益良多的便是达尔文的《物种起源》。过去十多年,麦茬在做的、看的、关心的,跟她的第一段人生毫无关系:她在20世纪80年代初来到深圳,学的、做的是金融。"在观鸟之前,我没怎么参加户外活动,跟现在老是往外跑的我完全是两个人。"麦茬淡然微笑着总结她的第一次生命。

　　为何麦茬把第二次生命交给小鸟呢?过程不无偶然因素,当然也赶上国内在2000年之始出现的观鸟潮。那时候,麦茬经历了漫长的工作生涯,极需一个悠长假期,借此告别之前一直做的事。至于未来要做什么,她仍茫然无头绪。所以,看似好玩、有趣的事情,她都跑去了解一下。"有一段时期,我经常参加'掘贝壳'的活动,差不多每个周末都跑去沙滩,很好玩呀!"接触观鸟的契机便在此,跟她掘贝壳的一位朋友,就是广州观鸟专家廖晓东的表妹。掘了一个夏天的贝壳,秋天来了,也是鸟类迁徙开始时,友人便邀请麦茬一起去观鸟,出于好奇心,她欣然参加。此后,每逢周末她便坐一个多小时的火车从深圳跑到广州去观鸟,至今对观鸟的热情都是有增无减。

　　"我一旦认定一件事,便会心无旁骛,不分日夜地做。"麦茬这样形容自己。她曾试过用半年时间,替别人翻译关于恐龙的文章。"我是学金融的,对恐龙一无所知,于是逐个字去查字典,又找来很多学术文章,看看别人是怎样写恐龙的。"那半年里,她什么事也没做,只一股脑儿地专心翻译,及至最后所有人都认定她一定会向着恐龙的方向去发展她的兴趣——她就是这样专注。(后来没把怀抱投向恐龙,是因为她已开始观鸟。）麦茬刚开始在深圳观鸟时，一门心思专攻水鸟，这是很多初学者也感到很难学好的类别。水鸟的难度主要在两方面：第一，它们喜欢在潮间带①觅食，要观察它们得掌握潮水位置，而且它们通常站得不近，要用单筒望远镜才能看清楚。第二，好几种体形接近的水鸟，在外形上和羽毛构造上皆很相似，尤其是非繁殖羽时期，几十只水鸟站在一起，真的是扑朔迷离。所以，要把水鸟看好，非得要有耐心、细心和勤勉不可，这三样麦茬当然全都能做到。别人每个周末跑去湿地看水鸟，她连工作日也会跑去看，背着沉甸甸的单筒望远镜，不分阴晴、食无定时，务必要把水鸟看熟为止。她除了跑得勤，还写得勤、读得勤。"从跟廖晓东老师观鸟开始，我已有做笔记的习惯，每次出外观鸟我都带着笔记本，老师说的我全记下，也会记录每次观鸟的细节。"开始观鸟不久，她问老师怎样可以进步快一点，老师列了一个书单，她把书单上的书全看了，《物种起源》也是那时看的。"廖老师说，这是想进步的鸟人必读之书。"观鸟是很"老实"的学问，一分耕耘，一分收获，在鸟人每次能准确把鸟认出来的背后，都是岁月累积的扎实功夫。

不少鸟人回忆他们如何迷上观鸟时，都说不出所以然来，一如所有爱好一样，都是从一件件小事开始，很久以后，人们才发现自己已"泥足深陷"。麦茬也一样，开始观鸟时，她压根儿没想过自己竟然有能力参与成立深圳观鸟会。"在广州跟廖老师观鸟半年多以后，我便想在深圳看看有没有同路人，于是在'磨房'论坛上发帖，第一次发起的观鸟活动来了6个人，后来慢慢变成二三十人。"参加活动的人数越来越多，当时麦茬和大家的共识是，他们需要一个组织，只是不知从何入手。那时，他们在其中一次观鸟活动里碰到保护区的局长王军，

---

① 潮间带是在潮汐大潮期的绝对高潮和绝对低潮间露出的海岸。这种生境无论从温度、湿度及含盐量方面都经常呈现很大变化，滋养着大量小型海洋生物，为迁徙的水鸟提供丰富的食物，是极重要的候鸟中途栖息地，也是生态价值很高的地带。

他是学鸟类学出身，亚洲水鸟同步调查的深圳区代表便是他。王局长当时负责的定期鸟类普查，麦茬等人也有参加，差不多每个周末都去帮忙。过了半年后，双方聊起成立组织一事，王局长认为他们的能力与热诚已达到一定程度，于是牵头向农林渔业局申请"挂单"，不到一年，审批通过了，2004年3月深圳市观鸟协会正式挂牌。"跟其他地方相比，深圳鸟会成立的过程算挺顺利。另一位不能不提的功臣便是徐萌，他当时在民政局工作，虽然不是管这一块，但在审批过程中可以介绍观鸟会是怎么一回事，这很有帮助。"徐萌后来成为第一届及第三届观鸟协会会长，而那时参加麦茬第一次在深圳发起的观鸟活动的6个人，便成为鸟会的第一届理事。

短短两年间，从观鸟初哥变成鸟会理事，这绝对不是每天都发生的事，而这还只是麦茬那精彩的观鸟人生的第一章。其他章节，都收录在她的个人电脑里——麦茬为每个省份开了一个档案，里面都是关于该省份的观鸟信息，每知道一条新消息她都会及时更新。此外，每个地区又各有一份清单，清楚列明她在该地区看过什么鸟、还有什么鸟未看。所以，当她要计划到某地观鸟时，只要打开档案便一目了然。麦茬电脑里收藏的中国观鸟信息，绝对媲美国内几大观鸟网站，因为不少鸟点路线的信息，都是她第一手得来的。

麦茬于2010年在西藏日喀则樟木镇发现中国新鸟种——红嘴穗鹛（Black-chinned Babbler, *Stachyridopsis pyrrhops*）（麦茬摄）

"我有一个跑点的习惯，遇上我未去过的地方，我会先跑熟那里的路线然后才看鸟。例如，很多年前我打算去西藏观鸟，第一次去的时候，我用一个月时间跑了西藏一圈。我当时就坐公交车跟藏民一起走，很开心，路上每每看见好地方、好的生境，我便记下来。跑点的时候，我专注观察环境，不看鸟。第二年，我在西藏待了三个月，专门看鸟，路线就是第一年跑出来的那条。往后三年，我四度去西藏观鸟，还是跑同一条路线。"所以，国内每一条她跑过的路线，路上有什么鸟，在哪个点，哪个季节能看到，她都一清二楚，而且每天都会做笔记，记下所看过的鸟种与数量。可以说，她本人就是一个不停更新而庞大的"中国观鸟数据库"。

麦茬喜欢反复跑同一条路线，因为她很想记录每个地方的不同变化，例如青海，她已去了十多遍，每次皆走同一条路线，一看便是几个月，看到滚瓜烂熟。她说，"疯狂的时候"，会一年跑青海两遍。所以，在生态、自然环境和人文方面，她也见证了青藏高原多年来的变化。这当然跟发展压力有关，但外界文化对他们的冲击也很大，例如，日益庞大的旅游压力，也在改变着青藏高原。"以前我旅游时，常有一种我去'帮'他们的心态，所以每次都会带上很多小礼物送给当地人。后来，我觉得自己做得不对，我这样做会改变他们，我凭什么觉得我的生活方式是对的，他们的不对？其实可能是我的不对，我才是要他们'帮'的那个人。"此后，麦茬无论去哪里旅游，都会尽量以不影响当地人的生活和文化为原则，原来风貌该怎样便怎样，她觉得这样比较好。

由于麦茬喜欢深度旅游，外出的日子太长，要找伴不太容易，所以大部分旅程她都是独自上路。独行让她的行程更自由和灵活，加上她好奇心很强，所以旅途上常有奇遇，碰到好玩的人与事的机会好像都比别人多。最传奇的一次，可以说是她在西藏观鸟时，偶遇"鸟喇嘛"扎西桑俄的经历。麦茬去西藏观鸟的习惯是以拉萨为基地，每次去那儿皆住在同一旅馆的同一间房，每跑完一个鸟点都会回拉萨休息一星期左右，然后又去跑另一个点，每次十几天至二十天不等。2003年，她在拉萨的旅馆碰见两位喇嘛，大家聊起来，原来他们打算去"转经"。"那时候，我对藏族文化还不算很了解，一听说去转经，咦，好像很有趣啊！于是在好奇心的驱使下，便跟着他们跑了几个地方去转经。"一路上，大家聊的话题很多，就是没聊到观鸟上，麦茬没带望远镜上路，所以对方也不知道她是观鸟的。转经之旅完成后，他们循例交换联络方式，但辗转间渐渐失去联络，当时麦茬也没怎么放在心上。两年后，麦茬又去西藏观鸟，某天她在拉萨的旅馆里看鸟书看得出神时，突然有人走过来说："原来你也是观鸟者！这里有同道中人了。"麦茬抬头一看，原来就是两年前一起去转经的喇嘛。麦茬和扎西桑俄好不容易再遇见，发现原来大家也是知音人，兴奋的心情难以言喻，麦茬答应鸟喇嘛在她完成余下旅程后，到扎西桑俄居住的地方青海玛可河找他一起看鸟。过了一个多月，麦茬绕了很多弯路后，终于走到扎西桑俄的家，实践他们同行观鸟的诺言。

　　扎西桑俄是一个传奇人物，他13岁出家后开始观鸟，没望远镜、没图鉴，只用肉眼看，然后回去凭记忆把鸟画出来，所以当地人都叫他"鸟喇嘛"。虽然藏族人尊重天地万物，但没有像扎西桑俄那样专门看鸟的喇嘛，所以很多人都觉得他很奇怪，但他不介意。不难想象，当扎西桑俄遇上麦茬时是多么激动，独自看鸟这么多年，终于有人陪他一起看了。"当时我带的工具不多，只能把鸟书送给他。他看到鸟书后，不知

麦茬和"鸟喇嘛"扎西桑俄（左一）一起看鸟，2007年于青海（麦茬提供）

多么高兴！立马就在图画旁边写上鸟的藏语名字。"扎西桑俄如数家珍地把多年来的观鸟"功课"拿出来给麦茬看，包括很多幅鸟类绘图。虽然他画得很漂亮，但在比例上存在不少错误，麦茬知道这是肉眼看和用望远镜看的分别，后来她回深圳后，便给扎西桑俄寄去了望远镜和其他有用的工具。

麦茬和扎西桑俄曾一起在青藏地区进行藏鹀的调查（麦茬摄）

麦茬离开青海前，给扎西桑俄做了一份表格，写上编号、中文鸟名和藏语鸟名，方便他做有系统的观鸟记录。扎西桑俄不谙汉语，只懂得听一点点，说几个汉语单词，所以双方对话时要把话说得很慢、很简单，必要时配合动作。虽然二人语言不通，但在观鸟世界里，鸟人很多时候只靠一个动作、几个简单词语，就能大约领悟对方的意思。他们当时在扎西桑俄家的后山观鸟，竟意外地发现罕见的中国特有鸟种——藏鹀（ Tibetan Bunting, *Emberiza koslowi* ），麦茬告之其重要性后，扎西桑俄很快便向当地申请，把这片山头列为一个小小的保护区。麦茬回深圳后，向香港观鸟会申请了一笔小额基金，让扎西桑俄在青海进行藏鹀的调查报告。"他当时没有做鸟调的经验，我便跟他说不要紧，尽管用自己的方式做记录，我会回来帮忙整理报告的。"麦茬第二年便回去青海找扎西桑俄，为期两年的藏鹀调查就是这样做起来，然后在麦茬的帮忙下完成报告。往后，国内的保护机构陆续找扎西桑俄帮忙进行青藏地区鸟类或动物观察调查的项目，"鸟喇嘛"的传奇故事也渐渐广为人知，而这一切的"缘起"都是由拉萨的一次偶遇开始，相信也是麦茬和扎西桑俄意想不到的。

　　不少鸟人爱说观鸟是一种"缘分"，很多时候是人找鸟，但不少时候却是鸟找人。笔者听过不少令人津津乐道的观鸟奇遇，就是自己也有幸遇过鸟儿突然飞过来"给我看"的好事，所以不能不相信"缘分"之奥妙，尤其在人与人之间更为明显。2013年，国内出版了一份"50种柳莺类辨识折页"，从内容、设计到绘图方面皆备受赞誉，虽然不是完美，但对在野外观察时分辨柳莺这种出名难辨认的鸟种来说，这本折页实在非常方便和实用，是很多鸟人的"恩物"。折页里的五十多幅绘图，便是由麦茬一笔一画，在家"闭关"三个月完成的。对，是一个从没学习过绘画也没怎么画过画的人，对着外国图鉴的画，从零开始一只一只柳莺画出来的。"画了三个月，我的视力严重衰退。"麦茬笑着说，眼神带点黯然。笔者曾习画却画得不好，所以明白这是一件多么困难的事情，这不是可以随意发挥的自由创作，而是要求高度准确的动物绘图。麦茬所做的几乎是一件"奇迹"，而启发她完成"奇迹"的人，便是中国台湾鸟人陆维（网名冠羽）。两人是多年好友，经常相约在中国台湾、香港和其他省市观鸟，冠羽因工作关系经常从台湾跑到大陆，多年来热心帮助大陆鸟会和推广观鸟，很多大陆鸟人都很尊敬他。早在2008年，麦茬已知道冠羽想制作这个折页，好不容易，直至2012年这本折页才集齐文字内容，这都是冠羽多年来累积的识别资料。万事俱备，只欠绘图。那年麦茬和冠羽一起到腾冲观鸟，走不了多少路，冠羽便要坐下来休息，显得异常虚弱，那时冠羽已经跟癌症搏斗了好几年。下山时，麦茬听到冠羽说"那个折页还未完成"，语带遗憾，于是二话不说便把绘图工作扛下来。2013年春天折页出版了，同年秋天，冠羽便于台北病逝。

　　在麦茬的博客上，有一篇为冠羽写的悼文，文中提及她曾经为鸟会的发展感到困惑时，冠羽这样鼓励她："悠着点，别一次把力气用尽。"深圳鸟会自2004年成立至今，已过了10个年头，鸟会发展渐渐成熟：会员的观鸟活动定期进行，鸟会宣传观鸟的成效渐见，例如每年春天，深圳媒体必定会报道黑脸琵鹭的迁徙消息。麦茬认为鸟会做的最好的，是鸟类调查项目。"中间有很多时候资金断了，没了支持，

柳莺属
Phylloscopus

上体翼带
腰／飞羽／尾羽缘
橄绿带灰褐

眉细长
泛白或皮黄

黑嘴

眼下半月形
脸颊

胸边及肋上
皮黄或灰

臀白

翅弯处有浅黄斑

下体泛白

脚黑

01. 叽喳柳莺
学名：Phylloscopus collybita
英名：Common Chiffchaff
L：10 cm

眉前宽后窄
前白后黄

上体翼带
腰／飞羽／尾羽缘
灰褐缺橄绿

黑嘴

臀白

翅弯处有白斑

脚黑

02. 东方叽喳柳莺
学名：Phylloscopus sindianus
英名：Mountain Chiffchaff
L：10 cm

50种柳莺类辨识折页的插图，全由麦茜绘制（感谢陆维先生授予使用）

但我们仍'拉上补下'地坚持完成所有鸟调，至今从没中断过，这不容易呀。"鸟会坚持做鸟调的效果也开始出现，官方进行环境评审的项目时，会邀请鸟会发表意见，可见累积多年的数据渐渐发挥力量。如今，麦茜做过鸟会会长，又当上秘书长，她自言未来最希望做好的，就是中小学宣传这一块。"最大的困难是跟学校搞观鸟活动，他们的压力也大，小风险的活动也不愿参加，所以挺棘手。"过去十多年，麦茜单枪匹马跑过很多地方，从零开始做着她没学过的事，专注起来锐不可当，单凭这几项惊人成果，笔者相信无论多棘手的事，麦茜都能解决。当初没"一次把力气用尽"，现在是发力的时候了。

　　笔者采访过多位在鸟会工作的鸟人，甚至好几个不同地方的鸟会会长，他们所做的都不是什么高薪厚职，或扬名立万的职位。在各项靠小鸟"吃饭"的工种里，鸟会的工作似乎是最吃力不讨好的。不过，笔者采访过的鸟会人员里，无独有偶的是都有一种气质——大我。都市人生活的大部分时间里，都以自己为中心，"小我"是很突出的。沉迷在一个爱好里、专注于某项工作的人，肯定经历过"无我"的体验，麦茬也不例外。"未观鸟前，我觉得人类是世界的中心。深入认识自然后，我觉得众生平等，哪怕是一个小动物，我都会尊重它的自然生命状态。每种生命，都有其生存道理在内。"观鸟，只是进入大自然的其中一扇门，麦茬说，她带学生观鸟时，孩子可能更喜欢看昆虫，那么昆虫就是孩子进入大自然的方法。看鸟、看虫、看花、看星，都是一种认识自然的手段，沉迷于大自然里，从"小我"看至"无我"，但看到最后，一定会看到比自己更大的"大我"，顿悟自己只是大自然中渺小的一员。以叶问生平为蓝本的电影《一代宗师》里，有这么一句对白："习武之人有三个阶段——见自己，见天地，见众生。"麦茬从放下金融工作，拿起望远镜观鸟，跑遍大江南北，到现在全职在鸟会工作，面向公众推广观鸟，大概也走了这三个阶段。

观鸟工具小包

　我的观鸟工具 ──────────

双筒：Swarovski 8.5 × 42
单筒：Swarovski 65mm

　我推介的鸟书

1. 富士鹰茄子等，《非实用野鸟图鉴》，台北：远流出版事业股份有限公司，2010年。
2. 林文宏，《台湾鸟类发现史》，台北：玉山社出版事业股份有限公司，1997年。
3. 郑光美，《鸟类学》，北京：北京师范大学出版社，1996年。
4. 林育真主编，《生态学》，北京：科学出版社，2004年。
5. Dominic Couzens. 2005. *Identifying Birds by Behaviour*. Collins.

陈志鸿
——厦门观鸟协会秘书长

　　陈志鸿（网名岩鹭）是国内最早期的观鸟者之一，2002年厦门观鸟协会成立后，便一直担任秘书长至今。毕业于厦门大学生物系的她，目前是厦门市环境保护科研所的高级工程师。无论于公于私，她对鸟类和环境保护的课题皆极为关注，多年来不只参与国内多项鸟类与环境评估的调查，更是大力促成了由观鸟志愿者组成的"全国沿海水鸟同步调查"，该项调查至今已进行超过10年，为国内沿海湿地的变化提供了很重要的数据支持。岩鹭同时是区内的人大代表，多年来努力把民间环境保护的声音带进体制里，曾在厦门成功推动了几项重要的鸟类保护项目。

　　岩鹭接触观鸟是因为参与单位里一项鸟类调查的工作，那时是1999年，马敬能编写的《中国鸟类野外手册》尚未出版，厦门观鸟协会也未成立，甚至很多人连"观鸟"也未听过。"我是因为这个鸟类调查的工作，才知道外国有'观鸟'这种活动。"岩鹭笑着说。不过，鸟调工作并没有一下子令岩鹭迷上观鸟，当时她的最大感触是"为什么国内的观鸟记录都是外国人做的"，感到有点不服气。也因为这点"不服气"，在往后的日子里她都很主动促成和参与各种鸟调，希望中国的鸟类记录由中国人拿回主导权。1999年开始的鸟调工作于翌年便结束了，在没有同伴和导师指导的情况下，岩鹭并没再怎么跑到野外看鸟，但网上的有关讨论，她倒是挺积极参与的。当时正值互联网的兴起，各式各样的网上论坛如雨后春笋，岩鹭和几位志同道合的户外爱好者在一个叫"野战排"的论坛上聊起观鸟。后来于2002年1月，野战排的"观鸟园版区"便正式推出，厦门的观鸟爱好者终于拥有一个专属的地盘可供聊天、发起观鸟活动，而鸟会组织的雏形也隐隐可见。

　　在中国观鸟大事记上，2002年可以说是热闹的一年。首次在中国举行的国际鸟类学大会在北京进行；第一次全国观鸟大赛[1]在洞庭湖举行；同年3月，厦门观鸟协会也正式成立，可以说是内地最早成立的鸟会。鸟会会长是厦门大学环境与生态学院的教授陈小麟[2]，他把最早在厦门开始观鸟、拍鸟的几个人聚拢起来，成立了厦门观鸟协会。"陈教授是我的同学，在福建是很有名的教授，开始时都是他带着我们观鸟的。"岩鹭说。2002年她也去北京参加了国际鸟类学大会，在那里认识了许多资深的观鸟者，后来跟他们到北戴河看鸟，令她渐渐对观鸟产生了兴趣。"还有一件事，就是2003年厦门鸟会向英国皇家鸟类学

----

[1]　由国内资深鸟人钟嘉筹组而成的观鸟大赛。
[2]　陈小麟教授兼任福建省动物学学会副理事长、中国动物学学会理事、中国动物学会鸟类学分会理事等职。

会申请了基金，展开了中华凤头燕鸥的调查项目①，两年里，跑野外跑多了，所以对观鸟就慢慢'痴迷'起来。"岩鹭笑着说。

　　岩鹭自言是个不容易兴奋起来的人，所谓"痴迷"，并不代表她会为了看鸟而不顾一切地往外跑，而且她也不"推车"，不关心自己看过多少种鸟。"在观鸟这方面，我很赞同张浩辉说的——看多了、能记住的鸟才算看过，如果再看也不能认出来的话，就算个人鸟种名单上有2,000种也没意思。"她对观鸟的着迷，跟她花在鸟儿身上的时间成正比，不单工作上会接触鸟，工余时也跑去看鸟。"不用上班的时候如果不去看鸟，我都不知道去做啥好，要我待在家里我可待不住。"岩鹭笑着说。她跑得最多的地方之一可以说是福建，一般是哪里鸟况最好她就往哪里跑，她认为福建鸟类资源最好的地方在武夷山脉一带。"平常做鸟调都接触水鸟，所以看水鸟时都没有观鸟应有的兴奋了，我自己去看鸟时自然比较喜欢看山鸟、林鸟。"

　　水鸟是岩鹭最熟悉的鸟种之一，最大原因是厦门拥有丰富的湿地资源，本来就是观察水鸟的好地方，无论工作上还是鸟会的鸟调，多数都以水鸟为主题。不过，岩鹭最早开始在厦门看水鸟的滩涂和湿地，在短短十年间都已经消失了。"从同安到翔安，从海沧到本岛，多年的填海造房建厂，已让厦门的海岸自然岸线破坏殆尽。"岩鹭在2011年接受媒体采访时说②。滩涂能够把污水里的污染降解，然后排到海里，但当沿岸滩涂大量被填平后，天然形成的海流便没法把多余的泥沙送到外海沉淀，于是造成海湾里大量泥沙淤积，污水无法排到外海，水质污染会日趋严重。滩涂和湿地的功能无可取代，它们的消失是厦门面对的其中一项最严重的环境问题，这也是岩鹭大力促成"全国沿海水鸟同步调查"③的深层原因，因为沿海湿地的破坏不单发

---

① 有关中华凤头燕鸥的调查详情，请参阅本书第270—282页。
② 吕明合，"人造'厦门'？"，《南方周末》，2011年9月3日。
③ 有关"全国沿海水鸟同步调查"的详情，请参阅本书第284—298页。

生在厦门，更是整个中国。熟悉国内水鸟状况的人，大概知道"全国沿海水鸟同步调查"是在世界自然基金会的论坛上"诞生"，而主要发起人便是岩鹭。一切的开始得由14只卷羽鹈鹕（Dalmatian Pelican, *Pelecanus crispus*）说起——话说2005年3月的某一天，香港米埔自然保护区里发现14只卷羽鹈鹕，但翌日便不见了。卷羽鹈鹕在香港"失踪"的同一天，厦门大学上空飞过14只卷羽鹈鹕，好些鸟人开始推测这两群卷羽鹈鹕是不是同一群？于是大家便在论坛上热烈地讨论起来，有人说两地若能同步展开水鸟调查，便能了解水鸟迁徙时的分布情况了。当时岩鹭便立刻提出"沿海同步调查"的想法：身在沿海城市的鸟人在每个月约定一天，在各地同步展开调查，然后把结果汇总。想法一经她提出来，很多鸟人都举手赞成，纷纷主动要求参加这项志愿调查。经过多方的协调和安排，第一个同步调查便在同年的9月18日展开。调查进行至今没中断过，十年来累积得来的数据，对了解中国沿海湿地很有帮助。"国家需要看见这些数据，才能说明湿地面对的变化情况。"岩鹭说。

于公于私的鸟类调查，主题都是水鸟，所以岩鹭放假看鸟，自然跑去看林鸟。近年她都爱往东南亚跑，原因是在这些地方比较容易看见鸟。"虽然中国鸟类种数也多，但东南亚鸟类的密度比我们的高。在国内看鸟，鸟大都很怕人，密度低，所以不容易看。你去云南高黎贡山看，就只有那几片林，周边都给发展了，变得光秃秃的。"这几年，岩鹭去过泰国、尼泊尔、马来西亚等地观鸟，当中印象最深的，便是在尼泊尔看猛禽。"在尼泊尔看到数量很多的猛禽，感觉是挺震撼的，能在一个地方看到那么多猛禽，说明自然环境还是不错的。虽然他们的经济发展不及我们，但环境保护这方面还是做得挺好的，这个很不容易。"岩鹭承认，就是放假看鸟时，也放不下工作时的思维，会特别注意自然环境。看到国外鸟的密度比国内的高，很自然想到别人的自然保护工作应该做得比我们好。尼泊尔的猛禽令岩鹭感触很大，除了因为她很喜欢看猛禽，也因为国内的猛禽正面对着不容乐观的未来。"做鸟调多年，我觉得厦门的鸟是少了，主要是猛禽少了，但厦门的山林其实破坏得并不严重，所以我也搞不明白是什么原因。猛禽属于食物链的顶层生物，本身是一个很重要的旗帜物种，无论从行为学、生态位来看，它们都很容易让人觉得不可思议。可是，到现在我还是不明白它们为什么变少了。"

　　类似以上的"不解"也是岩鹭喜欢观鸟的原因之一，她在大学生物系学习动物专业，所以动物的行为是她极感兴趣的题目。"例如很常见的一个现象，一个水塘的水放干了，然后来了一只白鹭，但不用多久其他白鹭便会纷至沓来，可能上千只也有。我不明白它们是怎样互相通知的。你想，它们不能打电话，怎么能感知这个事情呢？"岩鹭笑着说。所以一直以来，岩鹭观鸟，很多时都带着专业的思维去看鸟的行为和环境。环境的好坏跟人类的福祉分不开，所以保护环境，其实也是在保护人类。作为一个从事环境保护科研的鸟人，岩鹭于公于私都很了解当中的利弊，也因其人大代表的身份而因利成便，把保护鸟类与环境的声音带进体制里，曾成功推动在厦门杏林湾和五缘湾分别建立紫水鸡（Grey-headed Swamphen, *Porphyrio poliocephalus*）和栗喉蜂虎（Blue-tailed Bee Eater, *Merops philippinus*）的保护区。"不过，这些例子只是小范围的保护，对个别鸟种有用，但对厦门整体的鸟类保护是不管用的。关键还是要有政策上、观念上的改变，否则很难有大的进步。我觉得在中国，恢复自然环境是必须的。"尽管岩鹭认为小小的保护区不能发挥宏观作用，但她认为有些事情还是要去做的，她说自己算是主动和乐观的人，所以对环境保护方面的工作，她本着"努力去做可能有机会看到效果，不做便一定没有效果"的心态去做。

　　岩鹭除了在体制里发挥鸟人的作用，身兼鸟会秘书长一职的她，也致力在厦门推广观鸟。在公众的层面上，从很多年前不知道鸟人拿着望远镜在公园干什么，到现在人们看见鸟人便会说"噢，他们在看鸟"。岩鹭觉得，至少很多人已经知道"观鸟"这种活动。她笑着说，鸟会刚开始时的定位太注重研究，没强调趣味那方面，所以吓跑了很多人。"其实对民众来说，观鸟跟钓鱼一样是一种休闲活动，鸟会当初定位是有问题，所以发展非常困难。我们带着很大的热情去带人看鸟，但人们的反应是：'呦！观鸟是那么艰苦呀。'那时候，我们带多少人就跑光多少人。"岩鹭笑着说。经过这些年的摸索，鸟会的活动现在总算上了轨道。身兼多重身份的岩鹭，多年来在体制内外都看过不少复杂的人与事，所以现在挺重视观鸟活动里比较纯粹的部分。"我觉得观鸟应该是一件开心的事，观鸟的人其实相对比较单纯，我觉得这对现在的社会来说是很重要的。当喜欢观鸟的人走在一起时，大家都变得相对简单，没有复杂的工作关系、定位关系，彼此不知道对方是干啥的，只是因为观鸟而走在一起。"人与人走在一起，当中太多利害关系，会分高低、分贵贱。不过在小鸟面前，众生平等，小鸟不会因为一个身份显赫的人来到林中而突然飞出来给他唱歌跳舞的。这也是很多鸟人喜欢观鸟的原因之一。

观鸟工具小包

我的观鸟工具

双筒：Swarovski EL 8×32
单筒：Swarovski HD 65mm

我推介的鸟书

1. 萧木吉、李政霖，《台湾手绘图鉴》，台北市野鸟学会，2014年。
2. C. Robson. 2000. *A Guide to the Birds of Southeast Asia.* Princeton University Press.

付建平
——北京观鸟会会长

　　付建平（网名四季平飞）从2004年北京观鸟会（现名为中国绿发会观鸟专业委员会）成立以来，一直担任会长至今，在任期间热心推广观鸟，主持和参与多项鸟类普查和观鸟活动，包括定期举行的城区观鸟活动"城市绿岛行"，以及展开了超过10年的圆明园鸟类调查。付建平重视志愿者的无私奉献，认为鸟会的运作很大程度依赖志愿者的热情和才能，所以她愿意带头做志愿者，希望借此激发更多热心人士加入她工作的行列。她的观鸟信条是"长期坚持"，认为跑遍千山万水地看鸟虽然有趣，但在熟悉的地方看到意料之外的鸟会更有惊喜，所以不介意十年如一日驻守北京做定点观鸟人。

　　"其实我是最不擅长做领导的人，我不知道你对我的印象是什么，我是那种内心很自在的人，很多时候我喜怒不形于色，也不容易有开怀的情绪。"这是付建平自述担任观鸟会会长一事时说的。付建平人如其名，无论是跟她聊天，或者在鸟会活动里，她的态度都是平稳淡然，很少看到她眉飞色舞的样子。"好像没什么值得那样高兴吧。"她笑着说。"如果用鸟作比喻，那我应该是那种躲在林子深处的鸟，偶尔看看别的鸟在干啥，但自己不会走出来也不吭声的。"她自我评价，觉得自己性格不爱争斗，这样性格的人做会长会很有限制。不过，领导也不是只有一种典型，不同的团体需要的领导应该不一样。笔者参加了北京观鸟会2015年的年会，在会上看到很多会员都自发性行动，遇上问题时很多人会主动想办法解决，而不是领导人一味坐在那里强势地下命令指挥众人。感觉这个组织的人办事挺热情，好像被一种力量号召似的。

　　付建平在科学普及出版社当编辑的时候，因为找题材的缘故而参加了自然之友的观鸟活动，第一次观鸟是1997年在北京黑龙潭。往后几年因工作关系，只能偶尔去看鸟，真正定期观鸟已是2000年后的事了。那时候，她觉得约一帮人出来看鸟，人的热情可能会慢慢冷却，于是想到在某个地点做定期观察，把调查和观鸟结合起来，这样会让人有一点责任感，把观鸟变成长期活动。于是，从2002年开始，他们便以圆明园为基地做定期观察，直到现在调查还没中断过，这是付建平最有满足感的事情之一，也最能反映她默默坚持的性格。圆明园的鸟类调查在迁徙季节里每周最少一次，鸟况好的时候会多于一次，淡季时每两周一次，但从没间断。"定期定点观测就是要求你必须不中断，才能从中看到规律和变化，如果因为你觉得淡季没鸟而不去，那么所得的数据便会受到质疑。"付建平2010年从圆明园鸟类调查项目中退出，由后辈接手主持，这项工作持续至今，是北京鸟会一项最稳定的调查项目。

　　如果想看北京的鸟况有多好，单凭罕见鸟的记录不足以说明一切，但如果把圆明园十几年的记录拿出，便是反映北京鸟况的最好证据。

根据《北京圆明园遗址公园鸟类组成》①的报告，从2002年至2008年圆明园共录得217种鸟类，差不多是北京有记录鸟种的一半（北京的有效野外记录共423种②）。圆明园作为城区一小片绿地，已包含了接近北京一半的鸟种，按比例来说，可以说是鸟种丰富而集中，证明那里的环境挺健康，更反映了圆明园是鸟类重要的栖息地。"圆明园以前有湿地，而且西边还有一大片没人管的地方，植被都是自然生长，于是造就了很适合鸟类停留的生境，也是鸟种丰富的原因之一。"付建平对圆明园生境的来龙去脉了然于胸，而多年来的定期观测，也让她见证了鸟况每况愈下的变迁。

在圆明园的鸟类名单上，至今共录得14种鹀，而北京鸟类名录上录得的鹀共有19种，所以圆明园里记录的数字是很可观的。鹀是一种对植被有要求的迁徙鸟，其中最为人知的家族成员便是黄胸鹀（俗称"禾花雀"）（Yellow-breasted Bunting, *Emberiza aureola*），但因为生境消失以及被人大量捕猎食用，数量急剧下降，曾经是"无危"的状况，现已被世界自然保护联盟列为濒危物种。综合多方面的观察和数据显示，鹀在中国的数量有整体下降的趋势，圆明园也不例外。"以前在圆明园能看到很多种鹀，栗鹀（Chestnut Bunting, *Emberiza rutila*）、黄喉鹀（Yellow-throated Bunting, *Emberiza elegans*）、小鹀（Little Bunting, *Emberiza pusilla*）数量都很多，很容易看到，但现在都没有以前那么容易看到。现在走到圆明园，连鹀的叫声都不常听到，说明它的数量下降得很厉害。"喜欢看鹀的付建平语带惋惜地说，"鹀在圆明园的数量下降，跟环境变化有关，例如以前东边有很多天然灌丛与杂草，那是鹀喜欢的生境，但后来全砍了，换了观赏性的植被，草也换成了人工草坪，这些都不是鹀喜欢的生境。"

---

① 陈志强、付建平、赵欣如、丁长青，"北京圆明园遗址公园鸟类组成"，《动物学杂志》，2010年。
②《北京鸟类名录》，北京观鸟会，2014年。

除了鸦，圆明园另外一个变化很大的鸟种便是小䴙䴘（Little Grebe, *Tachybaptus ruficollis*），根据《北京圆明园遗址公园鸟类组成》报告，在1988年至1990年的调查里，小䴙䴘仍属罕见鸟，但在2002年至2008年的调查里，便已成为易见鸟，并有繁殖记录。不过，近年小䴙䴘的数量又下降，繁殖记录大幅减少。"以前圆明园东边，长春园和绮春园有很多小䴙䴘筑巢的记录，最多曾发现有18窝，很容易找到，因为那边的湖旁边有好的植被（所以它们有材料做巢），但现在要找一两个巢都很不容易了。"付建平如数家珍地说着小䴙䴘在圆明园的繁殖史。小䴙䴘的繁殖记录数量下降，不外乎是环境因素和食物供应的变化。曾有小䴙䴘繁殖记录的湖，湖里都种有挺水植物和水草，但后来因为园方改善水质的工程而大量减少，水草一捞，小鱼没地方繁殖，小鱼没了，小䴙䴘的主要食物也就没了。跟同在圆明园的福海湖区比较，那边的湖里没有挺水植物，别说小䴙䴘，连水鸟也很少见，可以证明水域生态和水生植物对鸟类尤其是水鸟的重要性。积极地看，小䴙䴘在圆明园多年来的变化，曾经从罕见鸟变成易见鸟并落地生根，可以想见只要改善生境，自然还是有恢复过来的可能。

唐代司空图的《二十四品诗》中有云："落花无言，人淡如菊。"这句诗用来形容付建平的观鸟态度挺贴切。很多鸟人看到漂亮至极或少见的鸟时，皆会心神激荡、喜形于色，但付建平总会找到一个让她淡然面对的理由，例如"走

付建平在内蒙古进行栗斑腹鹀的数量调查（傅咏芹提供）

到人烟稀少的保护区，看见不难""那些特有种，只要你走到它的分布地都能看见"。观鸟于付建平来说，是一种难得的缘分，不是刺激的冒险。每当她在熟悉的地方看到意想不到的小鸟，或者小鸟飞到她跟前的时候，她都会为这些与她有缘的小鸟而感到惊喜。"2003年春天，非典肆虐，没人出去看鸟，但那时候鸟况却特好。我如常在圆明园看鸟，某天在福海区一条沟旁边的一棵树上，看到12只白眉姬鹟（Yellow-rumped Flycatcher, *Ficedula zanthopygia*）！那种惊喜真是难以形容。"那是她唯一一次在一个地方看到那么多白眉姬鹟，事实上，笔者也很少听到在北京能在一棵树上看到那么多姬鹟。跟跑遍天涯看珍稀鸟比较，这种在自家门前发现的意外惊喜，才令付建平格外满足。有一次，她在圆明园做鸟调，她的同伴在退休后才开始观鸟，是一个"性格严肃、一板一眼"的人。二人做鸟调时，突然有一只赤颈鸫（Red-throated Thrush, *Turdus ruficollis*）飞到他们跟前，还让他们看个痛快才飞走。付建平问她的同伴："高兴吗？"同伴回答："六十多岁的人了，我现在很想'折跟头'。"这种突如其来的偶遇，让付建平特有感觉，"这么意想不到的，你会觉得跟它很有缘分，好像受到眷顾一样。这种惊喜，还能让一个一板一眼的人那么高兴，好像孩子一样，这就是鸟跟人的缘分。"

都市绿岛行的观鸟活动合影（付建平提供）

很多鸟人钟爱某些鸟点，除了因为难忘的经历，更多是因为跑得多，"日久生情"。虽然付建平较少往外跑，但她曾经因为参加了一个防治沙漠化的项目，连续五年的8月份都跑去内蒙古，此外还有一个栗斑腹鹀的调查项目，2011年至2014年的四年间，每逢春末夏初她都带着鸟调人员跑到内蒙古。所以，就算是新疆、云南这些让鸟人推崇备至的观鸟天堂，对付建平来说，都不及内蒙古那样令她情有独钟。"一个地方跑得多了，自然会有感觉，就算看到的鸟不多，但一旦看见新鸟种、发现新变化，便会格外兴奋，觉得很有意思。所以，我现在更愿意去做对一个地方持续观察和调查的项目。"付建平自言不是理科出身，纵使此前有圆明园定点观鸟的经验，但要她主持栗斑腹鹀的调查，还差一点信心。"栗斑腹鹀的调查，对我个人来说，我是从不知道怎么开始、怎么做，到有点概念，然后知道怎么做普查、鸟调，是一个很大的学习过程，可收获很好的经验。"

其实，从付建平答应当北京鸟会会长那天起，人生便是另一段学习过程。如同国内很多地方的鸟会一样，北京鸟会的成立过程也是一波三折，所以当赵欣如老师找她当会长的时候，她虽然很想帮忙，但也很直接地跟赵老师说了心底话。"当时我说，我不适合做会长，这有违我的做人原则，就是不当官、不从政、不高调，只做自己真心喜欢的事情。"赵老师跟她说，做鸟会会长不算当官呀。"后来我想，我就答应当会长，只要前期工作一做好我便撤。"付建平笑着说。结果这个"如意算盘"是打不着了，她一当便是十多年的会长，在任期间像栗斑腹鹀调查那样要她从头学习的项目，她都义无反顾地承担下来。只要是鸟会能力范围内该做的事，她都会尽力协助和促成。例如，北京雨燕的环志项目，是1998年由首都师范大学的高武老师带着学生在颐和园开始做的，但到2003年因为"非典"而被迫停下来。后来于2007年，北京鸟会把项目接过来做，照着高武老师的设计在同一地点做，直到2012年又因"非典"而暂停，期间还曾回收过11年前在北京环志的雨燕，付建平觉得特别有意义。2008年，当时是世界自然基金会驻华的首席代表郝克明，在卸任回美国前，跟鸟会说在北京发现鸳鸯（Mandarin Duck, *Aix galericulata*）的繁殖地，希望鸟会能把鸳鸯变成一个调查项目，

鸦是付建平喜欢看的鸟种，曾是圆明园很容易看到的鸟，现在已越来越少。图为黄眉鹀（Yellow-browed Bunting, *Emberiza chrysophrys*），2015年5月北京植物园（作者摄）

于是付建平便开始筹备。"真要做起来，才发现虽然鸳鸯是我们很熟悉的鸟，但原来要找鸳鸯在北京的文献很不容易，因为很少有人做过有关调查。"鸟会于2008年至2012年在怀柔的怀沙河、怀九河做定期调查，坚持每个月一次的巡查，后来又在水长城发现新的鸳鸯繁殖地。这些调查为鸳鸯在北京的记录填补了不少空白。

内地鸟会的项目除了靠基金拨款和捐助，不少都属志愿性质，工作人员最多只能获得微薄的补贴，很多时候都靠志愿者的热心，才能把鸟会的项目做下去。北京鸟会也不例外，"所以，我能做的事便是带头去做，很多活动如果没人带头奉献，就不容易做下去"。付建平谈到运行困难的情况时，特别感谢为鸟会无私奉献的热心鸟人。展望未来，她最希望鸟会能更正规化，然后是更专业化。她乐见在各个领域，参与的人都能找到他们发挥自己才能的位置，希望愈来愈多的人参与，而不是只有几个人在打拼。

余日东

——香港第一代本地鸟类专家

　　余日东在香港土生土长，小学时代开始接触观鸟，适逢香港观鸟会开始推动观鸟本地化之时，在林超英（鸟会首位华人主席）等多位资深观鸟前辈的提携下，成为鸟会第一位最年轻的会员，也是香港第一位取得米埔自然保护区通行证的未成年观鸟者（在20世纪80年代香港法律规定，只准年满18岁的成年人申请该通行证）。余日东2002年于香港大学环境科学系硕士毕业后，曾在环境评估顾问公司工作过一段时间，然后全力投入各种鸟类调查及志愿工作，并担任黑脸琵鹭（Black-faced Spoonbill, *Platalea minor*）全球同步调查的统筹人超过10年。除了致力推动本地观鸟，余日东多年来也热心推动内地观鸟和鸟会的发展，多次往内地协助开展鸟类调查的培训工作和交流经验。余日东2012年开始于香港观鸟会全职工作，任职研究经理，继续深化本地鸟类的调查和研究。

　　余日东观鸟的最初几年，可以说是见证了观鸟活动，尤其是米埔自然保护区的观鸟活动逐渐开放给大众的过程。现在若有哪个孩子说想去观鸟，家长可以选择的途径很多，无论是WWF、香港观鸟会或长春社等绿色组织，皆定期举办观鸟活动，当中有不少更是为家庭而设计。香港的观鸟地点不少，交通方便，观鸟工具如望远镜、鸟类图鉴等，大会多数会代为安排，万事俱备，只看家长和孩子有没有空而已。不过，在20世纪80年代的香港，一个小学生想去观鸟的话，可真的要多花一点心思和耐性。"我第一次参加在米埔观鸟的活动，是由WWF组织的。看了第一次，觉得很好玩，很想快些有第二次，于是自己向渔农自然护理署申请单日通行证，竟然批准了！可是下次再去信，已不批准了，只得继续参加WWF的观鸟团。第三次去米埔便遇上刘惠宁博士（Michael Lau，现任世界自然基金会副总监），当时他在带别的生态团，活动结束后，便带我参观了米埔很多我未去过的地方，教我观鸟。他见我如此渴望到米埔观鸟，便提议我加入香港观鸟会，参加他们的观鸟活动。"当时鸟会仍以英国人为主流，所有刊物和信息都以英文印制，还是小学生的余日东收到会讯后，看不懂大部分内容，只看见几个华人会员的名字，于是打电话到鸟会去，还不知究竟会问到什么出来。"当时鸟会的人告诉我，如果想参加由华人带队的观鸟团，最快要等到1月。我听了几乎要哭出来，那时候才11月，我要等两个月才可以看鸟呀！"哭也于事无补，余日东还是要等到1月，才等到资深鸟人李伟基先生带团到尖鼻嘴观鸟，时为1988年。"又等了两个月，鸟会组团到大埔滘观鸟，由林超英先生带队。这是我第一次到林子里看鸟，看到不少好鸟，所以那天很开心！后来我问林先生，可否继续跟他们去看鸟，碰巧4月便是鸟会主办的观鸟大赛，他们几个华人会员组队参赛，每个周末都会出动操练，于是我便跟着他们四处去观鸟。"自不待言，1988年的春天是余日东开始观鸟以来最开心的一季。

1988年的观鸟小队，左一为林超英，左五为余日东（余日东提供）

行证又不能进入，所以获取通行证便成为余日东的一大目标。过了暑假余日东升上中学，不久便迎来WWF主办的学界观鸟大赛，他当然立刻报名，在大赛里认识了在WWF工作的陈承彦（Simba Chan，现任国际鸟盟亚洲区高级保护主任），这便为余日东创造了另一个进入米埔看鸟的途径。"再后来，可能看到我对观鸟真的很有诚意，林超英先生替我写信向渔护署申请通行证，他们破天荒给未成年的我发了一张一年通行证，但条件是必须由林超英先生或李伟基先生陪同，我才可进入保护区。"此例一开后，余日东便为学弟学妹开了一道大门，后来的同学申请米埔通行证，条件已变得相对没那么严格了。余日东也成为全港第一个未满18岁便持有通行证的观鸟者，心愿达成后，他不用再望穿秋水等鸟会的活动，也可去米埔看鸟了。

　　余日东前后等了差不多一年才把通行证弄到手，中间还要大费周章、劳师动众，但他仍然坚持下去，原因很简单：他真的很喜欢观鸟，希望不停看下去，一有空便想去看。触发他对小鸟产生兴趣的是公共图书馆里的一本书——当时香港最通行的鸟类图鉴《香港及华南鸟类》。"自小我便很喜欢看动物，不论是书、画册还是纪录片，我都爱看。那天看到《香港及华南鸟类》，全书只讲香港雀鸟，好像很有趣，于是拿来看。那时还没有中文版，除了鸟名，全是英文，我看不懂，但也看得津津有味。那时心想：香港真的有那么多漂亮又奇怪的雀鸟吗？看到那些大雕，尤其是白肩雕（Eastern Imperial Eagle, *Aquila heliaca*），我真不太相信。可以说，如果不是白肩雕，可能我不会那么想去接触观鸟，因为我不相信香港会有白肩雕。"余日东笑着说。报名参加WWF观鸟团后，余日东很快便把图书馆借来的《香港及华南鸟类》看熟，爸爸送了他一副望远镜，带他到长洲和其他地方练习观鸟。"虽然我看不明白书里的英文解释，但凭着图画和中文鸟名，我开始认得不少雀鸟，例如大白鹭（Great White Egret, *Ardea alba*）、小白鹭（Little Egret, *Egretta garzetta*）、白骨顶（Common Coot, *Fulica atra*）等。所以，第一次跟WWF去米埔观鸟那天，我已认得很多鸟，同行的团友和领队都觉得有点奇怪，为何这个孩子能说出那么多鸟名。当我按着鸟书看鸟，找到，又认到，便感到很好玩，发现原来香港真的有那么多雀鸟，希望快些再来米埔看鸟。"余日东开始观鸟的第一年，图书馆里的《香港及华南鸟类》基本上都是他在外借，最后几乎给他翻破了。勤而有功，第一年看到、认到的鸟种已有180种，这对于一个初中生来说是很不错的结果。促使余日东对观鸟产生兴趣的白肩雕，在他开始观鸟后的一大段日子里都没看到，后来在拿了属于自己的米埔通行证后的第一个秋天，才在米埔看到。"看到白肩雕后，终于可以放下心头大石。"余日东笑着说。

每个鸟人心中都有一张名单，名单上的鸟都是鸟人的"心头大石"。在余日东的名单上，有不少鸟种都曾让他魂牵梦萦，也有些鸟是可望不可即的，例如1992年首次在香港南部水域出现的白腰燕鸥（Aleutian Tern, *Onychoprion aleuticus*）。白腰燕鸥在香港出现前，人们对其越冬地一无所知，只有菲律宾曾录得5笔记录。那年8月份，香港好些鸟人包括利雅德等租船出海看鸟，竟在一天里看到170多只白腰燕鸥，利雅德说："实在很震撼，这群燕鸥在一天里改变了我们对这个鸟种的分布认知！"当时余日东还是中学生，在鸟会会讯上看到消息也大感兴奋，只是当时出海看鸟殊不容易，鸟会还没开始办海鸟观赏的活动，他只能望眼欲穿。那个年代，没机会出海看海鸟但又想看的话，最好也只是跑到海边看，或在台风季节里碰运气，看看有没有海鸟被风吹到内陆来。余日东当时经常跑到鹤咀看海鸟，但一直都没看到白腰燕鸥。"直到大学毕业后，终于有机会出海，看到白腰燕鸥又可以放下心头大石。"自此之后，余日东自言最喜欢看海鸟，因为"喜欢大海，海鸟不易看，不易辨认（所以很有挑战性）"。每有出海的机会，余日东都积极把握，对海鸟的狂热也闻名香港鸟圈。后来余日东开始为观鸟会带团看鸟，只要是他当领队的海鸟团，必定很早满额。笔者也参加过几次他带队的海鸟团，哪怕海面波平如镜、闷出鸟来，也见他站在船头不停用望远镜扫视海面，一有发现，便会听到他对船家说"快去追！"，有鸟必追几乎是他看海鸟时的座右铭。他的首个香港第一笔记录，无独有偶也是海鸟。"那是2008年的事，那天我出海做海鸟调查，那片海面最多的海鸟是鸬鹚，顶多有些白腹海雕（White-bellied Sea-eagle, *Haliaeetus leucogaster*），其余乏善可陈。当我在点算鸬鹚的数目时，发现有一只奇怪的鸟浮在海面，乍看以为是鸬鹚，再看一眼才发现是潜鸟！第三眼再看，确认不是香港当时已有记录的红喉潜鸟（Red-throated Loon, *Gavia stellata*），是哪个品种我也心里有数，只是那只潜鸟是幼鸟，特征不算太明显，未能百分百肯定。回家后立马找鸟书来看，确认是黄嘴潜鸟（Yellow-billed Loon, *Gavia adamsii*），香港第一笔记录！"

余日东发现香港第一笔黄嘴潜鸟的记录
（余日东提供）

余日东经常接待不同地方的鸟友到米埔看鸟，当中很多人跟他都是莫逆之交（左一陈亮，右一刘阳）（作者摄）

当日回来后，余日东立刻把消息广传，第二天早上很多鸟人合租游船出海，成功把黄嘴潜鸟"批发"①了。利雅德在访问里笑着说，那次出海"推车"，算是他在香港最疯狂的一次。也只有在香港这个弹丸之地，才会发生一天之内从闹市出海搞定某种海鸟，晚上回到闹市的事情。余日东首个香港第一笔记录便是海鸟，既是运气，也是缘分。

　　谈到缘分，跟余日东最有缘的鸟，黑脸琵鹭必定位居三甲，他从1998年接触"黑皮"（鸟人对黑脸琵鹭的昵称）的项目后，至今都没放下过这个濒危物种。米埔自然保护区因其具有极高的生态价值，并为多个珍稀物种的重要栖息地，于20世纪90年代正式被定为拉姆萨尔湿地②，政府开始注资立项，在米埔进行保护管理。制定保护项目需要的

①　批发：观鸟的术语，指一群人同时看到目标鸟。
②　拉姆萨尔湿地：就是获《国际湿地公约》（Ramsar Convention，也称《拉姆萨尔公约》）认可，被列为国际重要湿地的自然保护区。公约于1975年正式生效，至今已有超过150个缔约成员，收录湿地超过1,800处。

数据，在多个鸟类调查的项目里，人们还没熟悉的"黑皮"便是其中一个项目。当时余日东大学本科毕业，正准备报读研究生，因缘际会的情况下，他便接手了为期两年的"黑皮"调查项目，而后来的硕士毕业论文，题目就是关于"黑皮"的生态。"政府出钱的'黑皮'调查只进行了1998、1999两年，报告出来后，政府每年都象征性地拨款出来给整个后海湾包括米埔进行生态保护工作，而整个地区都是'黑皮'很重要的越冬地，保住湿地，便有希望保住物种。在这前提下，'黑皮'算是受到保护的，但时至今日，都没有任何一笔资金专属'黑皮'的保护。"余日东解释说。香港并非"黑皮"唯一的越冬地，华南沿岸多个湿地都有它们的越冬记录，但直至20世纪90年代这些资料仍是一大片空白，人们更一度以为"黑皮"濒临灭绝。90年代初有一个叫汤姆·达莫（Tom Dahmer）的鸟人，因研究工作需要找"黑皮"的数据，但现存数据非常少。于是他开始四处收集"黑皮"的数据，主要靠各地鸟人自愿提供的数据，或者自己出资去做鸟调。汤姆靠着热心鸟人的帮忙以及自己四处奔走，在10年间建立了华南沿岸、中国台湾，以及日本和韩国的"黑皮"调查网络；更是于1993年开始进行全区域同步调查——各地的志愿者协议在每年1月第三星期抽出两天来进行"黑皮"的越冬数量调查，再把数据呈交给汤姆，由他来统筹和分析。"那时互联网仍未出现，各地鸟人要互相联络和协调其实很不容易，而且从没任何外来资金帮助他们，所有人包括汤姆都是志愿者。在这么困难的条件下，大家仍能把全区域同步调查办起来，没有点坚持是不行的。"所以，余日东很敬重汤姆和其他志愿者。后来汤姆离开亚洲，当时余日东刚好离开了环境评估顾问公司，又接触过"黑皮"的项目，便顺理成章接手，于2003年成为"黑脸琵鹭全球同步调查"的统筹人。"从汤姆开始，这个项目进行20年了，至今我们都没有任何资金支持，只靠大家一份热心。由这个项目，我看到只要参与者认识项目的重要性和意义，其实真的不会跟你计较时间和金钱。每当我们看到同步调查的结果，很多人都会自豪地说'我有参与'，我们知道自己在为一项曾经充满空白的科学认知而努力，所以项目才能维持至今，从没间断。"身为"黑皮"志愿者的余日东也自豪地说。每年年中左右，香港媒体都会等待余日东主持的"黑皮"调查发布会，看看这个物种和香港的湿地是否仍然健康。志愿者多年来的努力，加上媒体的宣传，很多香港人渐渐知道"黑皮"是一个环境指标——香港因为拥有米埔这片受保护的湿地，多年来来香港过冬的"黑皮"平均占全球总数量的18%，是它们的第二大越冬地（第一是台南）。在不少香港市民心中，"黑皮"已是香港的明星鸟。"综观20年的数据来看大势的话，整个地区的总数量的确有上升趋势，数量增加的地方包括中国台湾和日本，可是华南地区的数量却在不断下跌，下跌速度最快的地方是福建和海南岛，两地的跌幅皆超过50%，情况令人担忧。"作为"黑皮"代言人，余日东每年收到各地的数据时，都难免感到忐忑，最怕看到不明下降的数字，更怕听到哪片湿地又遭到破坏。

在很多文化先进的社会里，从事物种保护和研究的工作，虽然不是飞黄腾达的事业，但总能为研究者提供生存空间，很可惜香港并非这样一个地方。虽然香港的生物多样性资源很丰富，观鸟文化已存在数十年，但香港不仅没有鸟类学的学位课程，连动物学也没有，希望从事动物研究的有心人只能选生物系、生态系或环境科学系，博士毕业后想留在大学里继续研究动物是不太可能的，香港也没有任何官方的动物研究学院提供有关出路。香港的大学研究路不通，民间或绿色组织能吸收的动物学家亦很有限，而要像余日东这样独沽一味研究鸟类，则比"黑皮"找到另一个合适的越冬地还要难。可以说，生命科学里关于动物的研究，在香港仍然是一个荒漠区。"观鸟教我'很多事不能强求'。"余日东微笑总结他走过的崎岖不平的鸟类研究之路。在这种大环境下，从事鸟类研究，就像一棵植物要在沙漠里找水源，能做的是把根生长一点、把挥发水分的叶变成针状——对，这是仙人掌的生存之道，凑合一下，总算可以坚持下去。"我喜欢观鸟，因为这是一个'honor system'（讲求信誉的制度）。"余日东的意思是，你可以编一个不太过分的谎话，让别人以为你经常看到好鸟，技术很好。在没有照片的支持下，没人能证明你说谎，说谎的成本其实很低，但要长期坚持说真话的成本便变得高了。"所以，在观鸟界里若要获得别人认同，只能靠长期累积的信誉。通过努力提升观鸟水平，看到就看到，看不到便直说，日积月累的成果，一定会获得别人的信任和认同。"可以说，这是一种尊重"fair play"（公平竞赛）的精神，游戏规则或身处环境太苛刻吗？除非退出不玩，否则都要坚持公平原则，成果才是真实的。不论是坚持独沽一味，还是坚持一种规则，都是余日东的写照。"如果任你搬球门，一定射得中，还好玩吗？""fair play"精神，应该放诸四海皆准。

观鸟工具小包

 我的观鸟工具 ————————————————————

双筒：Swarovski 10x42
单筒：Swarovski ATS 80

　　　我推介的鸟书 ————————————————————

1. 尹琏、费嘉伦、林超英，《香港及华南鸟类》，香港特别行政区政府新闻处，2006年。
2. C. Robson. 2000. *A Guide to the Birds of Southeast Asia*. Princeton University Press.
3. L. Svensson, K. Mullarney, D. Zetterstrom, P. J. Grant. 1999. *Collins Bird Guide*. HarperCollins Publishers: London.
4. I. Lewington, P. Alstrom, & P. Colston. 1991. *Field Guide to the Rare Birds of Britain and Europe*. HarperCollins Publishers : London.
5. A. Harris, K. Vinicombe and L. Tucker. 1994. *The Macmillan Field Guide to Bird Identification*. Grange Books Ltd.

学院派观鸟人

佩尔·阿尔斯特伦

—— 来自瑞典的国际级莺类专家

佩尔·阿尔斯特伦（Per Alström）目前是瑞典农业大学系统分类与进化学教授，自小热爱观鸟，不到10岁已能分辨多种鸟类。长大后献身于鸟类分类学及演化研究，学术成就超卓，并多次发掘新鸟种，尤以莺类为甚，至今已在中国发现5个新种，其中在四川发现的只在中国繁殖的淡尾鹟莺（Alström's Warbler, *Seicercus soror*）更以他的名字命名。他是当代发现最多中国新鸟种的鸟类学家。佩尔自20世纪80年代至今多次来中国观鸟和进行研究，于2012年至2014年担任中国科学院客座教授，在他喜欢的国家研究他最热爱的东西——鸟。除了撰写大量学术著作，他也是两本鸟类图鉴的作者之一，在国内外的观鸟圈子里，被公认为少有在学术成就、野外考察上皆表现出色的鸟类学家。

跟英国一样，瑞典也是观鸟发展得很成熟的国家，孩子从小接触观鸟并没什么稀奇，但像佩尔那样沉迷于分辨鸟种，那可能算是少数。他不记得是怎样爱上观鸟的，但记得小时候家里挂了一幅海报，海报上印了150种瑞典鸟，他很快便掌握了这些鸟的形态和特征，并在后花园把好些鸟认出来了。"大概8岁那年，我和几位同龄朋友一起在离家不远的地方看鸟，那天我分辨出两种长相接近的柳莺以及一只林鹨（Tree Pipit, *Anthus trivialis*），从笔记上的记录来看，当时我不但能从表面特征认出小鸟，更能从鸣声分辨鸟种了。"正当笔者以为小小的佩尔这样热衷于观鸟，并认真地写观鸟笔记，必定是受父母的影响与指导，谁知在佩尔整个家族里，没有一个人喜欢观鸟，家人对自然的关注与普通大众无异。虽然父母没兴趣观鸟，但也从没反对儿子追求自己的爱好，在多次家庭旅行中，佩尔的父母也会让他一人往外跑去观鸟，所以佩尔很早便看过不少国外的鸟儿了。

如果科学的基本是观察、描述、分辨，那么少年时代的佩尔已具备科学家的雏形。那时他跟瑞典鸟会一起观鸟，有前辈找来一只草地鹨（Meadow Pipit, *Anthus pratensis*）给大家看，但佩尔觉得很奇怪，于是指出："这该是石鹨（Rock Pipit, *Anthus petrosus*），因为它脚的颜色很深，而草地鹨的脚应该是淡色的。"另一件为人津津乐道的事，则是在20世纪80年代，当鸟人一窝蜂地追看在瑞典极为罕见的布氏鹨（Blyth's Pipit, *Anthus godlewskii*）时，他也跑去看，却发现那是田鹨（Richard's Pipit, *Anthus novaeseelandiae*），另一种在瑞典较常见的鹨。不同鹨种之间不论是外形还

乌林鸮是佩尔最喜欢的鸟，在家乡乌普萨拉附近有一个稳定可见乌林鸮的繁殖地，佩尔差不多每年都会跑到那里看它们（佩尔摄）

是特征皆很相似，例如布氏鹨和田鹨，就算是资深的观鸟者也不一定能一眼分辨出来。佩尔不怕对方的观鸟资历比他深，敢于力排众议，只因他对鸟种的分辨早已了然于胸。为了好好分辨各种各类的鹨，佩尔除了看遍图鉴，还多次跑到博物馆看标本。"鸟书上说，如果没有叫声或歌声，草地鹨和林鹨在外形上基本不能分辨。我想，这不可能吧？于是我跑到博物馆，把两种鹨的所有标本拿出来看，逐一对比和检验，于是发现了很多区别！"自此，佩尔对分辨鸟种的热爱便一发不可收，他不但看，还写出来，所写的鸟类辨认文章经常刊登在当地的科普杂志上，那时他还是中学生而已，于是很快便在瑞典鸟圈建立了声誉。话说有瑞典观鸟团看鸟时，团中有人问："这真的是某某鸟吗？"然后有人回答："肯定是！因为佩尔说它是。"佩尔年纪轻轻便已练就一身观鸟好武功，绝对是"英雄出少年"的最佳例子。

很多科学家都是自小热爱科学或大自然，把爱好变成主修科目，然后视之为终生事业。不过，佩尔的鸟类学家之路却并非如此顺理成章，来自医学世家的他，原来曾经想过跟父亲那样学医。"医学是很有趣的科目，我乐在其中，但对我来说小鸟更加有趣！再说，世上的医生够多了，不缺我一个，但鸟类学家却少得很。"佩尔轻描淡写地交代了自己"弃医从鸟"的决定，最后他读了一年医学后，还是改变主意，修读了生物学，博士学位是系统动物学，研究动物分类，这也奠定了他后来的事业方向。

两度荣获美国电影金像奖最佳导演的李安，曾一度想放弃拍电影，跑去学电脑以贴补家计，他太太知道后，便对他说："学电脑的人那么多，又不差你李安一个。"于是他继续坚持他的电影梦，我们才得以看到《卧虎藏龙》《断背山》《少年Pi的奇幻漂流》等优秀电影。佩尔把爱好变成学业，孜孜不倦地把它变为终生事业，也为我们带来很多科学新发现，其中便包括好几种中国莺。佩尔早在1984年跟厄本·奥尔森（Urban Olsson；他们是多年友好，两人在国内外共同发现不少新鸟种）来中国观鸟，首个难忘经历却跟观鸟无关，而是从香港到福州

佩尔从小便有做观鸟笔记的习惯，不单是文字记录，还有鸟类辨认的心得（佩尔提供）

的一趟火车。"你猜这趟火车要开多久？足足45小时！还是硬座！满车厢的人都在抽烟，车里老是亮着灯，不停播放各种音乐，简直可怕！"这可怕的45小时阻挡不了佩尔对中国的好奇心，此后多年他总是找机会来中国观鸟、做研究。如果你问他最喜欢在中国哪里观鸟，他必定给你一个痛苦的表情，因为他喜欢的地方实在太多了，每个省份都有吸引其之处，让他难以取舍。"中国得天独厚，在东北方有泰加针叶林，青藏有高原，内蒙古有大草原，西方又有天山、阿尔泰及喜马拉雅山脉，南方则是亚热带的环境，东部还有沿海湿地，每种生境都有不同的珍稀鸟种，整体来说是生物多样性很丰富的国家，实在有太多的东西可以去看和研究！"不过，佩尔热爱观鸟的出发点是分辨难认的鸟种，越难分辨的他越喜欢，在众多公认难辨的鸟种里，莺类可以说是难中之难，而中国莺类分布较集中的地方就在四川，所以四川绝对是佩尔跑得最多的地方之一。

　　在佩尔参与发现的众多中国莺类新种里，很多都在四川发现，而以他名字命名的淡尾鹟莺，就是在峨眉山被发现的。1987年，他和厄

淡尾鹟莺的英文名以佩尔的姓氏命名，其鸟类分类学的成就可见一斑
（Michelle & Peter Wong摄）

本在峨眉山观鸟，从山脚爬到山顶，在不同的高度收集了很多有趣的
鹟莺鸣声，当时就留意到一种很特别的现象。"在山脚听到的鹟莺鸣
声比较简单，再高一点的便变得复杂，但再爬高一点的鹟莺鸣声，又
变得简单。当时我们想，这大概是个体的不同歌声吧，并没想到是物
种的区别。"往后几年，佩尔却总放不下这个发现，像所有科学家相
信每个现象背后都有原因一样，佩尔不明白为何在同一个山上的鹟
莺，在不同高度会有不同的鸣声？于是他很快便假设它们是不同物
种，然后和厄本又回到峨眉山找答案。这次他们采集了很多鹟莺的样
本，对比它们的外表特征和鸣声，发现除了形态上的区别，这些鹟莺
只会回应自己的鸣声，而这是鸟类分类学里一项最有力的证据。当时
他们已辨认出峨眉山中段的是峨眉鹟莺（Martens's Warbler, *Seicercus
omeiensis*），再高一点的是比氏鹟莺（Bianchi's Warbler, *Seicercus
valentini*），但山脚那段所收集的歌声却不属于这两种鹟莺，而是一个
问号。当时关于鹟莺的文献不多，而且很多的内容都比较混乱，他们
不得不跑遍欧美甚至中国的博物馆，把能看到的鹟莺标本都拿来研究
和对比，想找出那个问号的真正身份，最后经过多番考证，终于证实

峨眉山山脚的鹟莺属于新物种，并在1999年发表了辨识的论文，确立了其身份。当时佩尔和厄本只为淡尾鹟莺定了学名*Seicercus soror*，但当权威鸟书《世界鸟类手册》（*Handbook of the Birds of the World*）把淡尾鹟莺列入名录时，需要一个英文名称，于是编辑便问佩尔可否用他的姓氏，把它命名为Alström's Warbler，佩尔说："不好！我会很尴尬的！"不过，后来编辑还是不管佩尔的反对用了这个名，自此峨眉山便多了一种"阿尔斯特伦的鹟莺"了。

　　同样在峨眉山上佩尔参与发现的新鸟种里，对中国鸟人来说更具深远意义的，便是2014年确认的四川短翅莺（Sichuan Bush Warbler, *Locustella chengi*）。其发现和确认过程跟淡尾鹟莺大同小异，但不同的是参与确认工作的还包括中国、瑞典、美国、英国和越南5国共16位专家和观鸟者，更重要的是，这是首次以中国科学家命名的鸟，其学名里的种加词 "*chengi*" 便是取自我国已故鸟类学家郑作新院士的姓氏。佩尔于20世纪80年代来中国观鸟时，已跟郑作新院士碰过面。"在我的印象中，郑作新先生热衷于鸟类研究，而且很热情地招待我们。当时中国的鸟类学家不多，观鸟者更是绝无仅有，所以郑老令我对中国观鸟留下很深的印象。"此后多年，郑院士也热心协助佩尔在国内的研究工作。小小的四川短翅莺应该不知道，小鸟不单成就了很多段类似郑院士和佩尔的中外友谊，自己的命名还原来是一位鸟类学家对另一位鸟类学家的敬意和纪念。

四川短翅莺是佩尔和多国鸟类专家一起发现的新鸟种，也是首个以中国人命名的鸟种（佩尔提供）

　　把鸟种分辨开来，便要找出鸟种和鸟种之间的关系，了解种与种之间的关系，必定牵涉其演化历史。物种分类的研究，必定涉及系统分类与演化学这个领域，就是建立物种的"演化树"，列明具有共同祖先的物种之间的演化关系的树形图，这也是佩尔的研究内容之一。在物种分类的研究里，鸟类确实是一个挺特别的物种，由于它们会做长途迁徙，相比起很多种动物来说，其演化历史发生过很多有趣的变化，甚至经常演变出不同的地理亚种。例如，属于印度尼西亚小岛布鲁（Buru）的特有种马丹绣眼鸟（Rufous-throated White-eye, *Madanga ruficollis*），2014年由佩尔经分子鉴定确认为鹡鸰亚科（Motacillidae，包括鹡鸰与鹨），最接近的亲属是林鹨。这完全出乎众人的意料，因为无论从外形、叫声还是生境来看，马丹绣眼鸟跟鹨，甚至鹡鸰都风马牛不相及，但原来二者竟然来自共同的祖先，这就是趋异演化（divergent evolution）的好例子。佩尔估计，马丹绣眼鸟的祖先跟鹨一样也是长途迁徙鸟，有一部分来到小岛后，便在这里落地生根。小岛的生境是森林，而鹨的生境是田野、平原，马丹绣眼鸟的祖先来到这里，为了适应截然不同的生境，在觅食与繁殖行为，甚至外表形态上也渐渐变得面目全非，就像变魔术那样令人啧啧称奇。

跟趋异演化同样有趣的掩眼魔法，便是趋同演化（convergent evolution），而最佳例子便是深受中国鸟人宠爱的丽星鹩鹛（Spotted Elachura, *Elachura formosa*）。丽星鹩鹛的外形、行为和生境跟鹩鹛类十分相似，所以一直"掩人耳目"地隐藏在鹩鹛家族里，但佩尔于2014年经分子鉴定，发现这个小家伙的祖先不但跟鹩鹛毫无关系，而且其直属近亲都已统统灭绝，只剩它一种，所以现被归类自成一科，丽星鹩鹛科（Elachuridae）。"毫无血缘关系的鸟种，身处在相同的生境，吃着相同的食物，久而久之演变出了相似的外形和行为，这印证了演化力量的存在，也是我觉得非常有趣的地方。"

从家里墙上的海报辨认小鸟开始，到在家附近凭叫声分辨莺，直到现在成为研究鸟类分类的鸟类学家，一切都从观鸟、认鸟开始，所以佩尔感到最快乐的时候，也是拿起望远镜跑到野外寻找小鸟的时候。不过，佩尔的研究工作繁重，家里两个孩子年纪尚小，能够自在观鸟的时间实在不多，他自言待在实验室或伏案写论文的时间远远多于拿起望远镜的时间。是以，当他在北京家中的厨房窗外，看见树上款款唱歌的黄眉柳莺（Yellow-browed Warbler, *Phylloscopus inornatus*）和黄腰柳莺（Pallas's Leaf Warbler, *Phylloscopus proregulus*）时，都足以令他感到难以言喻的欣慰。佩尔给笔者印象最深的画面是，每当我们开车到野外看鸟，中途有鸟影掠过时，他都会让我们停下来，走到车外仔细观看一番，哪怕只是一只常见鸟，他都贪婪地看，直至它飞走为止。笔者不止一次看到佩尔一边看鸟，一边打从心底里叹息说："噢！我真不想在周末看鸟，我想天天都看鸟！"这种恨不得把整个生命倾注在观鸟上的热情，绝非笔墨所能形容。

佩尔不但不放过每一个看鸟的机会，而且很喜欢长时间盯着同一只鸟，往往看上个把小时也乐此不疲。"首先，我可以把这种鸟的形态看个烂熟，还可能发现一些以前没留意的特征，甚至会发现一些我没见过的行为呢！"佩尔永远都在追求尚未发现的鸟类知识，这已不是观鸟，他是从小鸟身上观照演化这只奥妙大手。

在拉萨考察，1987年4月（厄本·奥尔森摄）

观鸟工具小包

 我的观鸟工具

双筒：Swarovski EL 8.5×42
单筒：Swarovski ATX 30−70×95

 我推介的鸟书

1. I. Lewington, P. Alstrom, & P. Colston. 1991. *Field Guide to the Rare Birds of Britain and Europe*. HarperCollins Publishers: London.
2. P. Alstrom, K. Mild, & B. Zetterstrom. 2003. *Pipits and Wagtails of Europe, Asia and North America: Identification and Systematics*. Christopher Helm/A&C Black: London; Princeton University Press: Princeton.
3. L. Svensson, K. Mullarney, D. Zetterstrom, P. J. Grant. 1999. *Collins Bird Guide*. HarperCollins Publishers: London.
4. C. Robson. 2000. *A Guide to the Birds of Southeast Asia*. Princeton University Press: Princeton.
5. P. C. Rasmussen, J.C. Anderton. 2005. *Birds of South Asia: The Ripley Guide*. Lynx Edicions.
6. *Handbook of the Birds of the World*. Lynx Edicions.

在拉萨附近一个4,500米高的山头露营，观鸟及采集鸟类鸣声（佩尔提供）

在瑞典看海鸟，1990年（厄本·奥尔森摄）

佩尔还有绘画的才华，以前比较有空的时候，他喜欢画小鸟（佩尔提供）

刘 阳

——新生代鸟类学者

　　刘阳是土生土长的北京人，初中时就开始观鸟，自此对生物学产生浓厚兴趣，并以生物研究为志向。他于北京师范大学获动物学硕士后，先后负笈到瑞典和瑞士留学，于2011年在瑞士伯尔尼大学获生态和演化生物学博士学位，2012年开始成为广州中山大学生命科学学院的副教授，并从事鸟类群体遗传学和系统地理学、中国鸟类区系分类与保护学研究，目前正进行环颈鸻（Kentish Plover, *Charadrius alexandrinus*）和白脸鸻（White-faced Plover, *Charadrius dealbatus*）的物种分化研究。在学术研究和教学以外，刘阳担任《中国观鸟年报》和《中国鸟类名录》的主编多年，是国内为数不多在学术研究和野外考察皆有一定造诣的鸟类学家。

　　观鸟作为一种爱好或消闲活动，在中国起步甚晚，但作为鸟类研究的一种手段，则已有一定历史。在过去一百年里，成就非凡的中国鸟类学家为数不少，其中包括郑作新、郑光美和任国荣等殿堂级人物，他们的科学发现和学术贡献影响了众多有志投身鸟类研究的后人，而他们曾献身的大学，也或多或少成为鸟类研究者投身的目标。刘阳目前任教的中山大学，便是任国荣的母校。任国荣于法国留学后回到中山大学当生物系教授，留学期间于中国西南采集鸟类标本时发现未被命名的新鸟种，后被定名为"国荣鸟"（Gold-fronted Fulvetta, *Alcippe variegaticeps*），任老可以说是不少鸟人十分尊敬的"偶像"。任国荣的学术道路自是不少国内学子的理想，而从欧洲留学归来的刘阳，于中山大学从事其儿时立志投身的科研事业，在教学之余从事鸟类研究，正努力走着前人的路，一步步地迈向他的学术理想。

　　刘阳成长于北京近郊的大院里，自幼喜欢亲近自然，旁边的西山和门前的京密引水渠是他的"游乐场"，课余时经常跑去看各种小动物，抓小蛇回家玩。刘阳自言，从小至今的爱好甚多，看鸟期间也同时喜欢蝴蝶，有一段时期更迷上集邮，观鸟得以在芸芸爱好中"脱颖而出"，跟初一那年加入生物兴趣小组很有关系。"小时候已爱到野外玩耍的我，在初一上了第一堂生物课后，便毫不犹豫地加入生物兴趣小组。后来跟着参加海淀区园林鸟类的调查项目后，觉得很有意思，于是便正式开始观鸟。"生物兴趣小组的第一堂来了很多同学，但渐渐地便愈来愈少，很多学生都转投了语文、数学等更有利于学业的兴趣小组，生物在别人眼里顿成"副科"，乏人问津，但刘阳并不这样想。"生物是有生命的东西，莺歌燕舞、鸟语花香，这是一个多么生机勃勃的世界啊。"有时候，周末也要参加兴趣小组的活动，刘阳并不觉得是负担，或妨碍了学业，在参加活动之余也花了挺多时间去读生物学的书，读得津津有味。可见一种真正的爱好，是不会让人觉得"浪费时间"的。现在刘阳处于工作、家庭两忙的人生阶段，观鸟更变成一种不可或缺的减压方法。"就是忙得不可开交时，会跟自己说'忙完这事便要去好好观一下鸟'，于是动力来了。"

　　观鸟得以成为刘阳持之以恒的爱好，绝对是天时地利人和的结果——时间许可、老师指导、环境条件充足等因素，让刘阳在学生时代充分享受课余时培养的爱好，而这种爱好更奠定了他日后的人生道路。"我就读于北京101中学，那时下午3点多下课，学生还是有挺多自由时间去做自己喜欢的事情。学校就在颐和园、圆明园附近，有时走到那儿锻炼、跑步，就能看到新鸟种，所以挺高兴的。"那时候物资短缺，望远镜不是人人皆得的工具，刘阳很多时候都是用肉眼看，太远太小的鸟都看不到，所以，当时看得最痛快的便是鸭子。"首先鸭子比较大，容易看见。后来生物课老师买了一个望远镜，我记得是日本品牌'樱花'，那时我是生物兴趣小组的成员，于是便向老师借了望远镜去看鸟，跑到圆明园看绿头鸭。哗！看到那绿色就觉得很漂亮。然后又借给同学一起看，大家都觉得很好玩，我当时感觉还挺威风的。"刘阳说起中学时代观鸟的点滴，不禁会心微笑。

刘阳在野外工作（余日东提供）

　　不论是在观鸟之路还是在学术之路上，刘阳一直遇到不少良师益友，在北京师范大学上学时，参加了赵欣如老师主持的"鸟类环志与保护"的选修课，跟赵老师到北戴河观鸟和学习环志工作，对鸟类的认识又加深一层。后来在这课堂上认识了学弟雷进宇，两人因观鸟和集邮等爱好而成为挚友，多年来不时同行观鸟，雷进宇现在同样是《中国观鸟年报》和《中国鸟类名录》的编辑。在大三那年，刘阳以大学生志愿者的身份，参加了在北京举行的世界鸟类学大会，在那里认识了香港观鸟会的观鸟专家余日东，此后两人亦成为莫逆之交。余日东当时认为刘阳甚有潜质，于是一有机会便邀请他同行观鸟，2003年他便带着刘阳和雷进宇到四川云南交界的大雪山找绿尾虹雉，2004年又带着刘阳参加香港观鸟会主办的

洞庭湖观鸟赛，左一雷进宇、左二余日东、右一刘阳（余日东提供）

观鸟比赛。后来余日东极力鼓励刘阳出国留学，继续在他理想的科目里深造。刘阳在瑞典乌普萨拉大学攻读硕士时，便认识了国际级鸟类学家佩尔·阿尔斯特伦，在学术上和观鸟上皆受益匪浅，后来佩尔在四川发现的新鸟种四川短翅莺和重新分类丽星鹩鹛[1]，刘阳便属于其团队一员，参与发表以上两种鸟的学术论文。

　　在国外留学几年，现于国内从事研究，刘阳体会了两种截然不同的体系和文化价值，也让他在研究方面多了一个视角，了解不足之处后，知道该在哪里用力。"中国有1,400多种鸟，比欧洲还多，但人家的基础研究做得很足，哪怕是很普通的鸟，它的繁殖地在哪里、蛋是怎样的、换羽毛是怎样的，你拿一套工具书来看，上面都有说明。可我们去西藏看鸟，很多鸟的巢、蛋，都没有人采集过，不知道它们是怎样的。在国内，很多鸟的数据还是空白的，所以很多时候都要从基础做起。"国内的鸟类研究虽然起步不算太晚，但碍于历史原因和资源问题，始终跟国际标准还有一段距离，而更重要的原因，也跟文

---

① 四川短翅莺和丽星鹩鹛的发现，详情参见本书佩尔·阿尔斯特伦的访问。

化有关系。"西方国家的自然教育从小开始，我的外国同学就算不观鸟，对身边的鸟类皆有个感觉，可以说出大概鸟种，例如可以分辨出鸻、鹬等。所以就没有刻意说自然或不自然，因为他们从小就认识。整体来说，一般人对大自然的理解，西方社会的起点已很高。"有了这种文化观察，刘阳有一次跟自己的学生谈论起"保护生物课"（Conservation Biology），想看看全国最好的几十所大学里，有多少开设了这门课。"结果发现只有三分一的大学设有这门课，其实这门课应该设为通识课，所有学生都可以选修，这也是一种有效推广保护教育的手段。"对大自然的观察和认识不是理科生、专家和学者的专利，将自然知识视为常识，可体现一个社会的文化高度。

　　刘阳作为鸟类研究的学者，认为保护教育基于知识上，除了研究工作外，还做了超过10年的《中国观鸟年报》和《中国鸟类名录》的编辑，对中国鸟类分布与数量的认识多了，但同时也体现了亚里士多德的名言"懂的愈多，发现不懂的更多"。"现在看鸟、拍鸟的人多了，我们收集的数据比以前多了很多，会发现从前以为是罕见的鸟原来并不稀少。类似的发现，都在反映出中国观鸟的空白地区还是很多的。所以，目前要以这10多年的数据来总结什么，为时仍尚早。"既然中国在鸟类研究的基础上仍有许多不足和空白，作为科研人员的首要责任便是去观察、研究和分析，因此刘阳在教学以外的重点工作，便是埋首于鸟类研究，目前重点研究的项目便是环颈鸻和白脸鸻的物种分化。环颈鸻是中国最常见的迁徙水鸟，跟外表很相似的白脸鸻同样分布在中国东部沿海地区，繁殖地也有重叠，所以一直被错误归为同一物种，直至2004年才有人正式在国际鸟类刊物上发表文章[1]，把两种鸻分开来。不过，这项分类只以表面特征和行为来分析，两种鸻在分子

---

[1] Peter R. Kennerley, David N. Bakewell and Philip D. Round. 2004. *Rediscovery of a long-lost Charadrius plover from South-East Asia*. Forktail.

层面上究竟有多少分别，目前还没有定论。刘阳目前做的研究，便是分析两种鸫的基因，希望从分子层面上找出更多真相。"虽然两种鸫表面上很相似，又会混群和交配，但在行为上却有所不同，如果它们的基因组分析表示两者在分子层面上的区别很大，那就说明两者在演化上正发展出区别。那么，我们现在便正在目睹物种分化的过程，也就是说两种鸫是正在进行分化的物种。"刘阳解释说。

谈到鸟类研究的时候，刘阳认为不能只研究罕见鸟，毕竟数量太少又不易看见，数据太难收集，所以研究常见鸟更为重要，也更有科学意义。不过作为鸟人的他，观鸟时却跟很多鸟人无异，都很喜欢追看珍稀鸟，其中最为他自豪，所谓在"来福"名单上能"拿出手"的亮点，则一定是白尾梢虹雉①。为了追看它，刘阳前后跑了三次，都跟它失之交臂，最后2013年终于在高黎贡山圆梦。"人家都说要看白尾梢虹雉得爬上山顶，于是第一次去找，便是高黎贡山的山顶，但爬到下午3点多还未到顶，唯有放弃。后来有一次真爬到山顶了，但天公不作美，下雨了还起雾，什么也看不到。2013年还是去高黎贡山，那时是3月份，比别人说看到的时候还要早，山上还有雪。爬到山顶，在那里待了一夜，隔天找了整个早上还是看不到，唯有再次放弃。走到下午的时候，却在山坡看见它慢慢走出来！当我以为自己又失败的时候，便终于看见，而且在比预想海拔低许多的地方，实在意想不到，所以很兴奋。"刘阳提到虹雉，仍难掩兴奋之情，毕竟虹雉是很多鸟人的"梦中情人"，喜欢挑战高难度的鸟人更会以最短时间内集齐中国三种虹雉为目标。虽然白尾梢虹雉是三种虹雉里公认最难看到的一种，但刘阳回想起第一种看的虹雉——绿尾虹雉时，心情也是很激动的。与其同行的余日东说："第一次去找绿尾虹雉，是2003年去大雪山，同行还有雷进宇。最后是走在最前面的老外看到了，我们走得慢，没看见。

---

① 白尾梢虹雉分布于云南西北部和西藏东南部，以及印度东北部和缅甸东北部。

刘阳和余日东拿着一起合著的观鸟书（作者摄）

后来他们几个北京哥们收集情报的能力高了，知道在四川卧龙有虹雉，于是2006年我们几个便出发去四川，最后在山坡上用单筒望远镜找到，看到虹雉后我们都激动得互相拥抱起来！"一只虹雉，把几个感情要好的哥们聚拢一起，成为他们友情的一个漂亮脚注。

　　刘阳和余日东因观鸟结缘，这段友谊不单由多次观鸟之旅组成，两人在工作上亦有不少合作往来，一个是学术研究，一个是野外考察，多年来共同撰写过多篇鸟类研究的文章和报告。2014年，两人更联同新加坡鸟类与生态研究生及多本图鉴的作者杨鼎立[1]一起出版了《中国鸟类图鉴》（*Birds of China*（*SE*）），一本小巧实用的野外工具书。该书虽小，但由来自三个不同城市、不同专业的年轻人合作撰写的中国鸟书，这算是第一次，可以说是开了一道"希望之门"——只有各方专家能自由交流、合作和发表，而不是各自闭门造车，才能把中国鸟类研究的空白填补起来。

观鸟工具小包

 我的观鸟工具

双筒：Swarovski 8×42

---

[1] 杨鼎立（Yong Ding Li）曾出版的图鉴包括 *Guide to the Birds of South-East Asia*、*Naturalist's Guide to the Birds of Singapore*、*The Avifauna of Singapore* 等。个人网站 https://dingliyong.wordpress.com/。

赵欣如

——让专业知识普及化的
观鸟教育家

　　赵欣如于1978年考上北京师范大学生物系，毕业后留校担任助教，后为动物学系副教授，并任中国鸟类学会观鸟专业委员会委员至今。在四合院长大的他从孩提时代已很喜欢观察动物，接触生物学后更让他明白，鸟类的学术研究固然重要，但走出学院、把自然科学普及化同样重要，于是多年来以推广观鸟为手段，把自然科学的种子撒播到四方。一直只让专业人士接触的鸟类环志的知识与技术，赵欣如很早已提倡把它普及化，让公众学习和参与；由他设计内容与任教的大学选修课"鸟类环志与保护"，不但成为北京学院路18所高校的公共选修课，多年来更启蒙了多位鸟类专家。赵欣如筹办与主持的鸟类学讲座"周三课堂"，面向公众传授观鸟知识，举办至今已接近20年，培养了不少观鸟人才。多年来的课余时间，赵欣如不分阴晴地带着学生与公众人士到北京野外观鸟。于2000年年初成立的北京观鸟会，他便是策划与统筹的核心人物，而北京第一本鸟类图鉴《北京鸟类图鉴》也是由他一手促成与编著的。赵欣如几十年来为推广观鸟不遗余力，以科学为手段、人文精神为标准的观鸟原则，让他成为北京观鸟史上不可或缺的重要人物。

　　西方文化所指的"观鸟"概念，在中国出现不过十多年的事，但就算是鸟类专家也不否认，孩子天生便是"自然专家"，大卫·艾登堡[1]便多次说过，"我没见过一个不喜欢自然和动物的孩子"，所以谈到观鸟经验（或观察其他动物），很多中国孩子其实早已拥有，赵欣如也不例外。在他三岁那年，外祖父把一家从山西迁居至北京，四合院里偌大的院子便成为赵欣如观察动物的发源地，院子里种着杏、梨、山桃、海棠、葡萄和白丁香等树木，他至今还记得这些树的数量，以及长在院子里的哪个位置。赵欣如回忆着他人生第一个"自然天地"时，回味不已。四合院的植物情况不错，常年吸引了不少鸟、虫等小生物，赵欣如记得某个冬天，他看到一种很特别的鸟。"我家北户的房子都是带着窗的，可以从玻璃窗看到院子。有一天，我从窗里看院子，在最南方的海棠树上落了一群鸟，我一看，哎哟，我没看过这种鸟。它比麻雀大，身上还有彩色的斑，头上长着'凤头'。"这便是北京常见的冬候鸟太平鸟（Bohemian Waxwing, *Bombycilla garrulus*），当时赵欣如不知道它们的名字，只是觉得特别好看。"我们家院子里的树结了好多果子，我们都吃不完，于是会挂一些在树上。冬天时果子都冻得硬了，于是太平鸟不停地啄，老是围着海棠树想吃果子，不走。我就看了许久，除了看它们吃果子，还听到它们细碎的叫声，实在太美妙了！"赵欣如笑着说，如果不计没有用上望远镜，这算是他第一次观鸟。

　　观鸟的定义其实可以很广泛，只要在适当的距离、能看清楚鸟儿，就算不用望远镜，也是观察的一种。毕竟观鸟不只是把鸟的特征看清楚，还包括观察它们的行为与活动，所以赵老师的四合院观鸟记，跟很多国外观鸟者在自家花园所做的并无二致。在中国社会里，很多孩子就算喜欢大自然和动物，也不一定把爱好变成学业，这可能跟传统

---

① 大卫·艾登堡是英国广播公司的电视节目主持人及制作人、自然科学专家，多年来监制及主持过多不胜数的自然纪录片，可谓电视广播界家喻户晓的大人物。

中国文化的看法很有关系：研究动物不能算是学问，甚至是不务正业，必为长辈所反对。"以前一直认为这（喜欢动物）就是玩，无非是我喜欢，直到看到一篇文章。"赵欣如指的文章，便是《北京文艺》杂志里，一篇介绍中国著名鸟类学家郑作新的文章——当时正在国外做研究的郑作新在博物馆里看到红腹锦鸡（Golden Pheasant, *Chrysolophus pictus*）的标本，他被红腹锦鸡极度华丽的样子深深震撼，继而唤起了他回国研究鸟类的愿望。"我看了那篇文章就很激动，原来喜欢动物、小鸟也可以是一门学科，可以成为一门专业！一下子就被启发了。"于是，他顺理成章地把爱好变成学业，成功考上了北师大生物系。

成为生物系学生的赵欣如过着如鱼得水的生活："除了鸟类，我其实也爱兽类，更爱昆虫，所有宏观的生物题目我都喜欢。"课余和周末的时间，赵欣如都会跑出去观察动物，当然包括观鸟。生物系从20世纪50年代开始便批量买进望远镜作教学工具，赵欣如因利成便，可以借望远镜去观鸟。"我多在校园本部和南部观鸟，南部有几家实验室，没几个人会去，那里有绿化队的苗圃，是看鸟的好地方，当时在校园里能看到100种鸟左右。"热爱生物的赵欣如，不甘于只在校园里观察，大二那年，他和几个同学打算在暑假时自费去湖北的神农架做野外考察。"那里的生物资源很丰富，有金丝猴，还有很多珍稀物种，对我们来说非常有诱惑力。大家都觉得这是一个考察的好计划，于是把这种想法告诉了郑光美教授。岂料教授说：'我不建议你们去神农架，因为你们还是学生，跑到神农架那里，很多物种你都不认识，还做什么科学考察？生物考察的基础就是辨认物种，先认好物种才能做数量的统计。'我们听了就很受打击，学了生物知识就想跑到野外研究呀。"不过，郑教授并非要他们打退堂鼓，而是给了他们另一个好点子——去小五台山做夏季鸟类调查。教授的理由很简单，暑假正值鸟类繁殖的季节，而繁殖期间的鸟类游荡性不高，基本都在一定的范围里活动，小五台山作为河北省最高的山，在不同高度住着不同种类的鸟，这些条件综合起来是很适合做鸟类调查与考察的。郑教授给他们的功课起了题目"小五台山夏季鸟类垂直分布"（就是在同一座山的不同高度调查鸟类的分布与活动），还说"如果这题目做得好，可以是毕业论文"。于是这几个热爱生物的小伙子便立马准备，四处搜罗考察物资和工具，跑小五台山去了。结果这题目不单大大有助于他们的学业，赵欣如还连续5个暑假都去了小五台山做同一个题目，每次皆持续考察15到20天不等。"现在看来，这个调查虽然是很初级的水平，但它是很好的学术研究入门训练，对我来说是一个里程碑。"

小五台山的考察对赵欣如影响良多，但也带来不少感触，其中一件，便是深深体会了在奥妙无比的大自然面前，人类的认知永远是那么不足，这对当时仍是生物系学生的赵欣如来说，尤其难忘。"我们几次在小五台山的考察都是自己去的，郑教授会在出发前后给我们详细的指导与分析，但到野外去的工作我们全得靠自己。虽然我对鸟类是那么感兴趣，比别人花了更多工夫去学习、看书，可是到了野外，发现自己不认识呀，相当多的鸟都不认识，有无从下手的感觉。当时我们带了《中国动物志》和《系统分类检索表》，能带去的工具书都带去了，但没有图鉴、鸟的照片，看到这么多鸟都不认得，有捶胸顿足的感觉。每天晚上要整理数据、处理样本，在不认得鸟的情况下，我只能给这些样本标上号码，简单记录一下特征，还会把它们站起来的形态画下来。那时候想，如果有一本鸟类图鉴在手该多好呀！"虽然这并非多年后赵欣如大力提倡出版鸟类图鉴的直接原因，但类似由困难而激发的"感到条件不足、必须改变与进步"的体验，肯定是促使赵欣如如此努力推广观鸟的深层原因之一。

综观中国的鸟类研究史，学术界和体制里不乏鸟类学家和研究人才，但相关的知识和技能一直没有广泛流传于民间，情况跟其他界别的学术研究差不多——学院里的学问不为民间所接触，学术阶层跟民间主流文化总是产生隔膜。比方说，研究猛禽的学者，极可能没有民间的驯鹰人士那样熟习猛禽的特性，甚至缺少他们那样丰富的野外经验。另一方面，民间的养鸟高手也缺乏科学知识与手段，实际经验虽然丰富但难以像书本知识那样传承下去，更别提什么保护意识。因此，在西方社会早已流行的"公民科学"（Citizen Science），其实就是为这两种手段之间的鸿沟搭上一道桥。国外不少科学研究皆采用了民众参与搜集数据的手段，因为自然数据就在我们身边，只要对民众稍加培训，这种批量搜集数据的行为便是公民科学的一种。观鸟，实际上也是搜集自然数据的一种行为。例如，香港观鸟会早在多年前已开始让公众志愿者参加他们的市区鸟类调查（详情请参看李察一文）。可是，"观鸟"在中国一直是鸟类学家的研究手段，民间观鸟在中国起步不过是这十数年间的事，更遑论"公民科学"的概念。不难理解，为何赵欣如早在20世纪90年代初大力提倡把鸟类观察作为一种科普手段，推广到公众去的时候，并没有成功，因为当时不论在体制内外，观鸟的软件、硬件都未成熟。"早在1992年，当时我是中国动物学会科普委员会副主任，学会推行的科普活动如夏令营、动物奥林匹克等，始终带着浓重的学术味道。于是我提出，可否举办一些比较'接地气'的科普活动？我曾先后三次在会上提出公众观鸟活动，交了计划书、路线规划、导师培训方法等，还向有关单位申请基金，又向媒体（北京电视台）找帮手宣传一下观鸟这件事，结果什么影儿都没有。"虽然已经是多年前的事，赵欣如提起时仍感到无奈。

不过，赵欣如希望推行民间观鸟的愿望，不用等太久便看到了曙光。1996年，北京师范大学生命科学学院教授张正旺跟他说，中央人民广播电台记者汪永晨，在国外采访时了解到"观鸟"这种有意思的活动，跟绿色团体"绿家园"打算一起把观鸟活动搞起来，现正寻找观鸟专家帮忙指导。此外，当时另一个民间组织"自然之友"也已开始筹组观鸟活动，并邀请了首都师范大学生物系教授高武坐镇了。可以说，民间对野外活动与知识的需求渐渐增加，加上媒体人的协助发

动，推广观鸟的好时机正式开始。"我们合作后，汪永晨问我，可以
怎样持续推广民间观鸟，我说其中一件事是要出版一本北京鸟类图鉴
（第一版由赵欣如于1999年出版了）。另一件事便是要开一个课程，做
些基础的事、扫扫盲，做些培训，不能光是跑到野外看鸟就可以了。"
这个概念便变成了后来的"周三课堂"。不论从选日子还是选名字，都
能反映赵欣如务实做事的态度：周一是上班族最忙的一天，周末都是
家庭日或者野外活动的好机会，所以放在一周中段最理想。既然是周
三上的课，直接叫"周三课堂"最好。"简单，好记，不落俗套。"赵
欣如笑着说。"在'周三课堂'最初八年里，几乎九成的课都是我在
讲；观鸟活动几乎每次都是我来带，从20到50个人不等，最多的时候
会过百。""周三课堂"风雨无间地举办至今接近20年了，从一开始没
有固定上课地点，赵欣如只得骑着自行车在京城里东奔西跑去讲课，
到后来得以在北师大找到落脚点，上课人数也愈来愈多。虽然"周三
课堂"已经办得非常成熟，桃李满门，但困难却一直没减少，从一开
始缺乏资金（赵欣如要自掏腰包添置讲课器材），直至现在仍然没有得
到广泛的社会支持，只有倚靠志愿者和有心人的热心援助。这种缺乏
体制内的支持，在成立北京观鸟会时尤其明显，挫败感也是最大的。

赵欣如在"周三课堂"讲述大天鹅环志（赵欣如提供）

"观鸟会遇到的最大难题是一直不能成功注册为独立机构，多次翻来覆去的回答都是各种不行，说我们不符合条件。"赵欣如每提到推广观鸟路上的困难时，难掩无奈之情，不过他明白执着下去也无济

于事，观鸟会就算不是独立机构也能办事，只要能合法存在便可。几番转折下，北京观鸟会最后在一个基金会里"挂单"，成为一个合法组织，总算把鸟会的实体搞下来。赵欣如回顾过去十多年的岁月，坦言在推广观鸟、组织观鸟活动的最大困难不只在于缺乏资金，更在于缺乏大众广泛的支持。"这说明在推广观鸟一事上，国内仍是缺乏群众基础的，只有一小部分有识之士去支持，反映了目前国内民众的平均文化水平还处于很悬殊的状态。"这一语道出各地鸟会面对的困局。

"活动组织领导人"只是赵欣如的众多角色之一，更多的时候他是一个教育者，不论是在校内教授鸟类学课程，还是走进民间带队观鸟，赵欣如对传授知识是如此热切，所以他带领的观鸟课程和活动往往很快满座。"普及观鸟，不能光靠热情、专业，还要靠做实事，了解世情、技术发展、有价值的方法。"于是，任何有效的技术与方法，赵欣如都愿意尝试，除了出版鸟类图鉴，近年来推出的"北京水鸟快速查询""猛禽快速查询"等应用软件，便是他和志愿者一起合作开发，务求尽一切努力为观鸟者提供相关知识，提高大众的观鸟意愿。不过，赵欣如最为人津津乐道的事情，还是他特有的带队风格，他承认这方面很受郑光美教授的影响。"大约在1954年，郑光美在东北师大研读动物学的研究生，跟着苏联最著名的鸟类学家学习野外考察。这位教授很有个性、很厉害，带着七八个学生，到了野外，谁也不许说话，必须紧随教授身后。研究生到野外考察都要带着猎枪采样本，有一次，有位研究生的枪走火了，发出很大的声响。这位教授回头跟他说：'你立马给我回去，因为你要研究的动物都被你吓跑了！'郑光美教授后来带学生时，也是采取这样严谨、规范、对学生有高度要求的风格，对我影响甚深。这在几方面能看到：第一，在野外我要求大家遵守规矩；第二，在大家能听清楚鸟声的情况下，我会做一些简单的解读；第三，我不光会讲鸟，我要求大家都看鸟和环境的关系，它为什么要在树上、在地上，为什么有这些行为。"所以，赵欣如带队时

赵欣如组织大学生在北京野鸭湖观鸟（赵欣如提供）

不会拉着旗帜大喊大叫，看鸟时也不喜欢闲聊。"我推广观鸟，希望大家觉得这是有知识、有品位的事，能用科学的方法观察，看出人文的味道。我带队看鸟时，希望大家能感受到观鸟的美感、高度、文化水平。"简单举一个例子，便能看出为何很多人喜欢跟着赵欣如去看鸟。那是一个鸟况很平淡的日子，赵欣如带着六十多人去颐和园观鸟。"没什么特别的鸟，我只能借题发挥。突然飞来一只喜鹊，于是叫大家来看看。很多人不明白为啥要看它，有人甚至认为它是到处都有的'垃圾鸟'。然后我说，你们注意，这些喜鹊是一只还是一对？他们都说不就一只吗，很快另一只便飞过来。原来喜鹊是长年的配偶关系，这便体现了它的一个社会制度。不久便飞来一只灰喜鹊，我说灰喜鹊很少一只，来了一只很快会来第二只，甚至是十几只。果然很快哗啦啦来了一群灰喜鹊，但这也是大家已看滥了的鸟。我于是又问，喜鹊和灰喜鹊在地上是怎么行动的？他们说都在地上走呀。我说不对，你们再看，喜鹊是迈步走的，灰喜鹊是跳的。我问为什么，他们都答不上。

我说，这就是看鸟往深了看的一个例子。要问问题，还要去解答问题。两种喜鹊在地上的运动不同，反映它们生态习性、演化的方向不太一样。一个更倾向于地栖性，一个倾向于树栖性。所以树栖性的灰喜鹊一下地就显得笨拙，不太会走路，要跳着走。"赵欣如喜欢把生态学和动物行为学的知识渗进观鸟活动里，大大提高了活动的知识含金量。虽然赵欣如对观鸟活动的学员要求严格，但在一些细节上可以看出在严师的面具下，他其实很为别人着想。例如，他为鼓励大家养成写观鸟记录的习惯，从一开始在活动时派发观鸟记录表格，到后来设计了一个简洁好用的记录本子，还加上防水的外套，供学员在野外使用。"这本子既能保持一定的科学性，又简单易明。我做这个算是示范，怕大家觉得记录好麻烦，不知道看鸟时要记录什么，现在拿着这个本子便知道怎么做了。"回头看在没有导师、图鉴、工具和活动组织者的年代，一个普通人要学习观鸟是何其困难？笔者看着这简单的本子，深感年轻一代能在优厚的条件下学习观鸟是何其幸运，而这一切条件其实是前辈们共同努力的结果，并非天上掉下来的。

　　虽然赵欣如不遗余力地推广民间观鸟，但他作为教育者的角色本位始终是大学校园，由他开办的选修课"鸟类环志与保护"在北师大已进行十多年，一直受到不同科系的本科生追捧，不单成为北京学院路18所高校的公共选修课，至今仍是全国唯一的鸟类环志知识普及课。鸟类环志其实是研究鸟类迁徙及生态活动的一种科学手段，在被抓的鸟的脚上套上刻有记号的标志环，表明其被记录的观测点，然后放飞。在整个迁徙路线上不同的观测点或城市里，人们会把他们观察到或抓获的环志鸟的数据汇报到一些数据中心，长年累月的观察数据让专家更能了解鸟类的迁徙路线和习性。鸟类环志在国外早已是普遍使用的科研手段，并设有发牌机制，公众人士接受训练和通过考核，便可获取牌照进行环志工作。在英国，领有环志牌照的人可在自家后花园或他们自选的地方进行鸟类环志的工作，不必硬性参与官方的鸟类调查项目，例如"British Trust for Ornithology"便在英国推行鸟类环志超过100年，市民可自由参与志愿工作，甚至接受训练成为环志人员，这机构每年也收集和公布大量英国鸟类的信息。这也是英国观鸟发展得高度成熟、民众对国家鸟类与自然常识的水平普遍不太差的原因之一。鸟类环志在国内的发展在20世纪80年代才起步，而1982年由林业部筹建的第一个全国鸟类环志中心，可以说是见证了中日建交的历史。"70年代末中日商谈建立外交关系，双方皆在能合作的领域里找寻对口单位，在众多中日建交的合作项目里，便包括建立对应的候鸟保护机构，以及一个中日共同保护的候鸟名录。"赵欣如说，国内第一个鸟类环志中心便是在这个大背景下成立的。中心成立以后，当时在校内担任助教的赵欣如立刻以北师大的名义去信申请，要在北京建一个鸟类环志的点。不叫"站"而叫"点"，因为当时环志中心给的定义是"长年有工作人员开展工作的叫'站'，季节性做环志工作的叫'点'"。赵欣如解释说："当时只有林业部和大学等特定机构才能申请进行鸟类环志，我们是全国第一批成功申请做站点的单位之一。当时共批了约十几个单位，大部分获批的都是位于中国东部的林业科学研究院的点，大学只属少数。"赵欣如申请成功后，当时每年都带着几十个学生去北京的小龙门进行鸟类环志工作，每次大概8到10天，不算长，只够跟学生说明环志的原理、基础技术、科学价值等。从80年代中期带领学生进行鸟类环志的16个年头后，赵欣如被调离生物系，派到教务处工作。

离开生物系并不代表赵欣如没有教授鸟类环志的机会，阴差阳错的情况下，他被委派为理科院开设一个选修课，让不同系的本科生修

赵欣如带领学生进行野外实习（赵欣如提供）

读。这不正是一个推广观鸟的好机会？既然已带领学生做了十多年的鸟类环志，野外经验非常充足，何不继续教下去？于是"鸟类环志与保护"的选修课便顺理成章地诞生了，内容分为三个板块：鸟类知识、鸟类环志和鸟类保护。"这个设计就是希望孩子们不光有知识层面的了解，还有实践的机会，最后希望将鸟类保护甚至是生物保护的思想植根于他们的脑中，让学生对大自然产生一种感情，完成课程后哪怕不会往生物保护的方向发展，也会有一定的相关意识，关注鸟类和大自然。"当时在北戴河有一个全国鸟类环志中心的环志站，一直都只让"体制中人"参与环志工作，不开放给公众参与。赵欣如一直想办法为公众打开这扇门，从90年代开始，他逐步与北戴河环志站达成共识，每年都带着许多学生去北戴河进行鸟类环志的工作，让他们亲身体验野外观鸟、环志和考察的工作。这个课最难能可贵的地方，是把一种曾经只属于专业领域的科研手段，开放给学生参与。莫说是90年代的内地，就算是现在的香港，鸟类环志还没开放让公众参与，甚至没有任何法定的考牌制度与训练课程。香港的观鸟者若想考获牌照去进行环志工作，只能跟持牌环志人员学习（如果对方愿意教授的话），最后能否成功获发牌照还得由渔护署审批，审批的准则也不甚明确。相比之下，北京高校的好些学生，已比许多人早接触这种专业领域的知识了。不少资深的中外鸟人皆不讳言，通过鸟类环志，把鸟拿在手上观察，仔细地记录它们的特征，绝对可以学到许多用望远镜观鸟时学不到的知识，可以说是提升观鸟水平、深入认识鸟类的一种好方法。赵欣如坦言，"鸟类环志与保护"开办十多年来，真正对观鸟和环境有兴趣、会做下去的人很少。"不过我这个人的特点之一是能坚持，只要认定应该做的事便会坚持下去。我为何会坚持？第一，我认为中国需要这样的鸟类知识与环志的普及，我是以大学里非常正规的平台来做这件事。第二，我不求每个学生都走上鸟类研究的路，只求通过这些课来传播鸟类与鸟类保护的意识。"其实，这个选修课曾孕育出几位年轻鸟类专家（如刘阳、雷进宇和关翔宇等），从而证实了赵欣如的教育目标是成功的。赵欣如坚信鸟类环志的知识和技能应该普及化，原因很简单："鸟类环志最大的科学价值是帮助我们了解大自然里的一些规律，填补我们对鸟类世界很多的未知数。"说白了，赵欣如一直在做的就是让专业领域的知识开放给公众，同时又让民间观鸟专业化起来。

在希腊神话里，属于泰坦神族的普罗米修斯看到远古人类被宙斯禁止用火，生活落后而困苦，于是从奥林匹斯偷取了火，把用火的技术和其他知识偷偷传授给人类。知识从来都是人类进步的一大力量，知识被压制传播的年代，历史学家会以"黑暗世纪"来形容，唯有文明才能把世界照亮。在现今按键能知天下事的年代，信息传播已不乏渠道，问题是我们有没有具备专业知识的人以负责任的态度来传授真正的知识。赵欣如老师过去几十年所做的事，就是用文明的手段来推广观鸟、推行公民科学，尝试提升民众的科普水平。普罗米修斯将火把递向人类了，只看人类如何薪火相传。

观鸟工具小包

 我的观鸟工具 ————————————————————

双筒：Leica 8×40
单筒：Leica APO77

鸟导系列

保罗·霍尔特
——中国观鸟第一的英国鸟人

　　保罗·霍尔特（Paul Holt）是英国旅游公司"WINGS"的专职鸟导，多年来观鸟足迹遍布北美、欧洲、亚洲，从事鸟导工作至今已超过25年。保罗于1989年第一次来中国观鸟后，对神州的鸟儿念念不忘，成为全职鸟导后多次带团来中国观鸟，并于2003年开始定居北京。他不仅差不多看遍老家英国的鸟，还游遍中国各地，个人鸟种数（中国）目前已达1,232种，是全国第一名。[①]（根据2013年中国鸟类名录，中国共有1,434种鸟。）保罗异常熟悉中国鸟，不仅精于凭鸟鸣辨鸟，对鸟类的分布、状况、繁殖地及迁徙路线等皆了如指掌。多年来专注于中国鸟类的观察，不单令他收获最多鸟种数，更多次发现中国首笔记录，可以说是国内最了解中国鸟的外国观鸟专家之一。

---

① 排名根据观鸟权威网站Surfbirds.com的记录。

笔者第一次跟保罗一起去观鸟，不是在北京，而是去气温零下三十多度的内蒙古看雪鸮。短短四天，我们经历了不少惊险的事情，例如，汽车在无边无际的雪地中央坏掉，在保罗打算徒步到6公里外的蒙古包求救时，司机的朋友便从蒙古包骑马过来修好汽车，于是我们得以在天黑前赶到蒙古包。汽车是不能再走更远的路了，于是司机要安排另一辆车从200公里外的小镇开过来，把我们送回小镇。车子坏了的时间是下午三点，我们几经折腾，终于在半夜抵达旅馆，这时我和保罗已是疲惫不堪、人仰马翻。不幸中之大幸是，我们在车子坏掉前看到了雪鸮。内蒙古之行对保罗来说不是为求增加新种，而是去一个不熟悉的地方了解鸟类分布的情况。是以，像笔者这样普通的观鸟者，看到雪鸮已很满足，但保罗却把看到的每一只小鸟都记录下来，哪怕是一只在南方常见的珠颈斑鸠，保罗对其在内蒙古的出现也很感兴趣，好像这只斑鸠藏了什么珍贵情报尚未被发现。

保罗对鸟类资料有着一股难以解释的执着和追求，鸟儿的分布和状况是他最关注的事情，这从他最喜欢也最常看的鸟书 *The Status & Distribution of Birds in the Burnley Area* 可见端倪。"这本书我从小时候开始看，直到现在我不在英国观鸟了，仍然经常看，每次看都有新的收获。"这本鸟书虽然只涵盖一个小地方，而且已经旧了，但保罗爱不释手，对该书赞不绝口。每一只在伯恩利（Burnley）有记录的鸟皆在书里有详细说明，包括首次出现的日期、在哪里出现、总共出现了多少次、最后一次出现的时间和地点等数据，可谓一个详细的"鸟类出入境记录与统计"。相信不少跟保罗观鸟的人也有以下经验：随便问他一个中国鸟种的数据，他会如数家珍地告诉你这只鸟的分布、繁殖地等事情，如果你问的是北京出现的罕见鸟种，他很快可以告诉你这鸟是北京第几笔记录、首次出现的日期和地点等数据。不难想象，保罗对鸟类出现的时间、地点、密度、分布等数据有着电脑般的记忆，应该深受那本书影响，而且更奠定了他极有系统的记录习惯。长年累月收集的仔细记录，让保罗的名字经常在观鸟年报、鸟类名录、鸟类图鉴及相关文献中出现，在不少鸟种鉴定的记录里，保罗都有参与提供协助，他的意见备受认同。保罗的名字在国内外的观鸟圈子里早已如雷贯耳，国内不少年轻鸟人更称他为"保罗大神"。不过，保罗每次听见别人的赞美时，都感到很腼腆，习惯低调行事的他，至今仍然不习惯在大庭广众面前演讲，所以众多鸟人不知要等到何时才能看见保罗站在讲台前分享观鸟心得了。（2017年更新：保罗已于2015年年底开始参与更多观鸟教育的交流讲座，也跻身"周三课堂"的讲者行列，分享他的观鸟心得。）

　　伯恩利位于英国兰开夏郡，也是保罗出生和成长的地方。他不记得是怎样开始观鸟的，只记得家里莫名其妙有望远镜和观鸟手册，可能是喜欢户外活动的父母买下，后来没时间跑去野外而闲置了。跟很多英国鸟人一样，保罗从后花园开始观鸟，然后在兰开夏郡观鸟，跟随RSPB^①的少年观鸟组织到英国其他地方观鸟后，热情更是一发不可收。各种各样的"推车"，每逢假期皆"穿州过省"地跑去观鸟等英国狂热鸟人的指定动作，保罗也一概全做不虞。他不讳言，当年选择赫尔大学是因为它靠近英国东岸一个观鸟胜地！不过，他主修的科目却跟观鸟无（直接）关系。"我喜欢看地图，喜欢四处跑，想知道不同地方的事情，我想从事相关行业，所以选了地理。"保罗笑着说。虽然后来保罗没有从事跟地理有关的行业，但地理知识对其爱好和工作皆极有帮助。例如，当他很多年前在北京开始观鸟时，对北京鸟点一无所知，而且也不认识任何鸟人，他便打开地图，看到"好地方"（愈资深的观鸟者，愈能准确判断何谓好地方）便会想："这个地方的鸟况可能不错。"于是他便跑去看，摸着石头过河地把鸟点找出来。他就是这样

---

① RSPB是英国皇家鸟类保护协会（Royal Society for the Protection of Birds）在20世纪60年代开始于多个地方设立的少年观鸟组织，至2000年停办。

找到密云水库、灵山及北京河北交界的雾灵山，这些地方后来都成为观鸟热点。

在大学毕业前，保罗的名字在英国观鸟排行榜上已名列前茅（迄今为止，除了白脸海燕［White-faced Storm Petrel, *Pelagodroma marina*］，他已看遍英国所有的鸟），但要更上一层楼，必须努力找到更多罕见鸟。很多鸟人相信，碰到罕见鸟是靠运气，但对保罗来说，努力比运气更可靠，要找到罕见鸟，必先认熟罕见鸟，要认熟，除了看书，最好是看到真品。于是，大学毕业后，保罗给自己放了一年假，跑到北美，一边打散工一边看鸟。"英国不少罕见鸟都属于北美物种，我把那里的鸟都看熟了，假以时日，当这些鸟在英国出现了，我会比别人更快认出来。"在英国观鸟圈子一件为人津津乐道的事，便是1996年保罗单凭鸣声认出英国罕见的黄腹鹨（Buff-bellied Pipit, *Anthus rubescens*）。黄腹鹨的鸣声跟另一种英国常见的草地鹨很相似，保罗敢于一锤定音肯定它是更罕见的黄腹鹨，是因为他在北美早已看熟了。后来不少鸟人在同一地点看见了黄腹鹨，证实他所言非虚，不少鸟人对他能单凭鸣声分辨出罕见鸟而对他另眼相看。

为求认熟英国的罕见鸟而尽量看遍古北界的鸟，很自然也把保罗带来中国，而最直接的推动力，便是马丁·威廉姆斯于1985年在北戴河进行的"剑桥鸟类考察"。"假如没有马丁这份考察报告，我不会想到来中国看鸟。当我知道他在北戴河看到北朱雀（Pallas's Rosefinch, *Carpodacus roseus*）、苇鹀、黄腰柳莺等小鸟时，我呆了，这些都是英国鸟人梦寐以求看见的鸟啊！"于是，保罗在1989年便来北戴河观鸟，一共看了3个月，爽透了。这时候的保罗，在英国观鸟圈里已小有名气，周游列国观鸟也让他认识了英国旅游公司的几位领导，还未决定从事什么职业的保罗，很顺理成章地被招揽为鸟导。成为全职鸟导后，保罗有更多机会到不同地方观鸟，他追求认熟罕见鸟的热情又再次被燃起，不过，这次目标已不是老家的罕见鸟，而是中国的罕见鸟。

于是，他很快便跑遍中国附近的地方包括韩国、中亚及南亚次大陆等地观鸟，而且更是为公司拓展了多条亚洲观鸟路线，每年均带团在中国及南亚次大陆等地观鸟。要数亚洲区内的顶尖鸟导，保罗必定榜上有名。

保罗最受人尊敬的地方，不只在于他经常发现罕见鸟，更是他对辨认鸟种抱持认真和诚实的态度，这也是为何他的鉴定意见那么令人信服，因为他不会对不肯定的事发表意见，也不会冒认发现罕见鸟。例如，很多年前他带团到鄱阳湖观鸟，当时他在单筒望远镜里看见一只绿眉鸭（American Wigeon, *Anas americana*），这是北美鸟，之前在中国并没有记录，所以是第一笔记录。不过，当时看见这鸭子只有保罗一人，其他团友都没看到，而且那鸭子站得很远，保罗认为自己还没看到最能确认其身份的腋下羽毛，于是当自己没看过。几年后，他在江苏盐城带观鸟团，又发现了一只绿眉鸭，这次他改变策略，先确定团友的单筒里也找到了这鸭子，他才慢慢细看，最后他可以肯定这是绿眉鸭，于是正式列为中国第一笔记录。其实，他在鄱阳湖看的时候已几乎肯定它是绿眉鸭，因为他在北美早已看熟了，但直至第二次他才肯确认自己的记录，足证保罗对观鸟的态度是如何严谨。

每当观鸟大师被问及如何提升观鸟技巧、如何找到好鸟时，多数都说不出所以然来，那是因为对很多鸟人来说，观鸟技巧早已是本能的一部分，所以不懂得很有系统地说出来。不过，保罗却很了解自己进步的原因，并清楚地总结出来："第一，我花了大量时间在野外看鸟，一有空便去看。第二，我的工作让我经常在中国及周边的地方观鸟，所以，每当在中国罕见但在周边地方常见的鸟出现时，我会比别人更快把它认出来，因为我在别的地方早已看熟了，例如我在云南看到中国第一只线尾燕（Wire-tailed Swallow, *Hirundo smithii*）、在天津发现中国第一只费氏鸥（Franklin's Gull, *Leucophaeus pipixcan*），都因

保罗和观鸟者在密云水库（作者摄）

为我早已熟悉它们，一眼便认出来了。第三，我很用功，在野外看鸟时我一刻都不闲下来，我不只专注地看，还专注地听，所以把鸟鸣录下来对我的观鸟有很大帮助。"保罗每次观鸟时，都尽可能带着录音设备（那包括一个沉甸甸的录音机，他通常系在腰间，以及一个直径接近一米的半球状收音器，保罗多次在出入境时皆被查问这收音器的用途，还曾因此闹出不少笑话），只要遇上安静的录音环境，哪怕是很普通的鸟种，保罗都会录下来。"录音让我的注意力高度集中在当下，关注当下发生的一切，现场有什么在发生、有多少种声音等。通过录音这种手段，我会对那一刻留下更深的印象，会留意更多环境细节，有助我牢牢记住不同的鸣声，这是只动用视觉时没有的收获。"辨认鸟鸣是不可或缺的观鸟技巧，因为很多鸟类，例如柳莺和某几种杜鹃，长得很像，如果没有鸣声做旁证，根本不足以分辨身份。再说，鸟鸣是很丰富的语言，包含了求偶、警告、求救、驱赶、社交等功能，还有更多人类未知的信息。所以就算是同一鸟种，保罗一有机会便录下来，这有助于他了解鸟类的行为，以及它们在不同生境的状况。

录音是很多鸟人的习惯，但能够十年如一日地保持系统化的记录，只有少数人能做到。保罗的录音习惯早在大学时代已开始，每次观鸟后必定整理笔记和录音，重温当日观鸟的细节，这种有系统的记录，让保罗建立起他的"电脑记忆"。所以，每当有人问保罗某种鸟的数据，他可以如数家珍地说出来，这并非奇迹，而是持之以恒地温习的成果。在保罗那强大的观鸟数据库里，至今已有超过5万段经过整理的录音，可惜他空闲的时间不多，自言整理录音后并不会再多听，除了在观鸟团出发前的准备阶段，才找来相关的录音温习一下。不过，对保罗来说，最好的温习是跑到野外，所以他非常喜欢看林鸟。"看林鸟是一件不停受挑战的事，当你在林子里走，可能同时听到很多动物和昆虫的声音，你要一一分辨。如果遇上不熟悉的声音，便要尽力去找出那是什么。看林鸟时，注意力一刻都不可松懈，因为挑战随时都会出现。"挑战愈大，满足感便愈大，所以保罗最喜欢的鸟之一，便是愈来愈难见的棕头歌鸲（Rufous-headed Robin, *Luscinia ruficeps*），原因很简单："首先，它非常漂亮。另外，它的歌声十分悦耳，音节丰富，令人着迷，而且老远就能听见。"保罗于2003年在九寨沟第一次看见它，至今共看过20次，都在九寨沟看的。"这鸟以前很容易看见，但近年来愈发难找，找到也比以前躲得更严。以前带团时，很多团友都能看见，但前年我去九寨沟，全团只有我一人能看见它。其实不只棕头歌鸲，在中国观鸟多年，最大的感觉是数量有增加的鸟类很少，大部分鸟类的数量都呈下降趋势。"

美国殿堂级科幻小说家阿西莫夫（Issac Asimov）说过一句话："世上没有奇迹，只有汗水、努力、想法。"（Miracles don't happen. Sweat happens. Effort happens. Thought happens.）①这句话，绝对是保罗的最佳写照。在他那列满多项首笔记录、辉煌的观鸟成绩单上，或者每一次准确地凭鸣声分辨鸟种，都是背后无数汗水和努力的结果。1,232不是一个虚荣的数字，而是结结实实的付出，保罗比任何人都有资格说"成功不靠运气"。

　　回头来看，从在伯恩利观鸟开始，保罗生命中多个重要决定，不论是职业、定居地还是生活方式，都离不开观鸟。他常笑言，"一生没做过一份正常工作"；更说母亲直到现在仍会打趣地问他："你打算啥时去上班？"能够找到真心热爱的事情，并以一生的时间去坚持，很少人能真正做到。"观鸟令我专注，令我沉迷，不观鸟时的我不是最快乐的我。"保罗热爱观鸟，不单把它变成职业，工余时间亦跑去观鸟。甚至在人人躲起来避暑的观鸟淡季里，他仍然顶着大太阳跑到密云水库观鸟——在淡季去观鸟是一件极考验意志力的事情，天气太热，鸟都躲起来，很多时候在野外待一天都看不到什么鸟，令人非常沮丧。不过，每个夏天，北京观鸟圈子总会收到保罗的观鸟消息。保罗相信，一直专注观察鸟类的四季分布状况，哪怕是没什么鸟的季节，也不能错过统计的机会。只有持之以恒地观察，统计数字才有意义。不少北京首笔记录，都由保罗发现，除了因为他找鸟和辨鸟功力高强，更因为他看得勤。只要是不用带团的日子，保罗都会出外看鸟，在他家附近的通州河，或者到密云水库，而每个秋天几乎必定去老铁山待上十多二十天看候鸟迁徙。一生只做一件事，这种精神令人想起日本导演小津安二郎所写的书《我是卖豆腐的，所以我只做豆腐》，相信日本文化里的究极精神，很能传达保罗对观鸟的专注和执着。

---

① 引自阿西莫夫于1989年发表的关于人类应如何合作以避免自我毁灭的演讲。

观鸟工具小包

 我的观鸟工具 ————————————————————

双筒：Zeiss Victory HT8 × 42
单筒：Zeiss Victory Diascope 85

 我推介的鸟书 ————————————————————

1. K. G. Spencer. 1976. *The Status and Distribution of Birds in the Burnley Area.* Burnley.
2. L. Svensson, K. Mullarney, D. Zetterstrom, P. J. Grant. 1999. *Collins Bird Guide.* HarperCollins Publishers: London.
3. D. A. Sibley. 2003. *Sibley Guide to Birds of North America.* Knopf.
4. L. *Svensson.* 1992. *Identification Guide to European Passerines.* 4th edition.

邢睿、黄亚慧

——新疆观鸟和生态专家

邢睿（网名西锐）和黄亚慧（网名丫丫）在中国鸟人心目中差不多是"新疆观鸟"的同义词，两人在同一家旅游公司工作，多年来带过不少鸟人跑遍新疆看鸟，又为从各地来新疆的户外发烧友策划生态旅游的路线，对新疆的地理、环境与生态皆了如指掌。两人除了致力发展新疆的生态旅游，也积极参与当地的动物保护项目，包括金雕（Golden Eagle, *Aquila chrysaetos*）、白头硬尾鸭（White-headed Duck, *Oxyura leucocephala*）、雪豹（Snow Leopard, *Panthera uncia*）等珍稀动物的调查。2013年他们参与创办的"荒野公学"，是一个向全国博物爱好者开放的教学平台，定期举办网上课堂，全面讲解中国的生物与生态知识，很受国内自然爱好者的欢迎。两人曾合著《新疆特色鸟观鸟旅行攻略》，分享他们在新疆观鸟多年的心得和经历。目前他们正努力筹备"新疆野生生物图库"，为保护新疆的生态资源多走一步。

　　去过新疆观鸟的人，皆异口同声地认为在新疆的观鸟体验跟在别的省份有很大不同，最大的感觉上的差异自然来自新疆的独特地理与气候。新疆位于内陆深处，毗邻中亚国家，被南边的昆仑山和北边的阿尔泰山两大山脉环绕，四周的海洋气流难以抵达新疆，全年降水量极少，长年气候干旱，年温差和日温差也极大。在这些地理和气候的影响下，作为全国最大省份的新疆，也拥有很多别的省份少有的生境：大片的荒漠。别以为荒漠无生命，不少新疆特有的生物也生存于这种环境，其中中国特有种白尾地鸦便在荒漠生活，初次去新疆看鸟的人，白尾地鸦是必然追看的头号目标。西锐第一次自己找到的鸟，也正是这个新疆明星鸟。"那是2007年在南疆的一次户外活动中，于胡杨林里偶遇了两只白尾地鸦。之前接触过几位鸟人，听他们聊起观鸟的故事，自己又看了一些鸟的科普书。这次是自己第一次在野外主动地找鸟，并进行了观察和拍摄。"新疆地大物博，加上独特的地理和气候，在新疆观鸟跟在南方观鸟的体验差异会较大。"除了鸟种独特外，环境独特造成鸟类的行为、规律不同，观鸟体验也很不同。"西锐这样形容新疆观鸟。好多特别的观鸟"大场面"，相信除了新疆，在国内其他省份可能比较难见，例如一大拨椋鸟集合一起，进行典型的集体飞行，丫丫2015年9月就在大草原上看见过。"那天我正躺在草原上休息，附近有羊群，突然听到一阵椋鸟的惊飞声和叫声，我立马起来看，原来是一大群紫翅椋鸟（Common Starling, *Sturns vulgaris*）聚在一起飞。那时天上来了一只猛禽，可能就刺激了椋鸟，结果整个草原所有椋鸟都赶过来，形成一拨巨大的鸟群，想驱赶那只猛禽，画面非常震撼！它们还会变成不同的形状，有时候像一条龙那样。你真搞不懂它们的默契从哪里来的，那是它们在面对威胁时的一种自然状态，感觉真的很奇妙。"丫丫说，这是她观鸟几年来，最深刻的画面之一。这也大概是西锐所说的，新疆的独特环境造成难得一见的鸟类行为。

　　西锐是西安人，童年在甘肃酒泉的部队大院里度过，自小已很喜欢小动物和爱到野外玩。毕业后西锐在新疆工作过几年，很喜欢这里的环境，于是决定在这里定居。新疆得天独厚的地理环境，为西锐带来如鱼得水的生活条件，自2000年开始他已热衷于登山探险和一切户外活动，后来成为专业的野外向导，可以说是极为自然的生活选择，一年里差不多有一半的日子他都在野外。"在观鸟之前，我已很热衷于昆虫和蝴蝶的分类，后来涉足越来越广，兽类、爬虫类、植物，等等，自然中的一切我都热爱。"后来爱上观鸟也就是必然的事情，他不但自己看，也不时把拍到的照片给丫丫看，又跟她聊观鸟的故事，希望引导她爱上观鸟。于是，2009年，丫丫跟着西锐和其他人一起到白湖看白头硬尾鸭。"之前他们一直都说要带我去看'唐老鸭'，我还以为是什么，直到在望远镜里看到它蓝色的嘴巴，整个样子都是呆萌呆萌的！那一刻真有触电的感觉，连一见钟情的感觉都来了！"丫丫笑着回忆她第一次观鸟的经历。

在新疆塔木托格拉克乡出生的丫丫，加入到西锐的旅游公司，是因为2007年的一次露营活动，此后她便爱上户外活动，在旅游公司工作自是把爱好变成职业的最好选择。虽然丫丫看了"唐老鸭"后有一见钟情的感觉，但跟真的恋爱不同，她并没有立刻跟观鸟"发展起关系来"。后来公司办起观鸟旅游路线，把观鸟职业化，丫丫努力地配合，也很称职地完成工作，但观鸟对她来说仍然只是一种工作，谈不上是爱好。直到2011年在白湖看到一张鸟网，上面挂着一只死了的麻雀，她便突然像被魔住了。"那时候在鸟网的四周都是大群麻雀在活动，但唯独这一只挂在网上一动也不动，给我的触动很大。我看着就觉得它好可怜，看了很久很久，其他人不停地喊我我都没走，还在看。我觉得这是一种生命的表现形式，有些鸟站在树上，有些在飞，在鸟网上的这只麻雀也是一种。后来我又想到这个情景为什么会发生，于是想到，自己应该要为小鸟做点事情。"丫丫自此便开始联系一些公益组织，做一些保护鸟类和环境的宣传活动。开始推广保护鸟类和环境的事情后，丫丫发现自己的知识储备不够，因为要面对公众介绍和

西锐和丫丫在野外进行观察和调查，一年在外面的日子可能比在家的还要多
（西锐提供）

讲解，自己不能不深入认识有关课题。"慢慢开始去了解后，发现自己
真的喜欢小鸟，打从心里想保护它们。以前我工作以外的时间很少去
看鸟，那时候觉得我的工作已经是看鸟，休息的时候就休息吧。"被
一只死了的麻雀打动后，丫丫至今在工余时间也会跑去看鸟。

　　真的喜欢上观鸟后的丫丫，也经历过一段追鸟种看的日子，包括
"收品种"（即把同一个属的鸟种全看了），其中让她最难忘的是阿尔泰
雪鸡（Altai Snowcock, *Tetraogallus altaicus*），那是分布在中国三种雪
鸡里她最后看到的一种。事情发生在2013年的春天。"阿尔泰雪鸡让我
记得特别清楚，因为我骑马骑了三天，翻上北塔山，费了很大的劲才
去到那个点。就在我累得贼死，连照相机也未及从背包里拿出来的时
候，雪鸡就从我面前飞过，还很清楚地看到它的背部。看了雪鸡回来
后，因为腰伤了，在家里躺了一个月才能下床。我便跟自己说以后再
也不会这样看鸟，太辛苦了！"在那些追鸟种的日子里，丫丫还保持
一个"来福"名单，但后来只保留了新疆名单，过了300种以后便没怎
么记录了。"我知道很多人能坚持鸟种名单的记录好多年，但我很早

就没坚持了。现在看鸟都很随心。"西锐比丫丫早开始观鸟，个人的"来福"名单已有接近900种鸟，至于新疆名单上则大约有30至40种没见过（新疆鸟类名录上目前有近470种鸟）。西锐观鸟多年，令他印象难忘的鸟实在太多，但跟所有观鸟功力已达一定程度的鸟人一样，他比较喜欢的鸟类是难以辨认的莺。"新疆的莺类多数都很特别，也很隐秘，辨认也难，有些到目前我也没找到。有挑战总是会激发兴趣的，例如黑斑蝗莺（Common Grasshopper-warbler, *Locustella naevia*），第一次见到它是在伊犁地区的一个边境乡村，理论上这个区域会有分布，前一天我便反复听它的鸣声录音，结果第二天早上在一片河边草地就听到了熟悉的叫声。仔细寻找和等待后，终于看到这种隐秘的小鸟。"

不过，西锐和丫丫最关心的新疆鸟，榜上有名的肯定是新疆的明星鸟"唐老鸭"——白头硬尾鸭。根据国际鸟盟（Birdlife）的统计，截至2012年，白头硬尾鸭的全球数量仅有7,900至13,100只，被世界自然保护联盟的《国际鸟类红皮书》列为濒危物种。在中国分布的白头硬尾鸭主要在新疆，而在乌鲁木齐白湖的数量更呈现非常明显的下降趋势，从2007年的74只，下跌至2014年的5只。[①]国内当前并没有任何正式保护白头硬尾鸭的项目，近年的调查主要都是西锐和丫丫他们在做，除了2013年"让候鸟飞"基金给他们第一笔资金做白湖生态的调查外，其余时间都是他们借别的事情顺带去白湖以及其他地方观察。"没有专门的项目经费支持，爱好者毕竟只是爱好，无法系统和持续地调查。"西锐无奈地说。最近几年白头硬尾鸭在白湖的数量都没有太大变化，每年都是同一时间来，一只公鸭两只母鸭，有可能是一个家庭。除了白湖，白头硬尾鸭在奎屯和艾比湖也有分布，但根据西锐和丫丫近年的调查显示，艾比湖近两年已没有找到繁殖点，所以白湖现在仍是最稳定的繁殖记录点，也是鸭子最重要的栖息地。不过，白头

---

① 李晴新、黄亚慧，"白头硬尾鸭隐匿在新疆的湿地"，《森林与人类》，2014年6月。

硬尾鸭在白湖的数量下跌速度如此惊人，前景实在堪虞，所以保护白湖生态的工作绝对刻不容缓。"（保护白湖）最好的办法，我认为得有一个有远见的开发商或其他企业，让他们学习和了解类似于香港湿地公园的运作模式，要让白湖的保护带来利益，才会有人去干，这样对白头硬尾鸭来说才是最好的结果。白湖被开发是挡不住的，因为它面对的是城市几千亿的开发项目，就看开发用来做什么，是用它的水，还是变成游乐园，还是成为一张城市名片？"西锐说。最近白湖旁边正在兴建一个生态酒店，西锐和丫丫便去宣传白湖生态和生物的重要性，将照片和资料放在酒店里，作为一种招徕。希望借助国内流行不久的生态旅游的风气，以"唐老鸭"作为明星物种吸引游客，既能保留白湖和其生态环境，又能从中生产出保护利益的双赢局面。假如白湖不保，可能又多一种鸟要从中国鸟类名录中剔除了。

　　没有一种生物生活在真空里的，所以白头硬尾鸭的命运跟白湖密不可分，而保护栖息地就是保护濒危物种的最有效方法。不过，新疆近年也面对不可避免的发展压力，而最令西锐和丫丫忧心忡忡的重要栖息地，肯定是卡拉麦里自然保护区。卡拉麦里位于新疆北部准噶尔盆地古尔班通古特大沙漠（也是中国第二大沙漠）的核心区域，总面积达1.7万平方公里，于2005年正式升级为国家级自然保护区。曾被英、德等国家从准噶尔盆地掳走的、地球上唯一的野马种群——普氏野马，便于20世纪80年代被中国政府重新引回后裔，放归到卡拉麦里的有蹄类保护区里生活。卡拉麦里保护区的变化有多大？西锐说，十年前在保护区里的216国道喀木斯特一带曾见过近百只蒙古野驴，一深入卡拉麦里腹地，野生动物出现更频繁，每每让他想起非洲大草原上的繁荣景象。可是，当他于2010年到2011年间在这片区域穿越十几次的期间，已没再看见蒙古野驴。[①]一种动物突然大量减少，其生存环境必然发生了变化。卡拉麦里保护区除

---

① 邢睿，"卡拉麦里金雕的成长"，《森林与人类》，2013年11月。

了是野驴、盘羊、鹅喉羚、野山羊、狍鹿、马鹿等有蹄类动物的栖息地，也是多种猛禽的重要繁殖地，其中最具代表性也最受威胁的便是金雕。西锐和丫丫曾参与由马鸣教授主持的金雕繁殖调查项目（详情见附文），虽然目前项目已结束，但他们还是每年跑去看金雕的情况，只是卡拉麦里环境的变化实在太大，有蹄类动物已受影响，在同一地区生活的金雕岂能独善其身？西锐说，216国道以东自然保护区的范围，已探明的煤炭量占全国7%，优质并宜开采。50多家大型煤化工企业已进驻这里，夜以继日地进行建设。228省道以东的卡拉麦里山区情况更糟糕，大大小小开采石材的矿业公司已把这里1,000多平方公里的地区

卡拉麦里北塔山（西锐提供）

丫丫做调查（西锐提供）

分割占据，目标是那里的优质花岗岩。开采工程进行的荒原，上面的石山原本是金雕和猎隼（Saker Falcon, *Falco cherrug*）等猛禽最喜欢的繁殖地，但截至目前的调查，这一带的金雕巢区没有一例繁殖成功，连一些小型猛禽也不能幸免。[①] "卡拉麦里自然保护区一直受到经济发展的压力，各方一点一滴地在挑战它的底线，在调整保护区的大小，直到2015年已是第六次调整，破坏和污染的情况已十分严重。"丫丫说。

卡拉麦里的猛禽除了面对环境破坏和污染的威胁外，猎鹰的传统和非法捕猎也是严重的问题。西锐在卡拉麦里进行金雕调查的期间，亲眼目

---

① 邢睿，"卡拉麦里金雕的成长"，《森林与人类》，2013年11月。

睹过猛禽巢被偷猎的不幸事件。有一个原本观察到幼鸟的猎隼巢，后来发现鸟去巢空，巢内无端多了两块石头，明显是人为痕迹。另外在路边高高土崖上的一个棕尾鵟（Long-legged Buzzard, *Buteo rufinus*）巢，原来有4只幼鸟，后来发现幼鸟不见了，现场遗留大量踩踏脚印和一段大车上常用的捆扎绳索。西锐推断是过路的大车司机无意中发现鸟巢，出于一种好奇或模糊的发财向往而偷猎。"这与猎隼的被盗绝对不同，前者是嫌疑惯犯，目标明确，手法干净，巢里还留下那神秘的石头；后者是莽夫所为，损人不利己，更加令人痛心。"西锐说。[①]新疆的鸟类面对来自发展和偷猎的各种威胁，唯一令人庆幸的是，新疆总体地广人稀，很多都是游牧民族的人，大部分都不打鸟，本地少数民族对鸟类和动物相对比较爱护。这是西锐和丫丫的共同观感。"观鸟文化的增长在新疆是慢的，新疆发生的事会比国内其他地方慢，但最近比较好了，以前可能是慢10年，但现在差距可能是5年。不是经济能力上追不上，是意识上还跟其他地方有差距。"丫丫说。"慢"倒也是另一个好处，丫丫觉得拍鸟的人群增长不及其他地方快，不会迅速扩散，可以在他们走上拍鸟的"极端"道路前，尽量提高他们保护动物的意识，以及观鸟的知识。"我们会办交流会，会把拍鸟的人都叫来一起分享交流，会播放一些外国的鸟片，教导他们拍鸟不一定是爆框才好，还要把环境和其他细节拍出来。"丫丫说，跟他们熟悉的拍鸟的人都能认鸟，并会关注鸟的事情，不会为了拍摄而伤害鸟儿。

　　诚如丫丫所说，只有了解动物以后，便会真心喜欢它们，并打从心底里想保护它们。推动观鸟文化，从而让人认识大自然对人类生存的重要性，可以说是面对不可抗拒的发展力量的前提下，人类为生存所能采用的平衡手段之一。虽然大环境的变化趋向悲观，但各种改善和进步仍是有的，哪怕很微小。"我认为新疆近年的保护工作中，反盗猎是效果最好的，当然主要原因是禁枪，在新疆持枪的意义变得不同

---

① 邢睿，"卡拉麦里金雕的成长"，《森林与人类》，2013年11月。

仍倚赖父母照顾的金雕雏鸟（西锐提供）　　已出巢的金雕幼鸟（西锐提供）

寻常，所以不管是老百姓还是腐败官员，现在玩枪的少了，这是动物的福祉。"西锐说。丫丫则最希望看见自然环境好的地方会成为成熟的景区，有一个属于它自己的自然小屋，小屋里会有一些关于它周边环境的认知——这个景区有什么鸟、什么花，还有什么其他好玩的东西。"别的什么改变我不敢说，但如果能有这个自然小屋，有了它就什么都有了，因为它是一个窗口，会吸引更多的人来认识自然。我认为在自然区里，它跟厕所是同样必要的。"

资料：卡拉麦里小金雕成长记[①]

西锐和丫丫曾参加马鸣教授主持的金雕调查项目，从小金雕出生至出巢的八十多天里，多次往返其巢区进行观察及数据收集。西锐第一次近距离接触观察目标"G4巢"，是在小金雕出生后的第35天，那时幼雕整体外观仍以白色细羽为主，爪和喙发育得很快，但仍未显得有力，腿还不能让它站立起来。西锐的上巢调查，都是为幼雕量体重、体长、尾长及飞羽等数值，并拍照做记录。成鸟除了在巢内照顾幼雕外，还会落在附近的山顶守望，公鸟和母鸟每日或隔日的早晨或黄昏轮流带食物回巢，公鸟往往扔下食物便离去，母鸟停留的时间较长，帮助幼雕分解食物和喂食。在巢内残骸中发现最多的食物是野兔、刺

[①] 邢睿，"卡拉麦里金雕的成长"，《森林与人类》，2013年11月。

西锐在调查金雕巢穴（西锐提供）

鹕和石鸡。幼雕到了40日到50日龄的阶段，开始有明确的自行啄食动作，并学习使用喙和爪配合分解食物，这时候成鸟已减少在巢内过夜的次数。60日龄后的幼雕已像成鸟一样排便迅速，颜色奶白，开始吐食丸①。到了70日龄的幼雕，颈部毛色金黄，除腿部还是白色细羽外，其他部分已是乌黑亮丽的羽毛，雕的模样已成形，而且力量也变大了。以往西锐上巢为幼雕进行测量时，它都显得很不情愿，但现在已有攻击能力，眼神不再是以往的恐惧，而是自信。他们观察到幼雕第一次离开巢的时候，是75日龄，它跳到离巢2米远的石台上。第二天，天一亮丫丫便看见巢空了，两人后来在巢西500米最高的山头上发现幼雕，那是它父母以前经常停落的地方。他们不知道幼雕如何跑到这山顶，于是分别从山顶的两侧山脊向上靠近幼雕，进行近距离观察。过了好久，幼雕一展翅进行排便动作后，奋力一跃，起飞了。"看着幼雕飞出我的视线，突然有种莫名的失落。爬上山顶，看见丫丫还站在那里眺望幼雕飞走的方向。一转身，我看到小丫头已经泪流满面。"

　　幼雕出巢后，飞行能力不强，仍在巢区一带活动，由于未有捕食能力，成鸟仍会回来投食给幼雕。幼雕离巢后会过一段时间才开始练习飞行，基本上是自学自练，从一个山头起飞，再降落在另一个山头。小金雕出巢两天后，他们对G4巢的观察也结束了，一行人返回乌鲁木齐。

———————————

① 大部分鸮类和猛禽会把猎物的羽毛及骨头等不能消化的部分在嗉囊里聚成小块，再经食道回吐排出体外。

章　麟
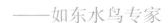
——如东水鸟专家

　　章麟（网名Macribou），曾于南京航空航天大学修读飞行指挥专业，读书期间经常到校园附近的紫金山活动，就在那里开始接触观鸟。大学毕业后加入航空公司工作，担任空管员，两年后辞职，全身投入观鸟和鸟导的工作。章麟在江苏一带当鸟导接近10年，对中国东部的鸟况非常熟悉，尤其是如东地区的水鸟，可以说没有他不了解的情况。多年来经常与不同专家合作，在如东地区进行水鸟调查和研究，目前是"全国沿海水鸟同步调查"和保护小组"勺嘴鹬在中国"的核心成员。他也经常带团到如东及附近地方观鸟，在国外鸟圈里颇有名气，受到不少外国观鸟客欢迎。

　　章麟接触观鸟不久后，正值国内观鸟活动开始普及之时，当时是2000年前后，马敬能编著的《中国鸟类野外手册》刚出版，各地的鸟会也渐渐开始萌芽。自小喜欢户外活动的章麟，因为校园附近就是紫金山，所以课余期间经常跑到那边爬山，在友人影响下渐渐对观鸟产生兴趣。"正式观鸟的年份该是1999年吧，那时候《中国鸟类野外手册》还未出版。当时还是用肉眼看，没买望远镜，所以就看大一点的鸟，然后回来翻书，都是拿一些宠物书、介绍动物的书来看。后来在一些自然类杂志上看到马敬能的'鸟书'出版了，就买回来看。"工作以后有了收入，章麟开始在江苏以外的地方观鸟，工余时间更是参加江苏鸟会的活动和志愿工作，花在爱好上的时间越来越多，最后索性辞退工作去看鸟。"辞掉航空公司的工作以后，自己晃荡着看了一段时间的鸟，在上海也有零散地带人看鸟，比方说在公园里看鸟，没有刻意要往鸟导的方向发展。第一次带外国人看鸟是2007年，客人是一对英国来的夫妇，去盐城看丹顶鹤（Red-crowned Crane, *Grus japonensis*）。"

　　首次鸟导工作获得不错的评价，加上能说一口流利的英语，所以章麟很快得到不少外国鸟人转给他的生意。从事鸟导工作多年来，可以说有两件事成为章麟工作上的转折点，第一件事是挺不愉快的经历。"带人看鸟最高兴的是客人认识到你的价值，愿意配合你。而另一些客人会发火、生气，跟你的想法不一样，觉得跟你的关系是雇佣而不是伙伴。最糟糕的一次，是作为志愿者跟外国的团队做调查，结果被老外打了。此后我再不做志愿者，要帮忙都要收费。再后来不论是做收费的调查还是鸟导，我都要对方签协议，要完全尊重领队，别把我看成是招待员。"章麟淡然说道。第二个转折点，则是发现如东湿地，一个江苏地区里的水鸟天堂。

　　章麟说话不温不火，不过一提到如东，他会显得兴致勃勃，露出难得一见的阳光笑容。"我不是一个容易兴奋或激动的人，但如东却是一个让我每次去看鸟都很激动的地方。"章麟第一次去如东是2008年，当时跟一个南京鸟人一起去，一待就是四五个星期。为什么如东会让一个沉默寡言、不容易兴奋的人如此激动？"首先是数量很大很大

章麟最喜欢如东那漫天漫地都是鸟的大场面（qb168摄）

的水鸟，就是漫天漫地都是鸟的大场面。以前我在别的地方看水鸟时是没有什么感觉，不会那么投入，但在如东看见这种场面，哪怕你是一个普通的游客也会很有感觉，何况是观鸟的人？"笔者于2010年首次踏足如东，站在一望无际的滩涂上，看见满满一地都是鸟，突然有猛禽飞来，水鸟受惊群起而飞，放眼看，天空没有一处不是鸟。水鸟惊飞的叫声在耳边此起彼落，那种震撼感真是非笔墨所能形容，绝对是大自然的经典画面之一。"如东的水鸟数量如此庞大，品种也多，是学习水鸟的好场地。跟上海比较，如东更吸引我。这个地方、这种鸟况可以激发观鸟的热情，后来我也跑过很多地方看鸟，但没有像如东这样吸引我。"章麟坦言，发现如东以前虽然喜欢观鸟，但那种喜欢是循序渐进，没有发生过特别难忘的事，也没什么鸟让他疯狂着迷过，可是如东那巨量水鸟的大场面，却一下子激起他观鸟的热情。自此以后，他与如东便密不可分，他带的大部分观鸟团，也以如东为基地。"就是那种一个行程天天都待在一个地区看鸟。我大部分的客人都是只身上路，他们来之前会做很多功课和准备，这样集中在一个地区观鸟，比较容易看出一个规律。如果一个行程里走很多地方，每个点只待一两天，那种记录会很碎片化。"在一个地区深度看鸟，便是章麟带团看鸟的特色。

　　自从章麟发现如东以后，无论在公在私，他的生活都围绕着如东

运转。如东对章麟的吸引力与影响是巨大的，从一开始的时候因为看到罕见和濒危品种而高兴，到后来成为他研究水鸟迁徙与生态的基地，只因如东在整个东亚—澳大利西亚迁飞路线（East Asian–Australasian Flyway，简称EAAF）[①]上，是极其重要的候鸟中转站，也是中国东部沿岸其中一片最重要的湿地，为水鸟研究人士提供大量学习和考察的机会。章麟和伙伴多年来在如东的观察成果，全都反映了如东对迁徙水鸟的重要性，例如这里能发现大量的濒危种。"刚去如东的时候，会想这里能支持数目这么大的水鸟，肯定里头有很多好东西，果然不久后就发现勺嘴鹬（Spoonbill Sandpiper, *Eurynorhynchus pygmeus*），而且还不止一只。一般来说站在一个地点用单筒望远镜一扫，能看到一群几十只一起的勺嘴鹬是经常发生的事，整个如东加起来能有一二百只。"根据国际鸟盟的数据，勺嘴鹬目前的全球数量大约不到500只成鸟个体，被"世界自然保护联盟"列为极危（Critically Endangered）物种。勺嘴鹬那个像勺子的嘴令它们看起来极可爱，足以让所有观鸟

章麟和水鸟界传奇人物戴维·梅尔维尔（David Melville）（中）在如东观鸟（章麟提供）

人为之着迷，可以说是水鸟界的"明星鸟"，但是过去数十年它们因生境遭破坏而数量大幅下降，所以被列为"极危"物种。如东每年能稳定地支持超过总数量20%的勺嘴鹬，说明这片地区的湿地很有保护价值，而且在如东发现的珍贵鸟种还不只勺嘴鹬，还有"人气"不及勺嘴鹬但也属不常见的濒危（Endangered）物种小青脚鹬（Nordmann's Greenshank, *Tringa*

---

① 东亚—澳大利西亚迁徙路线：全球八大候鸟迁徙路线之一，详情参见"全国沿海水鸟同步调查"一文。

guttifer），都能在如东看见相当理想的数量。"我问过在泰国、印度尼西亚做水鸟调查的朋友，他们那里看到的小青脚鹬最多只有几十只，但在如东每年总数能有一千多只。这个数字超过了之前国际上的估计（根据国际鸟盟的数据，全球不多于700只成鸟个体），如东刷新了一个品种的世界总数量。"说起如东的好处，章麟总是笑得很高兴。

如东之所以是考察水鸟的上佳地点，除了因为鸟类数量与品种够多，还因为水鸟在这里的行为和表现也跟别的迁徙点不同。例如，以上两种珍稀鸟的繁殖羽的状态，章麟就在如东第一次看全了。大部分鸟类每年在春秋两季都会换羽，换上繁殖羽的鸟特别好看，但大部分时候人们只能在水鸟繁殖的北方地区才能看到它们换了繁殖羽的样子，在南方能看见的机会比较少。不过，在如东的秋季却能很容易看见还带着繁殖羽的勺嘴鹬和小青脚鹬，原来这跟它们在如东待的时间长短很有关系。"在如东待着的水鸟，尤其是秋天，待的时间都特别长，我们会看到它们从繁殖羽换成非繁殖羽的整个过程，这是别的迁徙中转站很少看到的。有一个曾在澳大利亚做水鸟环志工作的人，他也曾在上海崇明东滩做水鸟环志，也说在如东能看到水鸟留下的时间特别长，在别的地方如上海，可能几天就走，可见如东的湿地对水鸟来说具有特别的功能。我们现在正在写一篇论文，关于中国东部沿海湿地对不同鸟类起着什么作用，例如如东，它对水鸟起着一种别的地方不可取代的作用。"

章麟参与统筹的保护小组"勺嘴鹬在中国"于2015年获得一笔资金，在同年秋天第一次对勺嘴鹬和小青脚鹬做有系统的深度观察，例如有针对性地观察两种鸟的觅食行为，退潮后也要跟着它们跑到远处进行观察，还要大量采集样品，包括它们的食物、粪便和尸体。"虽然过程挺困难，例如退潮后出来的地方其实挺危险的，不过这样系统性的观察却能发现一些很有趣的事情——小青脚鹬原来会蹲在螃蟹的洞口，可能十几分钟到半小时，等螃蟹从洞口出来便吃掉它，以前都没人注意到的。观察小青脚鹬是挺不容易的，因为潮水退去后它们离岸就远，远了就不好观察它们的行为，还得到处找。勺嘴鹬因为习惯待在一个地方不停地觅食，所以可以连续看一两个小时，相对来说比较轻松。"虽然勺嘴鹬属于"极危"物种，但章麟认为毕竟它们已引起国际上的关注，而且还有一些专属的保护项目，前景算是有点保障。其他物种如小青脚鹬，却没有专属的保护项目，但人们对它的认识却很有限，如章麟说："在泰国环志过2只、印度尼西亚环志过5只的小青脚鹬，泰国的其中一只和印度尼西亚的其中2只，我们每年秋天在如东都能看见，说明了在不同地方越冬的小青脚鹬都经过如东，但整体的空白还是很多。"类似的濒危水鸟还有很多，例如青头潜鸭（Baer's Pochard, *Aythya Baeri*）。"没有人知道为啥它们的数量一下子下跌得那么厉害，它们是极度濒危但又没得到应有的关注的鸟类。"提及鸟类的濒危情况，章麟的面色又一下子沉了下去。

　　中国东部沿岸湿地多年来面临发展的压力，很多地区早已失守，或者面临随时被开发的威胁，如东也不例外。章麟说，如东早已受到围垦发展的压力，前几年为了填海取地而引进大量互花米草（*Spartina alterniflora*），这种植物生长得很快，耐淹、耐盐、耐淤，会把原来的滩涂覆盖，变成草地，滩涂最后便变成陆地。"围垦带来的影响早已在如东出现了，以前我们说在如东看鸟，就是说中央地带小洋口，但那里的水鸟数量已明显下降。"按华夏荒野旅行董文晓（www.chinawildtour. com）在小洋口观察的数据，以前一群勺嘴鹬里的最高数字是103只（秋季），现在一群里最多只有两三只。"我们现在都不去小洋口看鸟，改在小洋口南北两边的琼港、东台、东凌等地去看。2016年的全国沿海水鸟同步调查，我不会再以小洋口为观察点，因为那里的鸟况没以前好，会搬去别的地方收集数据。"跟很多热心的观鸟者和保护人士一样，章麟对东部沿岸水鸟的前景感到悲观，哪怕是国内越来越多的年轻人开始关注自然环境，他看到的是一个更加迫切的问题。

"民间方面是越来越多的人知道和关注（鸟类保护），从长远的角度来说当然有利，但短期来说对大环境的改变几乎没影响。国内好多鸟类，尤其是经过东部沿岸的水鸟，面临的是短期灭绝的威胁，可能等不到我们下一代长大，很多鸟根本等不到那个时候。"笔者听罢，也深感无奈。"主要的改变还是要从政府入手。我很少参与向公众推广观鸟，一有时间我便跑如东，做观察、做调查。（因为数字最能说明问题的严重性。）我觉得很多问题都要迅速解决，比方说围垦，你是要它暂时中止还是永久终止？这种事情很急但又很难解决，现在看还没有太大的希望，所以我对EAAF的未来还是挺悲观的，因为面对的威胁太多。"

对章麟来说，如东带来的观鸟推动力，就是要填补鸟类生态认知的空白。所以，他不热衷于追鸟、加新种，也不特别要追看人们熟悉的珍稀鸟类。"我去新疆看波斑鸨（Asian Houbara, *Chlamydotis macqueenii*），虽然在中国它们只在新疆繁殖，但它们就在那里，你去了能看到就看到，看不到也没太大不了的，因为你知道它们就在那儿好好待着。"在新疆反而有另一种寻常鸟，让章麟看得特别有感觉，比看到新疆特有种更高兴，那就是蒙古沙鸻（Lesser Sand Plover,

Charadrius mongolus)。"我们晚上开车时总有鸟在车外飞过，不知是什么，后来白天再经过，才知道是蒙古沙鸻，它们就在高海拔的草地上筑巢。在东边的群种我几乎天天看到，但在新疆看的是另一个群种，还看到它们的繁殖行为与生境，感觉很不同。"可以想见，观鸟给章麟最大的满足感是观察未知的事情，所以哪怕是见了无数次的勺嘴鹬，只要发现新的记录，都能让他兴奋。"虽然看了很多次，但勺嘴鹬的总体去向仍存在很多空白区，所以在浙江慈溪发现那里的第一笔记录，我还是挺激动的。"这些年来在如东的发现和体会，令章麟感到观鸟除了是一种爱好，更有一份责任在里面——填补人们对鸟类认知的空白。"虽然看了那么多年，去了那么多次，但如东一直给我常看常新的感觉，而且它的空白还是很多，给我很大的动力去继续看。"

观鸟工具小包

 我的观鸟工具 —————————————————

双筒：Forrester森林人10×42

单筒：KOWA 60mm

我推介的鸟书 ————————————————————

1. M. Brazil. 2009. *Birds of East Asia*. Christopher Helm Publishers Ltd: United Kingdom.
2. C. Robson. 2000. *A Guide to the Birds of Southeast Asia*. Princeton University Press.
3. A. Blomdahl, B. Breife, N. Holmstrom. 2007. *Flight Identification of European Seabirds*. Christopher Helm Publishers Ltd: United Kingdom.
4. Dominic Couzens. 2005. *Identifying Birds by Behaviour*. Collins
5. 尹琏、费嘉伦、林超英，《香港及华南鸟类》，香港特别行政区政府新闻处，2006年。
6. 约翰·马敬能、卡伦菲利普斯、何芬奇，《中国鸟类野外手册》，长沙：湖南教育出版社，2000年。

林剑声

——从猎人到鸟人

　　林剑声（外号老林）在福建出生，祖籍山东，出身于军人家庭，在福建的部队大院里成长，自言"从小就不是好孩子"，喜欢跑到野外，拿着弹弓去打小鸟。长大后，扛着猎枪在林子里打动物，在江西科学院工作时替教授打标本。由于他对野外环境和动物的行踪非常熟悉，加上驾驶技术一流，20世纪90年代开始已有不少观鸟者找他在江西当向导。2000年后老林放下猎枪，拿起相机，把猎人的本性用于找鸟和拍鸟，在江西当起全职鸟导，多年来不时参与学院和观鸟会的鸟类调查与保护工作。老林的视力非凡，能把藏于密林或极远处的动物找出来，基本不用望远镜，所以也有"江西神眼"的外号。

　　笔者对老林的第一印象是他爽朗的笑声，半咸淡的广东话，以及不时挂在嘴边的"那个东西是傻的"（"东西"大部分的时候都是指动物）。从打猎到拍鸟的几十年里，老林跟野生动物打交道的经验相当丰富，他口中是"傻"的东西，通常是指很好接近、不太惧生的动物。当时他带着笔者去江西峨眉峰看鸟，其中一个目标是勺鸡（Koklass Pheasant, *Pucrasia macrolopha*），老林听罢便说："你说的好几个目标里，其他的我不敢做保，但可以保证看好、拍好勺鸡，完全不成问题！这鸡是傻的。"说罢哈哈大笑。时值11月，并非峨眉峰的观鸟黄金期，鸟况很淡，但老林依然一脸自信——峨眉峰是他发现的鸟点，他已跑得很熟，像自家花园一样。不过，野生动物始终不是宠物，它们真要躲起来，要找出来非得下一番气力不可。行程接近尾声时，我们仍然看不到勺鸡，连叫声也没有，几天里应该很容易看到的鸟都没影儿，实在不走运。老林开始有点着急，既怕金漆招牌不保，又抵不住笔者的寒碜，他半开玩笑说："今天再找不到勺鸡，我今晚就不吃饭！"于是大半天里，他一边开车一边金睛火眼地死盯着林子，别说吃饭，连半根烟也不抽，笑话也不说。最后，终于在下午逮住了一只勺鸡，它一声不响地站在竹林深处，阳光照不到的地方。要不是老林指点，黑压压的林里站着一只不动的鸡，就是集中精神看，都要好一会儿才找到它。待我们全看到勺鸡后，老林开始说笑话，悠然自得地抽烟了，又跟笔者说："看好勺鸡啦，别再寒碜我了！"说罢又是哈哈大笑。

老林说武夷山上很多"傻东西"，其中一个就是勺鸡。2013年11月（作者摄）

　　勺鸡一役，算不上"神眼"的最佳例子，很多跟老林看鸟的人也有差不多的体会。第一个给他起外号的人，是现居香港的英国鸟人迈克·吉尔伯恩（Mike Kilburn），他说："那一次，老林开车途中，跟我们说路边草丛里藏着一只很不起眼的雉鸡（Common Pheasant, *Phasianus colchicus*）雌鸟，当时车速很高，可是他也能找出来，自此我便叫他'林鹰眼'。"另一位居住香港的英国鸟人李察，他曾先后四次找老林带团在江西看鸟，说起他的神眼趣事，仍记忆犹新。"有一个冬天我们到南矶山看鸟，当时我们在一段崎岖不平的路上走着，老林突然把车停下来，跟我们说远处的芦苇丛里有一只大麻鳽（Eurasian Bittern, *Botaurus stellaris*）。那可是200米以外的地方，而且那大麻鳽纹风不动地站着，就算用望远镜也不易看到，何况他没用。简直是神眼！"李察赞叹道。老林已踏入耳顺之年，没有近视，什么眼镜也不用戴，他笑说一双神眼是天赋的。跟老林认识多年的香港观鸟会主席刘伟民，说起跟老林看鸟的经验，也由衷地说："他对会动的东西特别敏感，林子里稍微有些动静，他很快便能察觉。此外，他对颜色的分辨也很敏锐，是观鸟的一大优势。"最令刘伟民难忘的画面，便是老林最后一次用枪打鸟的情景，那时是2003年，老林在替中国科学院动物研究所的何芬奇教授采集鸟类标本。"因为是拿来做标本，何教授跟我说一定要一枪从胸口打进去。第一枪我没中，第二枪打中胸口。"那是一只只有拇指大小的红头长尾山雀（Black-throated Tit, *Aegithalos concinnus*）。别说一枪打中胸口，想给这种喜欢在枝头跳来跳去的小鸟拍照也很不容易，难怪身处现场的刘伟民也说"眼界大开"。老林笑着说，以前打猎的时候，这些例子不少。"很多时候我打中猎物了，跟我同车的人却都不知道，他们连猎物原来站在哪里都不知道。"

早在20世纪70年代开始，老林已能持牌打猎，江西林子里很多东西他都打过，见过的珍禽异兽也比我们想象的多，其中包括国家一级保护动物云豹（Clouded Leopard, *Neofelis nebulosa*）。"江西官山没成为保护区前，我就在那里看过云豹，但没打到。见过众多的好东西里，

春天是繁殖的季节，也只有这时才比较容易看到黄腹角雉求偶时才展示的漂亮羽毛。右图为两只雄性黄腹角雉为争夺领地而打架（老林摄）

它算是最珍稀的了。"在老林丰富的打猎经验里，最危险的对手是野猪。"一枪打不死它，它就冲过来呀！只能在它冲过来的时候拼命开枪呀，否则不被撞死也得重伤。"那段日子，他就在江西科学院工作，大部分时候替学院在林子里采集标本，有很多鲜见踪影或以为极度濒危的动物，老林都早已看过，例如中国特有鸟种黄腹角雉。"最早稳定地看到它的地方是在井冈山，后来才是武夷山。最早找我带去看黄腹角雉的是迈克·吉尔伯恩、李察·利雅德和贾知行等几个住在香港的老外，我就想这东西到处都有，非得要去武夷山找吗？后来我带他们去，到了山上他们便放录音引黄腹角雉出来。这些年来，每个人去看黄腹角雉都放录音，不行啦，它们不会再搭理了，要我吹哨子才出来。"据说他吹哨子，黄腹角雉便会从林子里出来，所以他也有另一个外号——"鸡司令"。笔者没机会亲眼目睹他如何召唤黄腹角雉，但见识过他模仿不同鸟鸣的本领，只能说他不但天生神眼，听觉与模仿叫声的能力也似乎是得天独厚，这或许是猎人应有的本色？

黄腹角雉可以说是老林的"活招牌"，笔者在他的个人电脑里看到大量精彩的黄腹角雉照片，其中还有长达两小时的片段，是两只雄性黄腹角雉在打架。"这片子是好几年前拍的，那时是4月中旬在武夷山，我带一个老外去看鸟。那两只公的就在路边打来打去，打了两个多小时！后来它们越走越近，都在'爆框'的距离，只能手动对焦。可以说是看角雉看得最过瘾的一次！"老林笑着说。黄腹角雉不单为老林带来生意，还是他拿起相机拍鸟、放下猎枪的契机。事情缘于2001年，江西保护区举办了活动，请了何芬奇教授、林超英和刘伟民出席，老林便负责去接待他们。认识了几位观鸟高手后，老林也开始接触观鸟活动，后来何芬奇教授给他一部胶片照相机，要他去拍黄腹角雉。"他们是看鸟的，我便跟他们聊我看过什么，当时还不懂鸟名，林超英便说以后最好跟他讲鸟名，只说大小、外表特征的他搞不懂。何教授听我说经常看到黄腹角雉，到处都有，便让我拍照给他看。"再后来，香港观鸟会前主席张浩辉给老林送了一部单反相机配400毫米的镜头，又让他拍黄腹角雉。几位观鸟高手潜移默化的影响，加上拍鸟带来的挑战，老林终于对观鸟产生了兴趣。"就是为了要拍好，便开始认鸟名、学看鸟。"后来国家要收回枪和牌照，2003年为何芬奇教授采标本便是老林最后一次用猎枪，然后他全身投入拍鸟，当起全职鸟导，刘伟民是其中一个看着老林转变的人。"我最佩服他的一件事，是从猎人变成鸟类保护的一分子。"刘伟民说。多年来老林参与过的鸟类调查包括中华秋沙鸭（Scaly-sided Merganser, *Mergus squamatus*）和靛冠噪鹛（Blue-crowned Laughingthrush, *Garrulax courtoisi*）等，他还是首个发现靛冠噪鹛越冬记录的人，后来协助香港观鸟会进行靛冠噪鹛越冬地的调查。老林说，从扛起猎枪打鸟到举镜拍鸟，最大的改变包括：发现林子里的东西真的越来越少；还有，现在"打猎"不用伤害动物。

猎人的血液其实还在流着，不过老林把打猎的本领都用于拍鸟。"我拍鸟跟别人不同，我喜欢拍最自然状态的鸟，把最好的神态拍出来。什么褐马鸡（Brown Eared-pheasant, *Crossoptilon mantchuricum*）、白腹锦鸡（Lady Amherst's Pheasant, *Chrysolophus amherstiae*）、红腹锦鸡，我都不去拍。我拍鸟从不投食，那些被投喂过的鸟，一千个人去拍，出来都是一个样。我连看都不去看。"那么，怎样把鸟最自然的状态拍出来？"首先得去看熟，看行为，看它们吃什么，喜欢待在什么地方，我就在那里拍。把小鸟的活动规律找出来，就能拍好。"这是老林拍鸟多年的个人心得。就如猎人下手前，都会摸熟猎物的习性和活动路线，才能一击即中，拍鸟也如是。所以，老林认为拍得最好的鸟，都是他已经看得滚瓜烂熟的黄腹角雉、中华秋沙鸭和靛冠噪鹛。不过，哪怕是经验丰富的"神枪手"，也有棋逢敌手的时候，至今仍让老林心存疙瘩的鸟，便是行踪神秘的中国特有鸟种海南鳽（White-eared Night-heron, *Gorsachius magnificus*）。"看是看过很多次，但一直没拍好。很难呀，它们是夜行性的，虽然白天也出来觅食，但我还是未能搞定它。"按照老林拍鸟的习惯，笔者可以想象，哪天当他决定要搞定海南鳽，肯定会看见他老往林子里跑，把海南鳽的习性摸熟为止。这种拍鸟习惯的好处是，每拍好一种鸟前，拍摄者对鸟和环境都已经累积了一定的观察经验。每当他把最好的作品拿出来的时候，便知道他不单把这鸟拍好了，还把它们的习性摸熟了，而不是一张只有鸟名而没故事的照片。

　　综合了几位鸟导的经验，鸟导工作其实一点儿都不容易，既要为客人安排一切交通膳食，又要确保客人的观鸟目标都能达到，如果团员人数多了，团友出现意见不合的时候还要排解纠纷。不过，几位鸟导都不约而同地表示，当客人表现得很满足的时候，也是他们感到最开心的时候。在老林的客人中，自然有不少都为他的"神眼"所折服，但也有不少鸟人认为，因为老林的待人态度而给他们留下深刻印象。例如，李察最记得老林很会吃，而且很在意客人是否都吃得好。"有一个冬天，我们一起在婺源看鸟，同行中有两人不吃肉，老林便带我们去了一间外貌挺令人却步的饭店。结果我们吃了许多可口的地道菜式，包括不同款式的菌类和蕨类，实在太好吃了——是我在国内吃过的最美味的一顿饭。"李察说。多次跟老林观鸟的刘伟民说，难忘的经验太多，但其中一件事他觉得很值得说出来。"2003年非典肆虐，人们闻非典变色。我们当时从香港飞抵江西，一听我们是香港来的，完全没人肯来接我们。最后老林开车过来，把我们带去山上的农家乐，他和我们几个便在那里待了几天，一起看鸟。那一年，真能体会人情冷暖。"刘伟民笑着说。笔者记得2015年北京雾霾最严重的几天，朋友圈里流传了一句笑话：这几天非因公事见面的人，都是生死之交。2003年，笔者仍在非典肆虐的香港生活，按照笑话所言，与同城的人都是"生死之交"，未能体会刘伟民在内地所见的冷暖，但明白他和老林在山上农家乐所感受的人情。

领角鸮（老林摄）

新生力量系列

雷进宇

——鸟类与生态保护的
新力量（上）

　　雷进宇（网名Ptarmigan，即雷鸟），2006年毕业于北京师范大学，为教育学硕士。在大学期间受学长影响而爱上观鸟，并以学生志愿者身份参与多项鸟类调查，课余时间最爱跑到野外观察自然，观鸟的热情从大学时代至今有增无减。大学毕业后，雷进宇曾在儿童读物出版社工作，最后在机缘巧合的情况下，终于把爱好变成工作，献身于鸟类与生态的保护事业。现在是世界自然基金会中国区域湿地与水鸟保护经理，与同是观鸟爱好者的太太居于武汉。

　　"江山代有才人出",用在中国观鸟界实在非常恰当,现在国内观鸟的年轻人越来越多,甚至从小学开始观鸟的也渐现苗头,很多"小鸟人"的观鸟水平已经相当不俗。如果以本书近三十位受访的中国鸟人作为一个样本来看,几位"80后"的年轻鸟人跟前辈的区别之一,便是他们有相对多的机会把爱好变成工作,不论是他们在大学做研究、在鸟会服务、在NGO工作、当鸟导还是从事生态旅游等。这种变化当然跟社会和经济状况,以及信息科技的发展很有关系,但看到年轻人积极把握时代给予的机会投身到保护动物和生态保护的事业里,绝对是很多前辈鸟人乐见的事情。信息爆炸、知识更新的步伐愈来愈快,年轻鸟人的观鸟水平也提升得很快。是以,20年前与生态保护有关的工作,可能是学者的专利,但时移世易,任何人通过努力学习和坚持,最终也能献身于相关的专业工作。雷进宇是一个好例子。

　　"观鸟彻底改变了我的一生,如果没有接触到观鸟,我现在可能在老家于跟教育事业相关的单位中工作,子女可能已经上小学。而事实上,我现在在一家国际自然保护机构工作,太太也是观鸟爱好者。"雷进宇说。这个彻底改变了他一生的爱好,便是从一次大学的集邮活动开始——对,是集邮活动而不是观鸟活动。在那里,雷进宇结识了他的观鸟"铁杆兄弟"刘阳,两人当时皆醉心于集邮,课余时间不是花在邮局便是邮票市场上。后来,刘阳推荐雷进宇选修赵欣如老师主持的"鸟类环志与保护"的课,小伙子之间的话题渐渐从邮票变成了观鸟,课外活动的场所从邮票市场变成北京各个鸟点。雷进宇对观鸟渐渐产生兴趣,第二年再次选修"鸟类环志与保护"的课,多了观鸟的体验后,相同内容的课便变得更有感觉。"可以说,赵老师的课让我了解了观鸟;而走入观鸟之门、让我迷上观鸟,却是刘阳的陪伴。"自然而然,雷进宇开始观鸟时给他留下深刻印象的鸟,都跟以上两位鸟人有关。"个人第一个目击鸟种是北红尾鸲(Daurian Redstart, *Phoenicurus auroreus*),那是跟着刘阳爬松山时看到的,没有望远镜,用肉眼看到。"事情发生在15年前,

刘阳（左）、余日东（中）和雷进宇虽然各自在忙自己的事情，但多年来仍不时相约一起看鸟（余日东提供）

当时是雷进宇第一次真正意义上的去野外，没想到事隔多年，曾经跟几个哥们手脚并用地爬过的海陀山，将快要变成滑雪赛场。"至于第一次用望远镜看鸟，是2000年跟赵欣如老师去北戴河参加鸟类环志的活动，从单筒望远镜看到很多水鸟。红嘴巨鸥（Caspian Tern, *Sterna caspia*）的红色大嘴巴让它从海滨上密密麻麻的鸟群里脱颖而出，至今难忘。"

　　让雷进宇难忘的观鸟经历不少，很多都是跟刘阳共同体验的，例如去四川云南交界的大雪山找绿尾虹雉（详情请参考刘阳的访问），还有一个跟八色鸫"失之交臂"的惨痛经历——"有一次我和雷进宇一起去瑞丽看鸟，有一天晚上他做梦看到一个八色鸫，醒来查图鉴，应该是蓝八色鸫（Blue Pitta, *Pitta cyanea*），岂料过几天真看到了。当时在林子里，那鸟躲得挺严的，一出来晃一下就没了。我们当时是并排的，我想应该是我的体积比较大，所以最后我看到，他看不到。直到现在他还没看到这鸟，一说起来就很懊悔。"刘阳说起这事时，仍带点腼腆，笑得很不好意思。雷进宇则开玩笑地说："对于看林鸟我有个建议，如跟比你身形大的同伴一起看，记得随身带根大头针，以免出现两人在密林中同时举望远镜，他在欣赏八色鸫，你却因无论如何挤不动他而错失机会。"类似的事在鸟人间并不罕见，如此小事当然无损两个小伙伴的感情。虽然雷进宇暂时跟蓝八色鸫无缘，但另一只八色鸫却成为他意想不到的收获。"那天参加香港观鸟会组织的蒲台岛观鸟活动，同行鸟友在岛上看到蓝翅八色鸫（Blue-winged Pitta, *Pitta moluccensis*），但我找不到。当晚刚回广州，便接到鸟友从深圳来电，告知有人在深圳市区某停车场发现蓝翅八色鸫！于是第二天立马坐火车赶到深圳去，和众人一起'批发'这八色鸫。"八色鸫是一种色彩缤纷又充满异国风情的鸟，但大部分都性格羞涩，总爱躲在林子深处，非要弄得人仰马翻才能看一眼，让人恨得牙痒痒。所以，不少鸟人都喜欢交流他们的八色鸫故事，互相吐槽八色鸫一番，有外国鸟人甚至花了一年时间看遍全球的八色鸫，并把其"惨痛"经历写成书[1]，可见这种鸟的确是非一般的珍禽。雷进宇在香港看不到蓝翅八色鸫，最后在深圳市区"不费吹灰之力"得之，自是一种可遇不可求的意外收获。

在观鸟路上，对雷进宇影响良多的除了刘阳等同伴，北师大的生活也非常关键。那时候，除了"鸟类环志与保护"的课，赵欣如老师已在校园里举办"周三课堂"，面向公众推广观鸟和分享知识，令北师大成为高校的观鸟先驱。据雷进宇说，当时北师大生物系的"鸟类学"专业，就国内综合大学来说，水平差不多是最强的，所以校园里的观鸟条件和气氛都很好。雷进宇和同伴每逢春秋迁徙季节，都在生物园里做校园鸟类环志，每天在园内巡网或观察，累积下来的校园鸟类统计，最后让他们建立了北师大校园鸟类名录，并参与中国高校观鸟排行榜[2]。此外，雷进宇还在课余时间，作为志愿者参与了世界自然

---

① Chris Gooddie. 2011. *A Jewel Hunter*. Princeton University Press.
② 中国高校观鸟排行榜：2006年的"全国观鸟组织联席会议"上由中国鸟类学会观鸟专业组理事廖晓东提出在全国多地进行"全国大学校园鸟类观察统计"（即"中国高校观鸟排行榜"），并由多地鸟会与鸟人大力支持，包括中国观鸟会每年定期对各高校的观鸟记录数据进行收集、统计和整理发布。截至2009年，共有23个省市的126所高校进入排行榜，提交观鸟记录约2,000篇。

基金会组织的长江水鸟同步调查。尽管当时雷进宇读的是教育学，但课余时间的种种活动，都为他埋下了日后事业方向的伏线。大学毕业后，雷进宇按照"既定剧本"进入儿童读物的出版社工作。当了三年编辑后，2009年，出版社的集体宿舍要收回了，他在观鸟群里吐

雷进宇最喜欢的岩雷鸟，2015年摄于新疆

槽了一下，于是友人提议他到世界自然基金会试试看。当时世界自然基金会的武汉办公室公开招聘，雷进宇投简历、面试，结果成功录取，正式投身跟自己爱好有关的工作。

世界自然基金会自2004年至今，和国家林业局共同组织了4次长江中下游水鸟同步调查，调查范围包括洞庭湖、鄱阳湖、升金湖等数十个湖泊和湿地，2015年年初的调查在湖北、湖南、江西、安徽、江苏和上海五省一市同步展开。调查所得的数据，有助于了解长江中下游地区越冬水鸟的整体状况和变化趋势，为有关方面制定政策时提供有科学根据的参考，这也是雷进宇工作的一部分内容。"我的工作主要是通过实地示范、政策影响与宣传推动这区域内湿地的有效管理与保护。"湿地保护是个大题目，在国外很多地方已有很成熟的认知与政策，但在中国仍然是一件起步不久的事情，在经济发展与自然保护的博弈局面下，湿地保护的工作面临很大的挑战。"虽然国家投入不少资金，抢救性地保护了一大批湿地，围绕湿地的宣传教育做得也不错，不过湿地面积减少、湿地功能退化的趋势还没有根本遏制，而且缺乏全国性的湿地法律，湿地主管部门在'九龙治水'的格局下，通常也处于弱势。"雷进宇分析了湿地保护所面对的部分困难。不过，令人鼓舞的消息还是有的，雷进宇认为近年在鄱阳湖南矶湿地国家级自然

保护区组织的"点鸟奖湖"计划，是个挺不错的开始。"点鸟奖湖"会按停留在保护区湖泊水面的候鸟数量为依据，对渔民进行奖励补偿。南昌市财政局至今已三次兑现奖励，共计56万元。从前渔民会驱赶来吃鱼的越冬水鸟，现在会调控湖泊水位，蓄水留鸟，向"鸟、湖共存"的理想局面走去。[①]"这个做法探索水鸟保护与小区域发展的新思路，既抓住了水鸟保护的核心要素——水文动态过程，又是生态补偿的一种新尝试，对当地小区域的发展也很有意义。"雷进宇说。

　　雷进宇不单从事跟鸟类与自然保护有关的工作，工余时间也做着跟鸟类有关的义务工作。自2004年开始，他和刘阳开始担任《中国观鸟年报》的主编，至今一共出版了5本。2008—2009年的年报合集编辑初稿完成后，一直未能完稿，后面几年的也没法继续做下去。"这个工作需要耗费大量时间整理收集记录、筛选记录，最枯燥的是要将原始记录一条条手动变为统一要求的格式。希望能有一种方法让输入记录变得相对简单，好让编辑工作继续下去。"雷进宇语带遗憾地说。认识雷进宇十多年的香港观鸟专家余日东说："雷进宇为中国鸟类报告做了大量编辑工作，很有贡献，对鸟种审核有高要求，把关能力好，对推动科学观鸟有帮助。"相信没有人会不承认《中国观鸟年报》的重要性和意义，但现实的情况是，在观鸟界很多有意义的工作和活动，全都倚靠鸟人的热心和奉献。当志愿者因各种现实原因不能继续下去的时候，大家也只能为之惋惜，却不知道如何把有意义的工作做下去。香港观鸟会前主席张浩辉曾说，鸟会发展早期很倚赖志愿者的奉献，不少活动都靠会员一呼百应的热情去完成。不过，这种局面始终不能延续至今。北京观鸟会会长付建平也说，最希望鸟会能更正规化、专业化，不是只有几个人在打拼。鸟会的工作尚且不能全部倚赖志愿者，更何况在组织以外的志愿工作？所以，这方面的问题很值得所有关注鸟类保护工作的人深思。

---

① 王稀珍、刘凯，"点鸟奖湖政策带来的和谐"，《中国财经报》，2015年10月15日。

　　"所有保护工作者都是'绝对悲观但乐观'，借用《西游日记》中的一句话：永远无尽的长路，走着一代代不肯绝望的人。"雷进宇提到从事自然生态保护工作的前景时，由衷地说了这句话。他自言，目前的工作大部分时间都是在跟人打交道，"甚至不能说是'鸟类保护'，离鸟类研究工作则差得远。"言语间似有种壮志未酬的味道。虽然很多从事鸟类保护工作的中外鸟人都是科班出身，但不少做得很出色的人都来自不同背景。黑猩猩野外研究专家珍·古道尔博士，在没有本科学历与任何科学训练的情况下获委派去观察和研究灵长类动物的行为，她是后来才在剑桥大学获动物行为学的博士学位（而且是史上少数人在没有本科学位、硕士学位的情况下获准研读博士学位的人），但无碍她在黑猩猩研究多年做出的科学贡献，以及所获得的肯定和尊敬。珍·古道尔的传奇经历未必有普遍的参考性，但她的成就可以说明一件事：科学工作任重道远，要取得成果所需的众多条件里，"门户之见"实在是最不必要的一种。

观鸟工具小包

我的观鸟工具

双筒：奥林巴斯10×42双筒
单筒：蔡司20—60倍变焦单筒

我推介的鸟书

1. 约翰·马敬能、卡伦·菲利普斯、何芬奇，《中国鸟类野外手册》，长沙：湖南教育出版社，2000年。
2. 赵正阶，《中国鸟类志》，长春：吉林科学技术出版社，2001年。
3.《中国观鸟年报》。
4. C. Robson. 2000. *A Guide to the Birds of Southeast Asia.* Princeton University Press.
5. R. Grimmett, C. Inskipp, T. Inskipp. 2000. *Pocket Guide to the Birds of Indian Subcontinent.* Oxford University Press.

闻 丞
——鸟类与生态保护的
新力量（下）

　　闻丞来自云南红河的个旧市，从小就住在山谷里，三四岁时已喜欢观察动物和大自然，从小便培养了对自然的一份深厚的感情。18岁来北京求学，于北京大学信息科学技术学院博士毕业，现于北京大学生命科学学院自然保护与社会发展研究中心从事物种分布模型方面的研究，也参加中心组织的生物多样性调查的野外工作。此外，他还是"世界自然保护联盟"的两栖动物专家组的成员，为两栖动物的状况评估提供专家意见。闻丞不单热衷于野外考察和研究动物，还写得一手好文章，除了经常在国内外SCI与学术期刊上发表论文，还为科普出版物如《中国鸟类图鉴》和《燕园动物》等担任副主编或撰稿人，并经常在科普杂志和论坛上发表文章，涉猎的题目从环境地理到动植物不等。三十出头已有很高水平的学识，在同侪眼中是一个不可多得的"博物专家"。

在山里长大的闻丞，从小已经置身于得天独厚的自然环境里，爱上自然和动物，似乎是必然的事。闻丞迷上观鸟，主要是12岁那年，看到一本没有照片的书《云南鸟类志》，后来大姐送了一副望远镜给他，于是他便开始观鸟。闻丞身处自然资源丰富的环境里，其实从娃娃时代已开始看鸟，还知道鸟会迁徙。"小时候，每逢秋天迁徙季节时，天上都能看见一大群一大群的猛禽，那时家里养鸡，大人会说不能把鸡放出去了，因为猛禽会来抓。所以，自小已对鸟类迁徙有很深的印象。"闻丞笑着说。望远镜到手后，看到的自然比以前仔细，而且他不单单看鸟，还会看整个环境。所以观鸟初期给他最深刻印象的鸟，都不是罕见鸟，而是让他能仔细观察的鸟。"黄臀鹎（Yellow-vented Bulbul, *Pycnonotus xanthorrhous*）的数量最多，很多种子都靠它们传播，所以在森林里比较重要。另外一种是小鹛鹛，因为它是我第一个从繁殖到迁徙的整个过程都看到的鸟，所以对这两种鸟的印象比较深刻。"

现在，闻丞在北京观鸟都不带望远镜，除了去别的地方看鸟或者看猛禽迁徙才会带上。"因为对北京的鸟都很熟了，只凭鸣声就能听出是哪些鸟。"笔者采访闻丞当日，便是在他工作的北京大学，在校园里边走边聊，然后看到一棵大树上有一对鸟在树洞里一前一后地飞出来。笔者没带望远镜，而且鸟又在挺高的位置，不能肯定是什么鸟，闻丞看也不看便说："那是灰椋鸟（White-cheeked Starling, *Sturnus cineraceus*），在树洞里造巢了。"笔者对此绝不诧异，闻丞非常熟悉大学里的鸟是很自然的事。从2003年开始，他已定期参加校内的鸟类调查，2014年跟其他专家联名发表《北京大学燕园鸟类组成》的报告，综合了从2003年至2012年的数据，共录得178种鸟类。在不足3平方公里的燕园里录得这个数字，说明北大校园的环境非常不错。闻丞在这里观察了十多年，校园的鸟早已像家人那样熟，不用看也能知道身边有什么鸟。校园观鸟，只能看到闻丞一小部分的"功力"，他的生物知识水平之高，可以在很多事情上体现出来。例如，在鸟类微信群里，笔者不时看到当人们对好些鸟类辨认出现分歧，或者遇上特难认的鸟种（例如猛禽）时，群组便会发出"专家出来说一下啊"的要求，然后闻丞就出来响应，群里得到答案后都会服服帖帖安静下来。在很多科普杂志或网站上，也经常看见闻丞撰写的文章，虽然不是学术性质，但文章的含金量都很高，而且文笔流畅，文科生如笔者看了都不觉艰涩。就算是有人随便在论坛上问为什么家鸡容易生病，闻丞都会交出很认真的答案：

> ……对疾病易感的家鸡品系是灰原鸡和红原鸡的杂交后代……杂交后代几乎不育，家鸡中的这些杂交品系均来自历史上很少的一些基因突变具有可育能力的个体，瓶颈效应严重，因此这些杂交品系后代有各方面的免疫缺陷，这也就是一大部分鸡如此易病的根源。

说到家鸡，在闻丞发表过的众多文字里，有一篇在"水木小区论坛"上闲话家常的"家有宠鸡"，是笔者觉得特别好看的。原文记录了闻丞的老家从2001年到2013年养茶花鸡和蛋鸡的故事，几代鸡经历过好些"天灾人祸"，又为他们一家带来不少欢笑，最后以他把几只茶花鸡放到有野生原鸡出没的养鸡专业户那里作结。在养鸡这十几年间，他们家没吃过自己养的一只鸡，只吃鸡蛋，因为家里人都不忍心杀鸡。虽然只是论坛上的一个帖子，但闻丞写得生动有趣，既有家鸡和原鸡的知识在里头，又呈现了老家日常生活的画面，好像看了一篇人情味浓的科普小文，令人看得津津有味，几有"入云中兮养鸡"[1]的意境。一般人对家鸡鲜有这样仔细的观察，好些地方还写得饶有趣味，例如：

> 公鸡对母鸡非常照顾，只要人一靠近，就横在母鸡和人之间。

> 公鸡也参与照顾小鸡，有什么好吃的就叫它们过来。

> 鸡有严重的小团体主义，只认从小认识的，后来遇见的要磨合很

---

[1] 王维，《送友人归山歌》。

久才能在一起。

　　鸡如果到了一个陌生的地方，它会把头几夜安稳睡觉的地方认作家，然后以此为据点探索周边，每晚还是回到同一地方过夜。我就是利用鸡的这个习性驯化了家里最早的那只公鸡。

　　最后，闻丞以家鸡和原鸡在红河河谷（也是他的家乡）的渊源作结：

　　红河河谷就是野生原鸡在云南东南部最后的家园。它们生活在云雾线以下的森林灌丛中。千百年来，家鸡和原鸡在这些大山中并没有严格的界限。一代又一代，有的原鸡走出丛林走进人的生活，也有的家鸡离开村落，回归荒野。茶花鸡就是在这样的过程中产生和演化繁衍的。最初来到我们家的两只茶花鸡，就出生在这座大山上。

　　从动物写到故地，可以看出闻丞无论对动物还是家园，都有一种难以言喻的感情。

　　熟悉闻丞的人，都能感受到他对大自然有一份很深厚的感情，在山谷长大的他，对林子特别钟情。所以每看见保存得好的林子，他都很有感觉，其中最喜欢的便包括江西一带。"因为那边林子特别多，树林比较好，打鸟的人相对少，鸟的数量和密度也比较大，我喜欢那边的整个环境。"虽然江西也有靠山吃山的情况出现，但相比国内很多地方，对林子的破坏仍不算严重。"那是因为那边的人文环境好，保有传统的中国文化、乡村文化。在东方的乡村文化里，就算有靠山吃山的情况，但人们总会在周边留下一些林子，因为很多乡村都是多神文化，觉得山是神明，所以要保留林子，这种想法在江西那边的村子还是能看到。其实云南原来也是这样，但保存得不太好。"说起家乡，闻丞难免表现得爱之深、责之切，想不到在很多鸟人眼中是观鸟天堂、鸟类品种丰富而集中的云南，闻丞却不尽认同。"那是以前林子很好的时候剩下来的物种，但每个种都只有那几个，情况不能说好，整体来说是差。"闻丞还说，他从小已觉得国内的自然生态遭严重破坏，例如，云南的植被是最差的，在谷歌地图上看其他地方的植被都是绿色的，但云南却是黄色的。他读书与工作的城市——北京，植被的情况也好不了多少。"管理者自己也知道（植被）不好，最迫切应该做的是改善城里跟周边的植被，人工林的状况得变，主要是四、五环的植被状况要改善。你看见很多都是杨树，它本来不是北京原来的树种，北京本来有的林子应该有橡树，而最好的林子应该还有松树和榆树。"

植被怎样才算好？为什么某些树种是"好"，某些是"不好"？不是所有的树都对环境有益吗？事实上，闻丞身处的自然保护与社会发展研究中心所做的工作，很多时候都是一种环境的规划，规划需要很多环境指标，以这些指标跟合作建设的人谈判，如何规划才能对人与环境造成双赢的局面。"在谈判怎样做规划时，很多时候鸟都是很'硬'的指标，比方说这个地方有很多国家一级保护的鸟类，那这个地方就不能开发，就要给它划定生态红线。从这个地方看到有什么鸟种，大概就能知这个地方有什么生物的一个代表，然后就突出这个地方有什么保护价值，那规划发展的时候就要把这个地方空出来。"鸟是一种对植被很有要求的生物，当人们说植被"好"还是"不好"时，其中一项评核标准自是植被能否吸引鸟儿、留住鸟儿。鸟种丰富的林子，自然就是好地方。不过，这只是一个最理想的局面，现实的情况是，在人多的地方，保护是最难做的，尤其是人口密集的东部。"人口密集的地方很多鸟类都变成了濒危鸟，世界自然保护联盟每年更新的红色名录，大部分的鸟都是在东部，在这些地方做保护是最麻烦、最困难的事情，而且中国东部的情况真的是愈来愈差。要在人口密集的地方做保护，规划的作用特别大，基本上我们是寸土必争，公园、绿化要怎样做，才能让小鸟待得住。例如鹭鸟，原来在颐和园有繁殖地，就有好几千个巢，但现在没了，一个都没有。这肯定跟人为有关，鹭鸟倚赖水田，当水田没了，湿地没了，河干掉了，水鸟就一只都没了。"

"人进鸟退"，人和自然很难完全没矛盾，闻丞说云南的情况很差，因为4000万人口里，有3000万都是靠山吃饭，跟非洲、拉丁美洲一样，这种情况绝对没出路。他认为在中部、南部，就算是东部，过去30年来，山里的情况比以前好，因为人都下山了，对大自然资源的需求压力减小了。不过，人都出来了，压力便随人转移到东边平原和沿海地区，所以濒危鸟比率最多的也是这些地区。"说到底还是人口的问题，有的说法是，最有效的自然保护的方法是节制生育，一直以来把节育纳进国家政策来实行而且成功的就只有中国。在中国，要改善自然保护状况，最能体现变化的就在人口上。"不过，时移世易，独生子女政策是否仍能像以往那样行之有效，实在难以定论。人口增长是大势所趋，所以，能做的就是像闻丞说的，"生态红线多划定一条是一条，能不开发的土地多一片是一片"。闻丞的工作经常要跟政府部门以及不同的建设单位打交道，加上多年来对国内自然环境的深入观察，看生态保护的问题时通常都切中要害。例如环境调查目前所面对的限制。"国家做的环境调查，很多都在保护区里做，但保护区只占全国土地面积的15%，东部的比值更低（占全国面积不到5%，西南部最少占25%），换言之，国内有很多地方的自然、环境状态是不明的，调查的覆盖面太窄了。其实国家也知道这些问题，关键是有没有相关的知识去解决，而大量知识似乎都被观鸟、观测自然的团体掌握，怎么把这些数据拿出来是重点。所以像观鸟记录中心、论坛这些愈多愈好，然后把大量数据汇总，由政府来收集处理。目前最大的问题是人手不够，就是观察自然的群体还是少数，对自然的覆盖面不够大，所以还是要从教育、从小学就开始做这些事。"

笔者采访的鸟人中，不少人对保护的前景都偏向悲观，闻丞是少数对未来感到乐观的鸟人。"以前会觉得中国保护是'没救'，但去了很多其他地方以后，觉得中国还是有希望的。"乐观与悲观，只是一种心态，当然也跟掌握的知识多少有关，但无论如何，年轻人是改变未来的力量之一，他们对未来感到乐观，怎么说也是一件好事。笔者不知道闻丞选择乐观的力量来自哪里，但可能答案就在以下这段出自他手的文字中。

　　森林是鸟类重要的栖息地。世界上羽色最为炫目、鸣声最为动听的鸟，几乎全部生活在森林中。森林中的鸟在森林生态系统中扮演着重要的角色。在历史上哺乳类极少的林地中，鸟类能够演化出令人惊叹的形态和行为，甚至丧失飞翔的能力。今天，有一种哺乳动物掌握着世界上大多数森林以及生活于其中的大多数鸟类的命运，那就是我们人类。[1]

观鸟工具小包

 我的观鸟工具

双筒：Nikon 8×42

---

① 闻丞，"森林，鸟的天堂"，腾讯绿色频道，2011年9月30日。

摄影大师系列

奚志农

——镜头里的鸟（上）

　　奚志农，云南大理人，中国首位野生动物摄影专家。1993年于白马雪山拍摄得首张滇金丝猴的照片，是这种于1890年被发现的中国特有种的最早影像记录。奚志农凭着滇金丝猴的照片，于2001年获得英国野生生物摄影年赛"杰拉尔德·杜瑞尔濒危野生生物奖"，成为首位获得这项国际殊荣的中国人。自幼已对野生动物产生浓厚的兴趣和感情，奚志农多年来走遍国内拍摄各种珍稀生物，相信影像的力量能感染世人，是推动公众参与保护自然的有效方法之一。十多年前创办"野性中国"工作室，致力培养更多专业的野生动物摄影师，并建立"中国濒危物种影像库"，希望把"影像保护自然"的信念广传开去。

奚志农在大理南边的巍山出生，在一个与野生动物和大自然没明显分野的地方成长，他自幼便像个"野孩子"，经常去山上玩耍，养过麻雀和鸭子，村子里会有豹子和穿山甲等野生动物出没，小伙子自然对动物充满好奇。后来跟妈妈搬到昆明生活，他发现自己不喜欢城市，愈发觉得大自然才有"家"的感觉。"那时我舅舅住在昆明附近一个叫温泉的地方，他家就在山坡上，我一放假便跑到他那里，跟他上山砍柴、打鸟。"奚志农微笑说。由于打鸟，当时他想把鸟做标本，于是去找书看，开始对鸟儿产生好奇。后来他在《中国青年报》看到鸟类学家郑作新教授给一位曾在昆明动物研究所工作的老师回信"让小鸟迷飞上理想的天空"，信里提到国内研究鸟类的只有三百多人，希望能有更多的人加入研究鸟类的行列。"看了文章后，我想：我应该去做一个鸟类标本采集员。"这个工作没做成，但他的心早已飞到小鸟世界里，一门心思专想干跟鸟类有关的工作。后来，妈妈工作的盲人学校里有一位学生，去给一位退休的鸟类专家做按摩，这位鸟类专家便是留学德国的傅桐生。奚志农便跟这位学生到傅老先生那里，跟他聊天、聊小鸟。"当时他来昆明休养，我每天跑过去跟他聊天，他很高兴啊！后来他离开昆明，还把部分手稿和资料送我，又把我介绍给云南大学生物系的王紫江教授，跟他学鸟。"

傅老先生离开昆明后，奚志农跑到云南大学找王紫江教授，正好几天后他们出发去拍一个名为《鸟儿的乐园》的影片，于是便带了奚志农一块儿去。这是他第一次接触摄影，之前连照相机也没摸过。"我们共去了三个多月，去洱源、西双版纳，还有很多地方。当时我们用的是35mm的摄影机，望远镜是老师借我的，8倍双筒，熊猫牌。"奚志农笑着说，好像是昨天才发生的事那样。"印象最深的是在纳帕海看到大群黑颈鹤（Black-necked Crane, *Grus nigricollis*），那是我第一次看到黑颈鹤。"三个月里，奚志农好像梦境成真那样，每天都在野外干着跟鸟有关的活儿。回来后，在爸爸工作的建筑学院里学画图，但心都不在那里，工作第二年，每逢放假就跑去找王教授，帮忙做候鸟调查和环志工作。1984年至1986年间，奚志农便和王教授在巍山县的候鸟观测点工作，后来他把这几年间的见闻写成一篇"云南打雀山纪实"，把那里候鸟遭大量捕杀的经过记录下来，并于香港长春社的通讯刊物上发表。

奚志农说，当地村民利用浓雾对候鸟迁飞不利的因素，燃起篝火、挥舞竹竿去捕鸟。仅巍山一个观测点，最高纪录是一晚约有一万只鸟遭捕杀。每年候鸟南迁的三个月中，最少有30个"适合抓鸟"的夜晚，也就是说平均有数十万只候鸟在巍山遭捕杀，而这样的点在云南省至少有23个！"身处'打雀山'才感到自己的无助和个人力量的微弱。一边是为环志而设的网，而另一边却是候鸟的屠宰场。火堆和竹竿就遍布我们网的前后左右，能侥幸撞上网的实属幸运！火光映红了整个山谷，竹竿挥舞的呼呼声，鸟儿的惨叫声，汇集到你的耳膜，撞击你的心灵。眼睁睁地看着那么多的鸟儿遭到屠杀，你却不能去救它们，还有什么能比这更痛苦的呢！"奚志农在文章里写道。后来他于1995年再回去巍山观测站，发现捕鸟的情况变本加厉了。"我真吓了一跳，人们用我们的方法，用鸟网抓鸟，我立刻拍下这些情况。那些竹竿能把小鸟拦腰斩断，我拍片的时候，满头都是鸟乱飞，有一只红喉姬鹟被斩断，其中一半就掉到我的虎口上，盖了一个血印子。"后来奚志农把这些片段送到云南台播放，当时他在林业厅工作，于是回去便写了一个报告，希望能改变这种情况。在巍山几年看尽候鸟遭屠杀的场面，令奚志农受了不少刺激，但在监测站的工作，令他发现鸟类环志特别有意思。"这样做不伤害小鸟，登记后便放飞，好像把希望放走。"在巍山做鸟调和环志的时候，奚志农已开始学摄影，自此他便不再打鸟、不采标本。

鸟类标本，可以说是奚志农初尝摄影滋味的重要角色，话说1983年他跟王紫江教授拍摄《鸟儿的乐园》时，在纳帕海看到一大群黑颈鹤的画面令他至今难忘，但当时的摄影技术有限，没去拍到近景，于是他们从学校借来一个黑颈鹤标本，放在草甸中央拍摄。类似的"摆拍"例子还有好几个，例如在中甸坝子的箐口看到一群十多只白马鸡（White-eared Pheasant, *Crossoptilon crossoptilon*）就在离公路不远的山边，但当时来不及拍摄，他们便去找了一只当地人养的白马鸡，带着它到野外拍摄。可是那鸡的状态不太好，为了让它看起来精神一点，林业局的人朝天开了两枪，想刺激一下那只白马鸡。那个年代，碍于技术限制，拍鸟就是把抓到的鸟用尼龙绳拴在树枝上拍，有一次拍摄队伍找到一窝橙翅噪鹛（Elliot's Laughingthrush, *Garrulax elliotii*），他们用尼龙绳把小鸟拴在窝里，拍摄亲鸟喂食的画面。"我们拍好后便离去，但忘了解开绳子，第二天去看时，一窝小鸟都吊在窝外死了。"奚志农说起多年前的事，仍然显得很伤感。他受不了这许多的摆拍和伤害，于是立志学好摄影，此后不再进行对鸟儿造成伤害的拍摄。1990年他在中央台《动物世界》当摄影师的时候，跟昆明动物研究所去独龙江进行拍摄，同行的动物学教授韩联宪想拍鸟，但也不想把鸟拴在树上，于是夜里把鸟拿到帐篷里，拿一根树枝让鸟站在上面。"夜里鸟都不飞走，我们拿着树枝拍摄，我给他打手电筒让他拍。可我不拍，我不拍抓住的鸟。"哪怕是为科学研究而拍鸟，只要是抓住的，他都不拍。只拍自由飞翔、自然状态的鸟，早已是奚志农的摄影座右铭。

　　奚志农跟动物研究所去独龙江拍摄，一去便是三个月，此行对他来说，也是一个摄影路上的转折点。"当时抱很大的希望进去，但结果什么特别的也没拍到，因为已被当地人打光了。然后想到，如果要唤起人们对自然的关注，我的

奚志农第一次拍鸟，是1983年跟王紫江教授去云南的事，也是他第一次接触鸟类摄影（野性中国提供）

镜头仅仅对着小鸟是不够的，然后便开始关注拍摄其他动物。"奚志农黯然说道。当时奚志农在独龙江碰到昆明动物研究所的滇金丝猴课题组组长龙勇诚，对方向他提议拍摄滇金丝猴，奚志农心里当然十分愿意，只是时机未到。1992年5月，一项为期三年的滇金丝猴研究项目在

奚志农致力于自然拍摄，不诱拍不摆拍，把鸟最自然的状态拍出来。图为蓝马鸡（野性中国提供）

云南白马雪山自然保护区正式展开，这时奚志农已拍了好几年云南野生动物，加上新订购的索尼Betacam-sp摄录一体机到手，似乎万事俱备，他便于同年11月踏上拍摄滇金丝猴纪录片的旅程。现存五种金丝猴里，有三种属于中国特有种，同样被"世界自然保护联盟"列为濒危物种。滇金丝猴长年生活在滇藏区冰川雪线附近的高山针叶林带，现存数目不足1,000只成年个体，在过去25年间的数量已大幅下降约两成。[1]自1890年被发现以来，除了少数科研人员或当地人外，很少有人见过滇金丝猴，连一张照片也没有。奚志农认为，滇金丝猴的重要性不下于熊猫。滇金丝猴生活的森林很偏僻，人迹罕至，从1992年11月起至1993年9月，奚志农三度深入森林，才成功找到它们。看到滇金丝猴那天，已是奚志农和同伴离开大本营的第六天，身上的粮食已差不多没了，加上连日来穿越在没有路的密林中，走遍滇金丝猴可能出没的森林，众人已身心俱疲。当他们决定打道回府，走到海拔4,700米的垭口时，同伴钟泰走散了，其余人等又给冲下流石滩，不知所措。此

---

[1] 世界自然保护联盟于2008年更新的数据。

时，钟泰在林缘向他们挥手大叫"猴子！猴子！"，原来他听到树枝折断的声音，估计是猴子出没。众人立刻从沟底向上爬，途中他们发现了猴粪，目测判断猴群应该离开不久。"这时候见到猴粪，就像是在欣赏一件艺术品。"奚志农说。众人兴奋莫名，平常用半小时才能爬到的高度，只用了十几分钟便爬到了山脊，此时幼猴的叫声从对面传过来，奚志农立马找了个制高点，终于看到远处一棵突出的冷杉树上的一群滇金丝猴！奚志农急忙脱下外衣垫在石头上，把摄录机搁在上面，开动、拍摄。在摄录机取景器上，奚志农才看清楚这是一个猴子家庭，大公猴正吃着松萝，两只母猴靠在公猴两侧，其中一只还抱着婴猴，另外两只幼猴在旁边玩耍。"两年的期待和寻找，今天终于变成了现实，我将永远记住今天这个日子（1993年9月15日）！就这样直到电池耗尽，磁带走完，我才恋恋不舍地离开了那块石头，抱着同伴说不出一句话来。"奚志农在他亲笔撰写的文章《没有一个地方像滇西北那样让我魂牵梦绕》里这样写道。

滇金丝猴的纪录片带来很大反响，奚志农的作品开始引起公众注意。不过好景不长，1995年6月奚志农得知德钦县政府为解决财务困难，打算采伐与白马雪山保护区相连的一片100平方公里的原始森林，此举势必危害保护区里200多只滇金丝猴。奚志农多方奔走和呼吁，希望阻止采伐计划但无效，无计可施的他在环保作家唐锡阳的协助下致信国务委员宋健，又通过民间环保团体"自然之友"向媒体发放相关消息。同年11月北京林业大学组织了一次呼吁保护滇金丝猴的会议，并播放了奚志农拍摄的纪录片，引起不少反响。一系列的呼吁行动，终于引起中央政府的高度重视，并于1996年5月制止了德钦县的商业砍伐。不过，奚志农因此丢了林业厅的工作。保护滇金丝猴生境的成功，可以说是一次民间保护运动的胜利，美国《新闻周刊》更将其视为"中国首个绿色革命"，奚志农被喻为中国保护力量的先驱之一。滇金丝猴的影像不单深深触动了国民，也在国际上引来不少关注，奚志农于2001

年凭滇金丝猴的照片获得英国野生生物摄影年赛"杰拉尔德·杜瑞尔濒危野生生物奖",是首位获奖的中国人。他也是首位获得"国际自然保护摄影师联盟"会员资格的中国摄影师,这个联盟收录会员的过程严谨,须由会员提名才可申请入会,申请人不只要获得会员认可其摄影水平,也要对环境保护做出一定的贡献和成就才有机会获得会员资格。所以,此联盟并非摄影好的人就能加入。

奚志农的一贯理念是"影像保护自然",拍摄是保护濒危物种的一种手段,因为保护生物的第一步是认识它们。很多濒危生物数量稀少,又在人迹罕至的地方,看见过的人不多,连长相如何也不知道,谈何保护?在这种情况下推动保护,便只剩下概念和口号了。奚志农相信,通过影像的传播能促进公众参与环境保护。"没有深切的感受,你怎么可能有这样一种力量去做?"影像的力量有多大,滇金丝猴一例已能说明。奚志农发现中国的野生动物影像严重匮乏,九成以上靠进口,希望推动拍摄野生动物的工作专业化,于是2002年在北京成立"野性

滇金丝猴一家(野性中国提供)

中国"工作室，致力培养专业野生动物摄影师。"我用了30年的时间为自己创造一个职业。"奚志农笑着说。他出现前，野生动物摄影师不是一个职业，多年来通过他们的"中国野生动物摄影训练营"，现在已建立了一支庞大的专业摄影队伍。此外，奚志农亦致力于建立中国濒危物种影像库，为媒体、NGO、环境教育机构、出版社等提供影像服务。

虽然当年奚志农成功推动了保护滇金丝猴生境的运动，还影响了中央对森林保护的政策，但他认为这个成功是孤例，没有可复制性。"我是悲观主义者，但哪怕是这样，都得以乐观的精神去做。如果你不做，那就更加没有希望。去做，也许会有改变，年轻人在转型、在改变，那么你还能看到一点希望。从事鸟类研究的人可能不多，但民间看鸟的人越来越多，你看近年发现的新记录，都是看鸟拍鸟的人发现的。"奚志农说。自幼已对动物深感兴趣，长大后因摄影而深入认识它们，奚志农对野生动物早已产生一种不能言传的深厚感情。是以，他最希望在未来看见的一个转变，便是将《中华人民共和国野生动物保护法》里的一个条款废掉。"《保护法》里有一个'国家鼓励人工饲养繁殖濒危珍稀野生动物'的条款，只要去办一个证，人们便可以合法养这些动物。你知道有多少像熊这样的动物在这种饲养下过着生不如死的生活？！如果这条款不废，那么多国内国外的保护组织做那么多事情都是白费。"奚志农语带激动地说。

跟奚志农聊了一个上午，他都是心平气和地笑着说话，但一提到野生动物受威胁的情况，奚志农便不由自主地激动起来。笔者想起很多年前获得普利策奖①的南非摄影师凯文·卡特（Kevin Carter），他的得奖作品《饥饿的苏丹》把大饥荒中一幕震撼人心的画面拍出来：一个瘦骨嶙峋的小女孩无力地躺卧地上，背后不远处站着一只对她虎视

---

① 普利策奖（Pulitzer Prize），设立于1917年，其目的是为了表扬出色的新闻工作者，是美国新闻界的一项最高荣誉。

奚志农进行拍摄工作中。1993年白马雪山（野性中国提供）

眈眈的鹫。照片刊登在《纽约时报》后引来极大反响，很多读者来信查问小女孩的下场，苏丹的大饥荒亦因此受到西方社会的关注，时为1993年。而同一年，在地球另一端，奚志农首次成功拍摄到滇金丝猴。卡特于1994年获普利策奖，同年自杀身亡。在遗书里他提到自己受不了多年来所见的杀戮画面——人们的愤怒和痛苦、饥饿与受伤的小孩、嗜血成性的杀人凶手。可想而知，长年累月目睹种种暴力和杀害，对摄影师的精神造成多大的创伤，可他们仍然要把自己的情绪抽离，为世人留下一个见证和记录。从拴着鸟儿在树上拍摄到坚持只拍自然状态的野生动物，奚志农目睹过多不胜数的杀害和捕猎野生动物的情景，它们的命运与他休戚与共，比起卡特的极端反应，奚志农的激动已然含蓄许多。

董　磊

——镜头里的鸟（下）

　　董磊，四川成都人，"影像生物多样性调查所"（Images Biodiversity Expedition，简称IBE）的技术总监。从小喜欢接近大自然，中学时代开始学习摄影，大学毕业接触观鸟后，很快便把两种爱好合二为一，后来踏上专业野生动物摄影师的道路。2007年与奚志农在四川唐家河拍下中国特有种灰冠鸦雀（Grey-crowned Crowtit, *Paradoxornis przewalskii*）的首张照片，为这种现存资料甚少的珍稀鸟类提供了宝贵的影像记录。董磊也是国内少数用最短时间拍摄三种虹雉的摄影师，从开始拍摄野生动物至今，一直以了解自然，在不伤害动物的大前提下拍摄为原则。加入IBE的八年来，董磊已进行了接近40次的野外调查与拍摄工作，为中国自然影像库提供了大量珍贵的记录。

　　董磊接触观鸟的时候，正值2000年前后国内观鸟风气渐现苗头的年代，那时世界自然基金会的论坛是喜欢生物、自然的人经常流连的地方，很多人在那里结识了志同道合的人，或者因此开始观鸟，自幼喜欢大自然和野生动物的董磊也是一个例子。"那时成都观鸟会也刚成立，在论坛发了一个观鸟体验的帖，我就报名参加了。因为我自己有一个俄罗斯望远镜，当时拿着就去了。现在还清楚记得第一种鸟是鹊鸲（Oriental Magpie-Robin, *Copsychus saularis*），当时鸟会的朋友熟练地说出鸟名后，我追问了数次，最后逼着他们写出来才知道是哪两个字。"参加活动后董磊便立刻喜欢上了观鸟，大概对自幼喜欢自然和动物的人来说，爱上观鸟是不需要理由的吧？那时候他在四川大学里工作，那里的鸟况一向挺不错，所以董磊第一个认真练习观鸟的场所自然是大学校园，然后才慢慢发展至成都附近的地方。"那时候倒是不追求罕见鸟种，还记得第一次看见黄喉鹀（Yellow-throated Bunting, *Emberiza elegans*）、酒红朱雀（Vinaceous Rosefinch, *Carpodacus vinaceus*）、栗腹矶鸫（Chestnut-bellied Rock Thrush, *Monticola rufiventris*），都很激动啊！"观鸟大概半年后，董磊便买了第一台数码单反相机佳能EOS 20D，然后便开始很认真地拍鸟。

　　摄影对董磊来说并不陌生，比观鸟这种爱好还早开始许多，全因家里有一个爱好摄影的父亲，父亲还在他念高中的时候送了一台海鸥df-1胶片相机，自此他也继承了父亲的爱好。不过，他第一次拍鸟的经验，却并非在观鸟后开始，而是托这台海鸥相机的福。"1995年我还在读大学的期间，带着连测光功能都没有的相机跑上黄山，在山上发现有漂亮的小鸟来啄食食物残渣，人来就躲回树丛，但周围安静下来它就会悄悄出来，我便坐在台阶等候，居然用50mm标准镜头的老相机拍到了还不错的照片。"直到十年后董磊接触观鸟后，拿旧照片出来看才把小鸟认出，原来当年拍的是红嘴相思鸟（Red-billed Leiothrix, *Leiothrix lutea*）。

灰冠鸦雀（董磊摄）

因为鸟类摄影能够集合董磊沉迷的两种爱好，所以很快他便从业余摄影师变成专业的野生动物摄影师。然而成长之路上也少不了多位摄影前辈的提携和指导，其中一个便是奚志农。奚志农十多年前成立了"野性中国"工作室，志在培训专业野生动物摄影师，董磊便是其中一员。2007年7月，奚志农和董磊一起待在四川唐家河保护区核心范围里进行绿尾虹雉的拍摄工作，就在那里，两人拍下"传说中"的灰冠鸦雀的首张照片。"当时我们计划待在保护区核心区海拔2000—3000米的高山区域大概一周左右，那里有个木屋保护站可以住。不用扎帐篷住在山顶的时间，我们都得来回四个小时往返山顶和营地。某天返回营地的路上，我们遇上一群嘈杂的白眶鸦雀（Spectacled Parrotbill, *Sinosuthora conspicillata*）后，便聊着说有种鸦雀近百年来不但记录少，连活体照片都从来没有，模式产地离这里一山之隔。聊着聊着，然后就有一只长相奇特的鸦雀跳出来，我们都拍了。那时候就算翻了图鉴，也不敢相信那就是灰冠鸦雀。"灰冠鸦雀于1892年在甘肃首次被发现，然后直至20世纪80年代才在九寨沟再次出现，于2005年至2006年间在甘肃再次得到记录。[1]现存数据显示，灰冠鸦雀生活在岷山山脉海拔2000—3000米的针叶林与竹灌丛，多年来的记录甚不稳定，而且没有任何影像记录。所以，两人拍得其首张照片，实在很难得。奚志农笑着说："现在想来觉得蛮幸运。"董磊则很想再去看看这小家伙，可是那一带不容易去，而且公私

---

[1] 张烁，"传说鸟种现尊容——中国摄影师首次拍到罕见鸟类灰冠鸦雀"，《生活空间》，2008年。

两忙，实在分身不暇。

董磊自言，观鸟、拍鸟对他人生的影响很大，因为他借此重新找回自己从小就热爱的大自然，更重要的是找到了深入接触和了解大自然的工作机会，学习了很多学校里没接触过的知识，这对没有生物科学背景的他来说很有意义。"通过平常接触到大自然各种季节变迁、物候变化、生老病死、生存竞争，我觉得自己性格比以前外向，放松了很多。我喜欢整个自然摄影，我其实投入了很大精力去拍摄野生哺乳动物和高山植物，甚至比在鸟类上花的时间精力都多，但产出往往没有鸟类大，因为哺乳类太难拍摄，高山植物只有夏季能够拍摄到开花。"多年来跑了国内很多地方，用摄影师的角度看大自然，很容易被神奇伟大的自然与野生动物感动，但长期拍摄，同时也会比平常人多一些机会看到环境的变化，这一点董磊也看到一些端倪。"我个人因为主要在西部拍摄，大多数地点，特别是保护区范围内的地点，变化并不大。不过，因为人口增加，扩散进无人区，再加上更多的经济活动，就对自然的威胁越来越大了。环境变化这个题目太大，我个人只能猜想尽管有的地区金字塔底部的生物有所恢复，但塔顶的生物越来越危险。另外，因为水电项目的影响，水生生物非常危险。"

自然环境变化这个大题目，大部分情况下好像只有科学家、学者和专家才会去研究，但假如环境变化是人类共同行为的结果，那么去了解这题目确实是每个人的责任。大众要认识环境问题的渠道很多，各种各样的呼吁和教育也从来不缺乏，可是要让人们付诸行动，光是喊口号和宣传是不够的。像奚志农说："没有深切的感受，你怎么可能有这样一种力量去做？"对此，董磊也所见略同："多数人一辈子都可能见不到这些自然和生物，很多时候一旦见到了，立即就能明白为啥大家呼吁要保护，否则讲再多公众也明白不了。"影像的力量不只是看到的那一刻让人产生感受，继而行动，很多时更会引起一些历史性的改变。1967年在波士顿一场马拉松比赛上，一位年轻女子在赛道上出现，她跑了一段路后，有官方人员跑出来强行拉走她，并呵斥道："你给我滚出这比赛！"整个过程被拍下来了，当时仍是黑白照片的年代，那张女选手被强行拉走的照片却深深打动了许多美国人。后来，1972年波士顿终于举行了第一场女性可自由参加的马拉松比赛。如果没有这些照片，很多美国人可能不知道曾发生过这么一件事，也不会那么快便废止了这条不公平的比赛规则。

董磊及他的IBE同事自然深知摄影的力量有多大，所以，对他们来说，拍摄自然影像就好像是一种使命，不单是为使公众了解自然与野生动物，更是为科研提供珍贵的文献资料。IBE于2008年成立以来，已在国内多个地区进行超过70次野外调查和拍摄，例如青海三江源—长江调查、云南丽江老君山国家公园调查、西藏墨脱全国第二次陆生野生动物资源调查等，调查报告会提交给所调查的保护区、管理部门和当地政府，并会通过媒体发布。每个调查队通常由五至八名专业生态摄影师组成，拍摄时间通常为每次二至三周，一个调查地区通常进行二至四次拍摄调查。调查可以产出一个区域的影像生物多样性调查报告、物种名录，以及与物种相对应的图片、视频和地理信息

IBE和工作伙伴在冷布沟（董磊提供）

数据。这些数据对包括生物学、生态学、环境保护、生物多样性等多种领域的研究皆十分重要，好像博物馆经常从庞大的标本库里发现"新"物种或重新定义某些物种那样，这些影像资料也在科研上扮演着相似的角色，为难以亲身到现场考察的科研人员提供第一手数据。

在动物摄影，尤其是鸟类摄影这个题目上，近年来在国内外都成为挺受争议的话题，因为拍摄时人类对动物始终会造成一定的影响甚至伤害，各种诱拍甚至直接伤害鸟类与导致鸟类死亡的个案比比皆是，这些都是鸟类摄影最为人诟病的原因。对此，董磊自有一套原则。"我一般遵循网络上比较流行的来自英国的观鸟道德规范（由江明亮翻译）——总之扔石头、驱赶拍飞之类绝对是不干的。我对自己比较满意的一点是能够舍弃，尽管要拍摄到最满意的照片往往需要花很多时间，但如果我判断继续拍摄可能会伤害拍摄对象，我就会立即放弃，离开拍摄地点。即使这样，确实还存在部分灰色的区域，特别是拍摄繁殖季或使用人工光线拍摄夜行性的猫头鹰，确实存在两难，需要在实践中仔细思考。其实很多被批评的拍鸟者最大的问题就是为拍而拍，

白马鸡（董磊摄）

根本不去考虑拍摄对象是活生生的生命。我觉得不管观鸟还是拍鸟，其实都是体验自然的一种方式，理论上喜爱的人越多就会越促进保护，但是不管国内国外，似乎都有拍摄者完全误入了歧途，我认为根本原因是欲望压倒了对自然的爱，甚至有些拍鸟者压根儿就不喜欢鸟类，也不了解相关自然科学知识。根本的改变，必须来自主流观鸟、拍鸟人群认同体验及保护大自然高于个人的收获和欲望才行。"每当我们看到一张非常清晰的小鸟特写照片时，总会为鸟儿漂亮的羽毛或眼神所震慑，很多人会惊叹于摄影和影像的力量，也可能就此以为求真便是生态影像的全部，于是争相拍摄"爆框""数毛"等鸟类照片。在不伤害拍摄对象的大前提下，一张生物照片何谓美、何谓好，当然是见仁见智的审美口味。不过，在个人喜好的层面之上，始终有一些汇集多方专业意见、经历不同时代变迁才累积而成的标准。例如，2015年英国野生生物摄影年赛大奖的"Tales of Two Foxes"（照片里可见在一片白雪地上，一只赤狐正衔着一只死掉的北极狐），大会评审认为作品的得奖原因如下：

在加拿大的冻土上，赤狐因为气候变暖而向北迁移，于是它们的活动范围便与其近亲北极狐开始重叠。对北极狐来说，赤狐不单变成它们的主要觅食对手——两者的猎物都是像旅鼠等小动物——还变成主要的捕猎者。至今为止，很少有人目睹过北极狐被赤狐猎杀的情景，但可以想见，两种狐之间的冲突会变得越来越常见。

照片得奖的原因当然包括拍摄者的摄影技术和艺术水平，但更包括选材的丰富程度。一张照片蕴含的信息量不只是动物的美态（两种狐的毛发与毛色清晰可见），还包括其身处的生境（两种狐交会的冻土带），更呈现了两种狐的生活习性（赤狐以北极狐为猎物），以及反映了照片以外的环境状况（全球气候变暖）。这，就是影像的力量。

随着摄影产品技术的高速发展，摄影已经成为一种人人皆能轻易接触的事物，各种各类的影像以前所未见的海量充斥我们的感官，无时无刻不在刺激我们的思维。影像泛滥也是信息泛滥的一种，超过某个承载量时，大脑会"死机"，它们便会变得毫无意义，再也发挥不了刺激的作用。技术与潮流是难以逆转的，我们不能都退回过去，但不妨回想一下，"摄影"原本包含哪些意义？美国作家与评论家桑塔格（Susan Sontag）曾在其著作《论摄影》里写道："摄影除了教晓我们一道新的视觉法则，还改变并扩阔了'什么值得我们看'和'我们有权观察什么'的想法。摄影是'看'的一种语法，更重要的是，它是'看'的一种道德规范。"如果摄影机是我们的眼，我们拍的照片便是我们所选择看见的世界。诚如桑塔格所说，从一张照片里，大概能看出拍摄者的道德选择。

藏原羚在三江源（董磊摄）

第三章

国内鸟类调查

栗斑腹鹀

　　栗斑腹鹀被世界自然保护联盟列为濒危鸟种，在《中国濒危动物红皮书·鸟类》中被列为稀有种。它是中国受灭绝威胁最大的鸟种之一，有不少人相信它随时有灭绝的可能——可靠的文献记录指出其数量一直在急剧下降，但至今为止有关栗斑腹鹀的研究依然不多，人们无从得知其情况变得有多坏。此外，其分布地很窄，生境长期面临破坏与消失的威胁，众多专家和专业机构的评估也对栗斑腹鹀的未来不甚乐观。有鉴于此，北京观鸟会、香港观鸟会、国际鸟盟自2011年开始，每年在栗斑腹鹀的繁殖季节，于国内联手进行数量评估与生境调查，希望尽力填补这鸟种的资料空白，为刻不容缓的保护工作提供可靠的数据支持。本篇旨在介绍这种濒危鸟的调查与保护情况，之所以以栗斑腹鹀独立成篇，是因为国内仍有不少像它一样面临灭绝危机的鸟种，却得不到应有的关注与保护，而且人们对它们的现状仍所知甚少。谨希望栗斑腹鹀如履薄冰的境况能引起更多公众和政府部门的关注，尽快做出更多研究，以及保护和恢复数量的行动。

1. 栗斑腹鹀是什么

栗斑腹鹀是雀科鹀属的鸟类，属鸣禽，主要以种子和昆虫为食物，喜欢在杏树下方、靠近地面的位置筑巢。根据研究调查，栗斑腹鹀的繁殖生境为草原及杏树丛，植被覆盖度愈大、杏树愈多、贝加尔针茅和大油芒的密度愈大，便愈有机会发现它们的巢。[①]栗斑腹鹀一般于4月中开始配对，筑巢的高峰期为5月中旬，5月底至6月初为产卵期，6月中为育雏期，雏鸟生长至约11日龄后出巢。[②]

栗斑腹鹀由波兰动物学家弗拉迪斯拉夫·塔克扎诺夫斯基（Wladyslaw Taczanowski）于1888年正式发表文章确认为新种，并以在西伯利亚流亡的同乡米夏尔·扬科夫斯基（Michal Jankowski）命名。当时波兰不少科学家因政见问题而被放逐异乡，扬科夫斯基跟几位流亡的鸟类学家在西伯利亚一起工作，于1886年在俄罗斯的Sedimi采集到栗斑腹鹀雄鸟的样本，并送回国给塔克扎诺夫斯基研究。[③]

2. 栗斑腹鹀的分布

栗斑腹鹀于俄罗斯、朝鲜及中国皆有分布记录。不过，自20世纪70年代以来，俄罗斯的繁殖地就再也没有栗斑腹鹀的记录，而在朝鲜繁殖的群种近年来也情况不明，所以，只剩下中国仍有可靠的记录。根据文献记录，中国吉林省有3个栗斑腹鹀繁殖记录的地方，于1994年仍录得总数大约330—430对的数字，但情况变坏得很快，例如，吉林省珲春于1994年录得350对的数字，于2005年已没有栗斑腹鹀的记录，专家相信吉林省东部的原有种群现已灭绝，而原本有分布记录的其他

---

① 高玮、王海涛、孙丹婷，"栗斑腹鹀的栖息地和巢址选择"，《生态学报》，2003年第4期。
② 白哈斯、高玮、周道玮，"栗斑腹鹀的繁殖习性"，《动物学杂志》，2003年第38期。
③ Jiří Mlíkovský. 2007. *Types of Birds in the Collections of the Museum and Institute of Zoology, Polish Academy of Sciences, Warszawa, Poland. Part 2: Asian birds*. Journal of the National Museum (Prague), Natural History Series Vol. 176.

地方亦存在数量大幅下降的情况。目前已知有分布的地方包括内蒙古的图牧吉、科尔沁右翼中旗（以下简称"科右中旗"）的新佳木和西尔根以及吉林省的大岗林场等，虽然近年来有人在新地方录得栗斑腹鹀的零星记录，但专家估计在国内整体数量仍然远少于200对。[①]曾有历史记录的北京，时隔70年后，2016年1月于密云水库发现栗斑腹鹀，为北京第二笔记录。综合北京观鸟者的资料，最高的单笔记录为7只。截至2017年3月底，北京连续第二年录得栗斑腹鹀的越冬记录。这是否意味着它们的越冬地开始往南迁移或有扩散的迹象？由于只有两年的越冬记录，要下定论仍为时尚早。所以，持续的观察和记录非常重要。

3. 调查概况

国内就栗斑腹鹀进行的学术调查数量不多，而以群种数量评估与分布情况为题的学术调查则更少，要进行栗斑腹鹀的保护工作，首先得对其数量与分布地进行评估，才能确定未来的保护工作该如何展开。北京观鸟会、香港观鸟会、国际鸟盟于2011—2014年里，定期于内蒙古和吉林仍有栗斑腹鹀记录的多个地方，进行数量调查，而项目统筹与负责人便是北京观鸟会的会长付建平。

根据付建平所述，栗斑腹鹀调查的前期工作、调查路线由北京师范大学生命科学院的副教授董路来设计，主要按照文献及其他记录所提及的地点和生境而定，而拥有丰富鸟类调查经验的赵欣如老师亦有参与策划调查方案。从2011年到2014年的调查，基本上都按照这个方案进行。调查的人数从五人到十几人不等，一般分两个阶段（5月及6月）进行观察与记录，可以分别看到求偶行为及筑巢行为。调查地点从一开始的科右中旗、图牧吉，扩展至后来包括扎鲁特旗、白城、赤峰、吉林大岗林场、民治村等，观测点最后共超过130个。

①国际鸟盟"Birdlife International"的资料。

在蒙古国的调查（唐瑞提供）

　　2015年新增了蒙古国的观测点。目前除了内蒙古和吉林发现比较稳定的繁殖群种，在2013年11月于蒙古国亦录得一只栗斑腹鹀的记录，经过专家的讨论后，相信那里可能有一个不为人知的群体，值得在繁殖季节到该地进行初步调查。香港观鸟会获得法国野生动物摄影爱好者杨·穆齐克（Yann Muzika）的赞助，联同香港观鸟会的专家余日东及傅咏芹、北京观鸟会的吴岚及唐瑞，一行五人于5月中旬出发到蒙古国东南部进行为期12日的调查，希望找到栗斑腹鹀新的分布地。调查路线由蒙古国野生动植物科学与保护中心主任南巴亚·巴特巴亚博士（Dr. Nyambayar Batbayar）负责筹划，从乌兰巴托开始，到南部的中蒙边境，以及东部至北部人迹罕至的地区，寻找适合栗斑腹鹀的生境，全程跑了约2,500公里的路。

4. 结果

　　2011年调查一共发现17只个体，全在科右中旗一个保护区的周边录得繁殖记录，那里是栗斑腹鹀的典型生境。2012年在科右中旗的西尔根发现19只个体，其他调查点皆没有发现。2013年两次调查一共发现71只个

记录于北京密云水库的越冬栗斑腹鹀
（唐瑞提供）

体，其中43只在科右中旗的西尔根发现，其余皆零星分布在内蒙古其他点以及吉林省的大岗林场。2014年两次调查一共发现147只个体，主要分布点分别是西尔根和扎鲁特旗。过去两年的调查所录得的数字都在上升，主要因为调查队伍累积了经验，对栗斑腹鹀的生境了解多了，陆续发现新的分布点。2015年在蒙古国没发现任何个体。调查队伍在指定路线里，只发现几个适合栗斑腹鹀繁殖的生境，但都是面积很小而且分散。

5. 栗斑腹鹀面临的威胁

根据一项在吉林省大岗林场进行的学术调查[①]，发现调查三年来栗斑腹鹀在该地的繁殖数量连续下降，繁殖成功率（出飞的窝数/进入筑巢期的巢数×100%）及繁殖成活率（出飞幼鸟总数/所产卵总数×100%）分别只有平均15%及10%。繁殖率如此低，主要来自几方面的破坏，包括人为干扰、不明捕食以及大杜鹃寄生等。

I. 人为干扰

人为干扰包括捡卵、毁巢及牲畜践踏等行为以致亲鸟弃巢所导致的卵、雏流失，而且是几项威胁里最严重的。栗斑腹鹀的繁殖生境里有大量放牧，靠近地面的鸟巢往往容易被羊群践踏，也有放牧人发现

―――――――――――――――――――

① 程瑾瑞等，"栗斑腹鹀种群数量变化的分析"，《东北师范大学学报（自然科学版）》，2002年3月第34期。

鸟巢后，会取走卵，甚至有当地羊倌用自制的蚁夹（一种用马鬃拉成的活套）套捕亲鸟。

Ⅱ．天敌

红脚隼、白尾鹞、狐、黄鼬、日本弓背蚁等。

Ⅲ．大杜鹃

大杜鹃会把卵寄生于其他鸟巢里，从而造成巢主鸟卵或雏鸟的损失，包括造成亲鸟弃巢等。多个调查结果显示，栗斑腹鹀的繁殖地跟大杜鹃的繁殖地重叠，并观察得大杜鹃进行巢寄生行为的记录。

Ⅳ．生境消失

由于栗斑腹鹀的生境也是农牧业发展的地方，所以当地时有大量收割饲料草的行为，对植被造成很大破坏，严重影响栗斑腹鹀的繁殖生境。当地的粮草收割情况多年来没明显改善，2010年在图牧吉有栗斑腹鹀分布的区域里，只剩下1平方公里的合适生境，比前几年大大减少。根据唐瑞于2013年的观察，有栗斑腹鹀记录的草原，很多都没有保护，没有围栏围起来，而当地农民继续在该地铲除草来增加他们的耕地面积。

Ⅴ．烧荒

栗斑腹鹀的多个生境地皆有不同程度的烧荒，调查队伍于2015年在蒙古国考察时，也观察到当地烧荒情况严重。烧荒不单烧毁栗斑腹鹀繁殖期倚赖的杏树（杏树为鸟类求偶期鸣唱、配对提供高度，并有栖木作用，栗斑腹鹀甚至喜欢在杏树下筑巢），还会烧毁干草，干草能为栗斑腹鹀提供筑巢材料，同时也是昆虫的生境，干草消失意味着栗斑腹鹀的食物也随之消失。

6. 讨论

I. 栗斑腹鹀有多"危"?

从2011年至2014年的普查结果所见,虽然个体数量呈上升趋势,但鉴于调查点每年递增,观察范围每年都有所增长,加上目前只有4年的数据,要基于这些资料来判断栗斑腹鹀的全貌,仍然为时尚早。不过,从有文献记录至今的数据所得,栗斑腹鹀在中国境内的调查范围里,的确有下降的趋势,例如大岗林场于1999—2002年期间,栗斑腹鹀的数字从55对下降至15对,到2010年跌至10对[①],而2014年鸟会调查队伍在当地只发现4只个体。

根据世界自然保护联盟的评级标准,栗斑腹鹀被列为"濒危"[②],但根据四年的调查数字来看,栗斑腹鹀在中国境内的最新数字不足200只个体,已达"极危"的其中一项标准,但按照评级标准的要求,由于目前所得的数字只是中国境内,曾有分布的地方如俄罗斯及朝鲜并没进行普查,没有最新数字显示栗斑腹鹀在这些地方是否已灭绝,所以没有足够理据把栗斑腹鹀的情况升级为"极危"。这项事实,说明了栗斑腹鹀的整体现况仍存在很多空白,有系统的调查必须继续进行,而且范围要扩大至中国境外。

虽然按照现有的国际评级标准来说,我们仍未有百分百的证据显示栗斑腹鹀处于灭绝边缘,但它的情况是绝对值得讨论的。在鸟类发展历史上有不少备受争议的例子,如冠麻鸭(Crested Shelduck, *Tadorna cristata*),它最后一个可靠记录是1964年于俄罗斯录得的3只个体,此后在有可能分布的地方再没有发现可靠的记录。不少专家相信它们已灭绝,但在世界自然保护联盟的名单上,冠麻鸭仍被列为"极

---

① 国际鸟盟 Birdlife International的资料。
② 世界自然保护联盟的评级标准分为无危、近危、易危、濒危、极危、野外灭绝、灭绝共七个等级。

危"，原因跟栗斑腹鹀的情况一样，有些适合冠麻鸭的生境，并没有进行普查和考察，所以没有充分证据证明冠麻鸭已完全于野外消失。虽然我们仍未能肯定栗斑腹鹀距离灭绝有多远，但被列为"濒危"已经表示极受威胁，而目前所得数据并未能证明栗斑腹鹀有大幅扩散或稳定上升的趋势，加上其生境不断面临各种破坏和威胁，栗斑腹鹀的保护工作确实是刻不容缓，否则有很大可能步冠麻鸭的后尘。

II. 保护概况

目前国内并无任何针对栗斑腹鹀而展开的保护行动，但就前述数据显示，栗斑腹鹀的生境已遭过度放牧、收割粮草和烧荒所破坏，只有被列入保护区而围起来的地方，栗斑腹鹀的数量才持续保持稳定，例如科右中旗西尔根的保护区里，个体数字从2012年至2014年间增加了一倍。由此可见，围栏的确发挥了一定的保护作用。

鸟会的调查队伍于2014年进行普查时，也在当地的"爱鸟周"宣传栗斑腹鹀保护的资讯讯息，并跟当地小学合作举办教育活动，向当地人解释栗斑腹鹀及其重要性。学校对活动的反应良好，老师要求鸟会在未来继续在当地举行栗斑腹鹀的教育活动。

根据调查队伍的报告显示，图牧吉一个重要的保护区已获批准进行采矿，那里是栗斑腹鹀和大鸨的主要繁殖地，此举势必影响两种受

栗斑腹鹀的成鸟，腹部上的斑块是主要辨认特征（唐瑞提供）

栗斑腹鹀的典型生境（唐瑞提供）

国家保护的鸟类。虽然调查队伍已向官方呈交数据和报告，但采矿要求最后仍获国务院通过。

7．结语

生物保护的路上困难重重，往往由于教育和数据所限，造成人类对自然的认知限制。世上仍有很多像栗斑腹鹀这种面临灭绝危机但我们对其所知甚少的生物，我们要与自然共存共荣，便不能对它们不闻不问。跟达尔文齐名的博物学家华莱士（Alfred Russel Wallace）曾说过："当我们不断赞叹造物主的奇妙创造时，却任由如斯美好的生物在我们眼前无声无色地消失，而且对它们漠不关心、一无所知。我们的子孙会指责我们，没有好好保护我们有能力保护的生物。"[①]好生之德不应该是科学家或专家才有的精神，在我们仍有能力改变现状的时候，还是应该积极行动。综合前述，栗斑腹鹀（以及很多跟其拥有相似命运的生物）的保护工作可在以下几方面进行：

Ⅰ．扩大调查范围，持续进行数量与生境地的普查。只有获得长期的可靠数据，才能从官、民两方面同时着手制定保护策略。

Ⅱ．教育和宣传。和栗斑腹鹀生境息息相关的当地人，最需要认识栗斑腹鹀的重要性。多个保护事例皆指出，有当地人参与的保护，是最积极有效的方法。

Ⅲ．无论是Ⅰ或Ⅱ，都需要资金支持才能持续进行，以往几年的普查，皆是鸟会好不容易筹得资金才成功执行。国际鸟盟为栗斑腹鹀开设了一个专项基金，所筹得的款项皆用于调查与保护，关注栗斑腹鹀的人士，可给基金直接捐款，支持栗斑腹鹀的保护工作。（捐款链接：https：//www.justgiving.com/Jankowskis-Bunting）

---

① Alfred Russel Wallace. 1863. On the Physical Geography of the Malay Archipelago. *Journal of the Royal Geographical Society* 33:217-234.

猛禽迁徙调查

鸟类迁徙为人类提供了大量关于环境的珍贵信息，会进行大规模迁徙的候鸟路经地球多个地方，而且极受天气、生境、食物供应等环境因素影响，人类凭观察它们的迁徙行为，从中获得大量数据，对认识环境与气候变化很有帮助。猛禽也是候鸟的一种，以它们为迁徙监测对象的好处很多，例如它们体积较大，容易观测；作为食物链的顶层物种，猛禽对环境变化极为敏感，它们在迁徙行为上的变化，带有指标性的意义。民间发起的猛禽迁徙监测与调查在国内还是刚刚起步，但在几个大城市已有不少鸟人以志愿者身份进行定期监测，力求填补这一块调查的空白。本篇旨在介绍猛禽迁徙调查的概况和猛禽的保护现状，并采访了几位在北京参与监测的鸟人志愿者，他们包括前北大附中、现鼎石学校科学教师韩冬，北京猛禽迁徙监测调查项目负责人兼自然之友野鸟会论坛版主宋晔（网名令狐兔妖），曾在北京观鸟会工作、现为自然观察者专职人员的关翔宇（网名北京小关），以及在北京大学生命科学院工作的闻丞。

1. 猛禽是什么

　　鸟类王国可粗分为六大生态群：走禽、陆禽、攀禽、水禽、鸣禽和猛禽。猛禽遍布全球大部分地区，共有400多种。猛禽有别于其他五种禽类的主要特征，便是它们拥有钩状喙尖和弯钩状利爪，这两项是猛禽觅食的重要工具。它们的喙端具钩，边缘锐利，有的猛禽喙钩突出，可以将猎物一击致死，并能迅速肢解猎物。此外，它们的爪握力甚大，有些大型猛禽能用爪直接把猎物的骨头捏碎，甚至可以借此猎杀体形比自己大很多的猎物。在传统分类系统里，猛禽类又分为隼形目和鸮形目，隼形目猛禽多在日间活动，所以称为"昼行性猛禽"，鹰、鸢、鵟、鹞、隼、雕、鹫等都属于这类猛禽；鸮形目多在夜间活动，所以被称为"夜行性猛禽"，主要包括所有猫头鹰。中国共有65种隼形目猛禽，32种鸮形目猛禽。

2. 猛禽迁徙与环境的关系

　　候鸟迁徙路线一般是指在繁殖地与越冬地之间的一段路程，其距离长短不一，从跨省份、跨国家到跨越不同洲不等，也有鸟类在同一座山做季节性的垂直迁徙，而本篇陈述的猛禽迁徙调查主要以长途迁徙的猛禽作为观测对象。研究候鸟迁徙的环境内容包括迁徙路线、距离和天气等，从这几方面的数据中，除了可以了解候鸟的习性，还能了解环境的变化，包括天气、生境和食物供应，等等。

Ⅰ. 迁徙的路线

　　综合多方面的资料来看，全球的候鸟迁徙路线主要有8条，经过中国的主要有3条，分别是东部海岸线、中部及西部。从目前所得的数据显示，猛禽迁徙经过中国的路线，主要是以"西南—东北"的方向纵穿整个中国，并于整个远东地区繁殖，越冬地包括华北平原至东南亚海岛，甚至远及非洲。^①经过东南亚地区的候鸟迁徙路线被称为"东亚通道"，这条通道由西伯利亚东部南延至印度尼西亚的巽他群岛，但人们对这条通道的北方路段所知甚少，取得数据最多的一段，便是从日本出发到中国的台湾、中国南方或中国南海的路线，^②但其余路段的资料非常匮乏。所以，在这个前提下，中国的猛禽迁徙调查便显得更为重要。

II. 迁徙的距离

在同一条迁徙通道上，不同品种鸟类的迁徙距离也不一样，就算是猛禽也有着不同的迁徙距离。一般而言，猛禽迁徙的平均距离可达4,000公里以上，而有些猛禽的单程迁徙距离就高达12,000公里，包括阿穆尔隼（Amur Falcon, *Falco amurensis*）和普通鵟（Common Buzzard, *Buteo buteo*），它们从俄罗斯和中国东北北部的繁殖地飞往南非越冬。其他做长途迁徙的猛禽包括从朝鲜飞往马来西亚的灰脸鵟鹰（Grey-faced Buzzard, *Butastur indicus*）、从黑龙江飞往孟加拉国的乌雕（Greater Spotted Eagle, *Clanga clanga*）、从西伯利亚飞往菲律宾的白腹鹞（Eastern Marsh Harrier, *Circus spilonotus*），等等。^③

III. 天气的关系

综合猛禽定点监测的经验来看，猛禽迁徙跟天气有着不可或缺的关系，例如雨后天上出现大规模猛禽迁徙的机会很高，风速高的好天气会较容易看见雕类等大型猛禽进行迁徙。在春、秋两季的迁徙期里，风向和气温会对猛禽迁徙产生截然不同的影响。

---

① 闻丞，"猛禽：鸟中王者"，《森林与人类》，2013年11月。
② 闻丞，韩冬. 2013. Raptor Migration Monitoring in the Spring of 2009 at Baiwangshan, Beijing. *Chinese Birds*.
③ 宋晔，"北京西山猛禽的迁飞"，《森林与人类》，2013年11月。

在秋季迁徙中，猛禽通常选择在冷锋过境后的天气进行顺风迁徙。冷锋过境前的天气特征是偏南或西南风，气温升高，而冷锋后的风向会转为西或西北风，气温同时下降，气压升高，风速增强。监测结果显示，风力3级（14km/h）以上、西北风的天气会出现猛禽迁徙，而在5至6级（30—40km/h）的西北风天气下，更会出现大规模迁徙。[1]在春季迁徙期里，风力3至5级的偏南风晴天天气会出现猛禽大规模迁徙的情况。此外，初春时的北方冷空气活动会令长江中下游地区出现低温降雨天气，在该地区越冬的猛禽或迁徙时路经此地区的猛禽，会因冷天气造成一定伤亡。[2]

3. 国内猛禽迁徙监测概况

从20世纪80年代中期开始，渤海一带一直在进行猛禽迁徙的定点监测与环志记录，直至2005年共有37,672只猛禽被环志及放飞。辽东半岛的老铁山及绥中，于1996年至1998年间亦有进行猛禽迁徙监测。至于附近的北戴河，一直有外国鸟人做不定期的观察记录，而贵州、山西、河南及湖北等地亦有猛禽迁徙的监测，但并无公布具代表性的记录。[3]

除了官方进行的监测与环志记录，民间志愿组织包括多地的观鸟会近年亦陆续展开猛禽迁徙的定点监测，已公布监测结果的地方包括武汉、广西、重庆和北京。位于迁徙路线中部的武汉，于2011年开始由武汉观鸟会在马鞍山、八分山开展定时观测。广西的北海鸟类专家"伯劳"和他的团队，也于2011年开始在北海冠头岭进行猛禽迁徙监测。重庆观鸟会近年逐渐确立定点监测，主要集中在川东平行岭的华

---

① 李重和、刘岱基等，"中国东部沿海地区猛禽迁徙与天气、气候的关系研究"，《林业科学研究》，1991年第1期。

② 侯韵秋、李重和、刘岱基、范强东、王黎、裴晓鸣，"中国东部沿海地区春季猛禽迁徙规律与气象关系的研究"，《林业科学研究》，1998年第1期。

③ 闻丞，韩冬. 2013. Raptor Migration Monitoring in the Spring of 2009 at Baiwangshan, Beijing. *Chinese Birds*.

萦山脉、缙云山脉、中梁山脉、铜锣山脉和明月山脉，每条山脉上都会设立超过2个观察点。从已公布的监测结果来说，北京百望山的监测数据比较丰富，目前在百望山共有两批志愿者（北京观鸟会和自然之友）进行定时监测。北京观鸟会于2013年开始，春秋两季每周定点监测两至三日，而自然之友则于2012年开始，春秋两季每日不间断定点监测，每年产生160份记录，监测超过1,000小时。

北京猛禽迁徙监测中发现的白尾鹞（作者摄）

综合几个省份的监测地点来看，猛禽迁徙最理想的观测点皆在山上，这跟猛禽的飞行习性有一定的关系。猛禽的体形较大，飞行时消耗的体能比其他鸟类多，尤其在做长途迁徙时，为了省力，猛禽喜欢利用上升气流来做滑翔飞行。当太阳照射到山坡上时，山坡的温度升高，空气遇热膨胀，气压下降，山谷的空气便沿山坡向上爬升，因而产生谷风。温度愈高，风势愈强，所以中午前后当太阳高升时，也是猛禽出没比较多的时候，因为此时的上升气流和风势最有利于猛禽滑翔飞行。像重庆的川东平行岭和北京位于太行山余脉的百望山，其连绵不断的山脉制造的气流，就像一条天然的高速公路，所以位于内陆的猛禽迁徙路线多数落在国内几条重要的山脉上。

4. 监测结果

武汉

自2011年以来，武汉观鸟会在马鞍山观测共录得19种猛禽，其中数量最多的是阿穆尔隼及日本松雀鹰（Japanese Sparrowhawk, *Accipiter gularis*）。①

广西

北海鸟类专家"伯劳"自2011年开始在冠头岭监测3年，共录得10,445只个体，29种猛禽，主要品种有灰脸鵟鹰、日本松雀鹰、阿穆尔隼及凤头蜂鹰（Oriental Honey Buzzard, *Pernis ptilorhynchus*）。②

重庆

重庆观鸟会在川东平行岭于迁徙季节的监测共录得22种猛禽，在夏季或冬季游荡期录得秃鹫（Cinereous Vulture, *Aegypius monachus*）、鹰雕（Mountain Hawk Eagle, *Nisaetus nipalensis*）、金雕、白腹隼雕（Bonelli's Hawk Eagle, *Aquila fasciata*）、白尾鹞（Hen Harrier, *Circus cyaneus*）等5种猛禽。

北京

综合北京观鸟会及自然之友于百望山监测的结果，至今共录得32种猛禽，数量最多的品种包括凤头蜂鹰、普通鵟、灰脸鵟鹰、雀鹰（Eurasian Sparrowhawk, *Accipiter nisus*）及阿穆尔隼。

北京的其他特殊记录

1. 据韩冬提供的数据，他于2005年秋天在百望山上录得1小时超过500只灰脸鵟鹰的迁徙记录，为目前以小时计的迁徙数量最高的记录。

2. 据宋晔提供的数据，其监测团队于2014年5月11日录得2,193只迁徙个体，为目前单日迁徙数量最高的记录。

凤头蜂鹰的特殊记录

凤头蜂鹰是猛禽家族里喜欢做集体迁徙的成员之一，而且在天气合适的时候，往往很容易看见大规模的迁徙行为。凤头蜂鹰可分为两大群族：分布

---

① 钱烨，"武汉猛禽过境调查：穿越武汉'鸟道'飞向好望角"，《长江商报》，2012年10月31日。

② 北海365网：http://www.beihai365.com/read.php?tid=3116711。

作者在北京百望山观察到的凤头蜂鹰（作者摄）

于中国西南部及东南亚的几个亚种基本不迁徙，而在东亚繁殖的亚种为迁徙群体，于国内迁徙路线上看见的凤头蜂鹰基本就是这个群体。研究候鸟卫星追踪十多年的日本教授樋口广芳，据其研究显示，凤头蜂鹰的秋季迁徙路线从日本至中国东南沿海地区，再向南迁至马来西亚及印度尼西亚等地越冬。春季则从越冬地经泰国、云南、重庆、东北，最后回到东亚繁殖地。

其中一只名为"阿紫美"的蜂鹰被装上了卫星追踪器，所以其迁徙路线的数据得以详细记录下来。阿紫美于2003年9月开始做秋季迁徙，从繁殖地日本安昙野出发向东南亚方向迁移，最后抵达越冬地爪哇岛。整个旅程历时52天，一共飞了9,585公里。翌年2月，阿紫美开始其春季迁徙之旅，几乎沿着其秋季路线折返，先从爪哇岛出发，经苏门答腊、新加坡、马来半岛，在缅甸的景栋附近停留了37天做充足的补给后，阿紫美继续向东北方飞行，越过昆明、贵州、西安、辽东半岛、朝鲜，最后回到繁殖地日本安昙野。整个旅程耗时87天，共飞了10,651公里。樋口教授的研究显示凤头蜂鹰对迁徙路线的忠诚度很高，每年基本沿用同一条路线迁徙，分毫不差。[①]

凤头蜂鹰比较容易被观测到大规模集体迁徙的原因虽然未明，但从重庆和北京两地的数据来看，凤头蜂鹰的确是最常录得单日迁徙数量最多的，在迁徙高峰期间，一天看到数十只至数百只凤头蜂鹰过境并不特别稀奇。

重庆的最高纪录：2013年5月5日，单日录得2,767只。

北京的最高纪录：2009年5月19日，3小时内录得2,054只。

5. 讨论

I. 从北京百望山的监测记录来看，其最突出的特点是迁徙猛禽品种丰富，在台湾和东南亚等同样进行定点监测的数据显示，这些地方在迁徙季节录得的猛禽品种不超过15种，但在百望山一个观测点、一个迁徙季节所录得的品种，就已经有23种。这有可能是百望山恰好处于数条迁徙路线的重叠点上的结果。[②]

II. 虽然民间组织已陆续发起定期定点监测，但时间尚短，所累积的数据仍难反映出任何可靠的规律来。此外，定点调查的监测站亦不够多，以全国比例来说覆盖范围仍然很小，在国内的猛禽迁徙路线上，仍有很多空白。定点定时监测的范围与规模必须扩展，但据目前的情况显示，只靠民间志愿组织来做，最大的问题仍然是资金不足、不稳定，以及人手严重不够。

III. 环志和卫星追踪的记录对猛禽迁徙行为提供极可靠的数据，例如樋口广芳教授所进行的候鸟卫星追踪，便为研究凤头蜂鹰的迁徙路线提供大量可靠的数据。不过，目前国内仍未有进行具规模的猛禽卫星追踪项目。

---

① 樋口广芳，《鸟类的迁徙之旅：候鸟的卫星追踪》，复旦大学出版社，2010年。
② 闻丞，韩冬. 2013. Raptor Migration Monitoring in the Spring of 2009 at Baiwangshan, Beijing. *Chinese Birds*.

Ⅳ. 根据闻丞多年监测猛禽的经验来看，他指出猛禽是反映环境变化的最好指标之一。"从我们于2003年在北京观测猛禽开始至今，猛禽的整体数量已经历了一次很大的降低。我小时候在云南看猛禽迁徙，基本上整个天像有黑云

猛禽迁徙监测中常见的雀鹰（作者摄）

遮盖一样，猛禽多不胜数，而我们2003年观测猛禽以来，看猛禽迁徙时可以一只一只数出来，可见数量已下降得很严重。最好的例子便是黑耳鸢，它原本是中国东部平原的常见猛禽，繁殖量很大，适应力强，但现在就是北京也很难见。按道理说，黑耳鸢应该在整个东部仍然能见，每个东部大城市的黑耳鸢应该像喜鹊那样常见才是正常的。所以，它们的消失，绝对是平原被破坏掉、污染或栖息地消失的结果。黑耳鸢对环境的要求已不高，但还是在东部消失了，说明那里的环境破坏和变化是严重的。"

6. 猛禽受威胁的情况

在迁徙路上，猛禽经常遇到恶劣天气或食物不足的情况而造成伤亡，或者因栖息地消失而数量下降，但与之比较，人为造成的伤害可能远超过自然意外的影响。

Ⅰ. 非法买卖和饲养

所有猛禽皆属国家一级与二级保护动物，部分猛禽如白肩雕（Eastern Imperial Eagle, *Aquila heliaca*）、白尾海雕、游隼（Peregrine

北京猛禽救助中心救助的金雕（作者摄）

Falcon, *Falco peregrinus* ）、矛隼（ Gyrfalcon, *Falco rusticolus* ）等更属于《濒危野生动植物国际贸易公约》（ 简称CITES ）附录I的受保护物种，禁止进行国际贸易。所以，在国内持有、饲养、驯养和交易猛禽皆属违法行为。猛禽所受的威胁和伤害包括好几方面，根据北京猛禽救助中心（ IFAW Beijing Raptor Rescue Center ）2001年至2011年的数据，中心接救的所有伤病猛禽中，非法买卖的占47.41%，非法饲养的占34.56%，非法捕捉的占17.2%。超过九成的受伤猛禽皆由于人为因素。上图所见的金雕，便是在非法买卖的市场里被人救出来送到救助中心的，但那时其右爪已因挣脱锁链而严重扭伤，送到中心治理后，因右爪太痛不能常用，只能经常使用左爪支撑身体，结果左爪也渐渐受损，两个爪都需要包裹起来。中心人员说，这只金雕的放飞情况很不乐观，受伤太严重了，别说用爪猎食，就是行动也有问题，放飞后肯定活不长。

II. 非法捕猎

除了非法买卖和饲养对猛禽造成严重伤害，国内很多地方捕猎猛禽的情况仍然肆虐。广西冠头岭于2010年开始有人在那里监测猛禽迁徙，同时也记录下"冠头岭的枪声"，一年统计下来，最少有三四千声枪响，现在情况"改善"了，但每年也有一二百声枪响。[1]韩冬表示，

---

[1] 冯永锋，"猛禽：捕猎与反捕猎之战"，《羊城晚报》，2014年1月25日。

2010年在广西冠头岭看猛禽时，枪声不断，都是打猛禽的。"我看到有凤头蜂鹰被打得翅膀都伤了，所以在那里看猛禽看得挺揪心的。我最希望下次去冠头岭看鸟时，不再听到枪声。"厦门观鸟会的资深鸟人"山鹰"（网名）于2014年曾到冠头岭参加护鸟的志愿活动，其间见证了那里猖獗的打猎活动。"志愿者通过单筒望远镜发现在山脉的尽头，一只媒鹰被绑在高高的竹竿顶端，成了引诱天空中同伴的牺牲品。警察没有抓到盗猎者，现场只发现子弹和猛禽的血滴，抓捕还在继续，对此，北海当地的鸟友并不抱什么希望，他们比我们的心更加悲凉。我理解那濒临绝望的努力是需要怎样的一种坚守。我只能安慰说一切都有个过程，年轻人观念在转变，那些猛禽的血，是浓缩的罪恶与悲伤，也是唤醒民众和社会的刺目的黑色广告。"①

　　当然，广西绝不是唯一发生非法捕猎猛禽的地方，马丁·威廉姆斯在1985年、1986年于北戴海进行候鸟迁徙调查时，便看见当地村民捕猎苍鹰（Northern Goshawk, *Accipiter gentilis*）。他们在空地上放上鸽子做"鸟媒"吸引苍鹰，每年平均捕猎10只苍鹰，一只苍鹰一个冬天大约能抓100只兔子。当地村民告诉马丁，在北山有人会捕猎大型猛禽包括白尾海雕及白肩雕，除了可卖作标本，其羽毛也会卖给京剧团作羽饰或卖到海外，对贫困的村民来说，利润可观。②不论是用猎枪还是鸟网捕猎，国内很多地方，只要是猛禽路经或出没的，都可能发现捕捉猛禽的陷阱。

III. 驯鹰

　　人类驯鹰以利用它们来捕猎的活动，可以追溯至2000到4000年前，现在于中国西部的山区和牧区，以及中亚地区，仍然保留了这种传统。

---

① 厦门山鹰，"伤心冠头岭——来自鸟人山鹰的北海观察报告"，广西生物多样性研究和保护协会，2015年9月9日。
② Martin Williams. 2000. Autumn Bird Migration at Beidaihe, China, 1986–1990.

驯鹰表面上是一种看似伤害甚低的活动，因为有些驯鹰者会在适当时候把猛禽放飞，让它们回到繁殖地。不过，在整个驯鹰过程里，从捕鹰至训练期间，猛禽皆受到不同程度的伤害，甚至死亡。每一只训练成功的猛禽背后，可能有数只至十数只猛禽被牺牲了。

7. 猛禽救助

在国内几个猛禽迁徙的重要点如渤海湾的长岛以及冠头岭，都建立了保护站，收养过路受伤的猛禽。各省份亦有官方或民间组织的鸟类保护中心，其中北京于2001年便由北京师范大学、北京市野生动物保护自然保护区管理站和国际爱护动物基金会（IFAW）合作建立的非营利机构北京猛禽救助中心，专门处理受伤猛禽。自成立以来至2011年年底，中心共接救助北京地区各类伤病猛禽3,300多只，其中超过55%的猛禽经救治痊愈后，放归自然。

"预防胜于治疗"，救助中心与野生动物执法部门及其他野生动物救护组织通过共同合作，成功打击非法买卖猛禽的活动。2006年10月19日，北京市森林公安局及林政稽查大队在延庆张山营检查站共同查获非法运输进京的14苍鹰，经救助中心救治痊愈后全部成功放飞。

国内最早拍到的一张短趾雕的照片，2009年于北京（韩冬摄）

目前，某些山区存在猛禽捕捉农户家禽而造成农户的经济损失，在得不到补偿的情况下，有个别村民为防止更多损失而捕猎或伤害猛禽。2009年实施的《北京市重点保护陆生野生动物造成损失补偿办法》中，猛禽被列入野生动物肇事补偿范围，这做法至少缓解了野生动物与畜牧之间生产的矛盾。

8. 结语

在国内各种候鸟迁徙的调查和研究里，猛禽算是缺少长期系统化的观测和研究的鸟类，而在中国能发现和研究的猛禽种类和数量如此丰富，有关的科研却不成比例地少，实在令人惋惜。诚如厦门鸟人"山鹰"上述所言，"一切都有个过程"，民间团体或绿色组织发起的志愿调查，可以说是一个很好的起步点。假以时日，猛禽迁徙调查若能在规模上和时间上继续扩展，像"全国沿海水鸟同步调查"或"黑脸琵鹭全球同步普查"那样风雨无间地进行观测，定期出版监测报告，定会为国内猛禽研究提供可靠有用的数据，为科研做出贡献。

猛禽除了需要投入更多研究，更需要投入强大的保护力量。猛禽有价，非法捕猎、贩卖、饲养等活动已令猛禽受到极大伤害。有效的立法、执法和司法固然是重要的保护力量，但保护的意识、观念和教育更是长远而有效的治本之道。北京猛禽救助中心的年报上，在"如何帮助猛禽"一栏上列出以下几点：

- 不购买、不捕捉、不饲养猛禽，也不食用任何野生动物及其制品。
- 不要随意捡拾猛禽幼鸟，让它的父母继续照顾它。
- 如果发现受伤、生病的猛禽，请尽快联系北京猛禽救助中心或其他专业救助机构。
- 积极宣传鸟类保护的知识。

谨以此与所有爱护、保护猛禽的人士共勉。

中华凤头燕鸥

中华凤头燕鸥（Chinese Crested Tern, *Thalasseus bernsteini*）被世界自然保护联盟列为极危物种，中国《国家重点保护野生动物名录》中保护级别为二级的鸟种。1861年在印度尼西亚东部被首次发现后，1937年中国动物学家寿振黄先生在山东沿海采集到21只标本，此后再无任何记录。直至1978年和1980年分别在河北和泰国有所发现，1991年在黄河河口湿地也有3笔记录。由于中华凤头燕鸥只有零星的历史记录，人们对其所知极少，曾一度以为已灭绝，后来再度在中国东部海域出现，故被喻为"神话之鸟"。2000年，人们在中国马祖列岛的燕鸥保护区发现了繁殖个体，马祖列岛因此成为首个有繁殖记录的地方，这项消息在国内外的自然界引起轰动。此后，两岸的保护人士皆竭力在海峡两岸寻找其踪迹，并启动了调查与保护的项目。经过国内外的保护组织和保护人士多年的共同努力，中华凤头燕鸥已成功在马祖列岛、象山县韭山列岛和舟山五峙山列岛繁殖。本篇介绍了中华凤头燕鸥的调查与保护情况，并采访了参与调查与保护工作的浙江自然博物馆副馆长陈水华博士、国际鸟盟亚洲部主任研究员及高级保育主任陈承彦（Simba Chan），以及中山大学从事野生动物研究的研究助理黄秦。

1.　中华凤头燕鸥是什么

中华凤头燕鸥的旧名称为黑嘴端凤头燕鸥，属鸥科的海鸟，也是鸥科鸟里数量最稀少的一种。跟大部分海鸟一样，中华凤头燕鸥常年在海洋生活，只于繁殖期登岛交配和育雏，主要以鱼类为食物。

2.　中华凤头燕鸥的分布与数量

目前有稳定繁殖记录的地方包括马祖列岛、象山县韭山列岛和舟山五峙山列岛。

2000年6月，中国台湾生态摄影家梁皆得在马祖列岛拍下燕鸥群的照片，经专家确认有中华凤头燕鸥在内，最后发现一共8只成鸟及4只雏鸟，并有营巢等繁殖行为，这是世界上首笔发现的中华凤头燕鸥繁殖记录。其后于2003年、2006年、2008年、2010年及2015年均在该岛上发现成功繁殖的记录。

陈水华博士于2004年在浙江象山县韭山列岛的将军帽岛发现约10对中华凤头燕鸥，是一个新的繁殖种群。不过，该年的繁殖因有人上岛捡蛋和台风来袭，以致完全失败。同年8月，厦门观鸟会在福建长乐发现2只成年中华凤头燕鸥，后经证实，长乐鳝鱼滩是马祖列岛繁殖群的临时休息点。

2008年，舟山五峙列岛发现一小群中华凤头燕鸥在岛上繁殖，后来证实

中华凤头燕鸥捕食归来（朱英摄）

是在韭山列岛繁殖失败后转移过来的种群。其后于2011年、2012年及2015年皆录得成功繁殖的记录，是中华凤头燕鸥第三个已知繁殖点。

2013年开始，在"人工招引与种群恢复项目"（详见下文）展开后，属于韭山列岛的铁墩岛成功吸引了中华凤头燕鸥上岛繁殖，并连续三年录得成功繁殖的记录。

繁殖期以外，人们对中华凤头燕鸥的迁徙路线和越冬地所知极少，录得零星记录的地方包括中国上海崇明东滩自然保护区、台湾八掌溪，以及印度尼西亚斯兰岛，曾有历史记录的包括马来西亚、泰国及菲律宾。（引自国际鸟盟的资料）

陈水华博士估计，目前中华凤头燕鸥的全球总数量接近100只。

中华凤头燕鸥和大凤头燕鸥混合繁殖群（陈水华摄）

韭山列岛中华凤头燕鸥的人工招引场地（陈水华摄）

3. 调查概况及结果

2000年至2004年

中华凤头燕鸥自从2000年再回到世人视野后，两岸的保护团体皆极度重视燕鸥的保护工作。2002年，在台中自然博物馆颜重威老师的推动下，同浙江自然博物馆的陈水华博士组成考察团队，开始在浙江沿海进行调查，经历两个夏季的大范围搜索，考察队最终于2004年在韭山列岛发现约10对中华凤头燕鸥，此外，岛上还有4,000只大凤头燕鸥繁殖。"2004年7月底，象山县韭山列岛省级海洋生态自然保护区邀请我们去做生物多样性基础调查，8月1日是我们对该列岛考察的最后一天。那天的雾很大，我们等到浓雾稍散后出海，当船开到一个不起眼的小岛时，我们看到有一大群海鸟从岛上起飞。上岛后才发现起飞的是大凤头燕鸥，足足有4,000只之多，更令我们惊喜的是，地面上有很多鸟蛋，原来它们都在坐巢。我们立马开始在大凤头燕鸥中寻找中华凤头燕鸥，由于两者长得很像，开始时我们只注意当中是否有嘴尖黑色的个体。可是这些燕鸥数量太多、飞得太快了，我意识到这不是办法，应该注意翅膀的颜色才比较有效（中华凤头燕鸥的羽色较淡）。于是大家又开始寻找。不一会儿，一名队员便有了新发现，当我在望远镜里清楚地看到黑黑的嘴尖时，不禁说：'啊，找到了！'当时大家都非常兴奋。"陈水华忆述首度在韭山列岛上发现"神话之鸟"的情形。

　　同年，厦门观鸟会获得英国皇家鸟类学会小额基金赞助，进行中华凤头燕鸥的调查项目，于2003年10月开始在福建闽江口附近进行搜索，前后出海20多次，调查了接近60个岛屿，直到2004年8月，在福建长乐发现了2只中华凤头燕鸥。

2005年至2007年

　　2005年6月4日厦门观鸟会在世界自然基金会的小额基金资助下再次来到闽江口，接近4小时的搜索，于当天中午在大凤头燕鸥群里看见2只中华凤头燕鸥，并录下求偶过程。2007年6月，中华凤头燕鸥和大凤头燕鸥繁殖群重回韭山列岛，然而因为有人上岛捡蛋及台风来袭，繁殖再次失败。该繁殖群之后被证实转移到舟山五峙山列岛，这是中华凤头燕鸥的第三个繁殖点。

2008年至2013年

　　浙江自然博物馆和舟山五峙山列岛鸟类省级自然保护区持续在该区进行监测和保护工作，中华凤头燕鸥的数量从4只上升到14只。中山大学从事野生动物研究的研究助理黄秦于2011年的夏季在舟山五峙山列岛持续监测中华凤头燕鸥的繁殖情况，在列岛发现了戴有台湾环志（蓝白旗标）的大凤头燕鸥，证实两地的繁殖群体确有交流。中华凤头燕鸥在中国东南部海域为夏候鸟，调查工作主要是在繁殖季节，尤其是6月至8月期间，福建闽江口的调查工作是在4月至9月间进行。

2013年至2015年

a. 中华凤头燕鸥种群恢复计划

　　中华凤头燕鸥的保护工作不止于观测和调查，以及保护它们的生境，更积极的做法是协助恢复种群数量。2010年在象山举行的国际论坛上，其中一项讨论的议程便是利用"社群吸引技术"（social attraction）招引燕鸥到安全的海岛上，为中华凤头燕鸥制造成功繁殖的机会。

简单来说，"社群吸引技术"是利用燕鸥在繁殖期喜欢"物以类聚"的特性，在合适的生境上布置燕鸥模型以及播放燕鸥叫声，以吸引燕鸥上岛营巢及繁殖。这种做法源自美国鸟类学家史蒂夫·克雷斯（Steve Kress），他曾主持美国奥杜邦学会（National Audubon Society）的海鸟种群恢复计划，成功协助几种燕鸥在缅因湾恢复了繁殖种群。他的弟子、俄勒冈州立大学的鸟类学家丹·罗比（Dan Roby）也沿用这种方法，成功地把红嘴巨鸥（Caspian Tern, *Hydroprogne caspia*）的繁殖种群转移至另一个繁殖点，为当地解决了鲑鱼的濒危品种被燕鸥大量捕食的危机。[①]丹·罗比当时从美国远道而来出席论坛，并分享了他的宝贵经验。象山县政府对这项计划很感兴趣，经过两年多的讨论和准备工作，中华凤头燕鸥的人工招引与种群恢复项目于2013年正式启动，由浙江自然博物馆、美国俄勒冈州立大学、象山韭山列岛海洋生态国家级自然保护区管理局以及国际鸟盟等多个单位联合执行。

人工招引燕鸥项目的选址设在韭山群岛最边缘的"铁墩岛"，这是一个占地两公顷的孤岛，也是最接近中华凤头燕鸥繁殖的将军岛的小岛，由于处在远离干扰的边缘位置，可减少人们非法登岛干扰燕鸥繁殖的机会。接着要进行除草和灭鼠等工作，为燕鸥制造合适的营巢生境。招引所需要的几百个燕鸥模型以及鸟声播放系统，则由美国渔业及野生动物管理局的"野生动物无国界项目"提供。由于铁墩岛并无任何设施适合人们在岛上生活，监测工作便在距离铁墩岛约600米的积谷山进行。

b. 2013年

从5月底开始，监测工作由韭山列岛国家级自然保护区的丁鹏和丹·罗比的学生史蒂芬妮（Stefanie）执行，经过连续40天的监测，却

---

① Lee Sherman. 13th October 2014. *A Moveable Feast*. Terra (Oregon State University).

发现只有少量燕鸥停留在铁墩岛上。"我们都以为这项招引计划失败了，我和陈水华博士决定于7月上岛观测，并准备结束招引工作。上岛后，我们发现播放燕鸥叫声的机器坏了，不知这是否是招引失败的原因。我们把播放器修理好后，发现仍有燕鸥飞来，经商议后决定再进行一段时间的监测，于是请了黄秦来帮忙。"陈承彦说。黄秦和丁鹏的监测工作从7月底开始至9月，大部分时间都留宿于保护区的大岛上，每天坐船去铁墩岛上岛监测。最后发现铁墩岛共吸引了3,300只大凤头燕鸥、19只中华凤头燕鸥前来栖息，由于是同季第二次繁殖，19只中华凤头燕鸥中，只有部分个体参与繁殖，截至8月底观察到两只雏鸟成功孵化。在9月底，至少有一只中华凤头燕鸥的幼鸟能够离岛飞行，最少600只大凤头燕鸥雏鸟成功繁殖。人工招引的方法算是取得初步成功。

c. 2014年

经过2013年的初步成功，人工招引计划继续在铁墩岛进行。由于去年播放器出现问题，大家意识到在岛上留宿进行全天候监测的重要性，这既能解决岛上的突发问题，也能有效防止非法上岛捡蛋的行为。"国内做燕鸥繁殖监测面对的一个问题是，很多人会上岛捡蛋，所以上岛做监测是调查需要外，还有保护鸟巢和鸟蛋的作用。"陈承彦说。不过，留岛几个月进行监测工作绝对是个苦力活，寻找合适人选并不容易。"要连续数月留在条件挺差的岛上，实在没几个人愿意，最后我决定自己来做。以前我试过在苏门答腊的森林待了几个月，所以铁墩岛对我来说很安全，甚至像天堂！"陈承彦笑着说。

经过三个多月的留岛监测，发现铁墩岛共吸引了4,000多只大凤头燕鸥和43只中华凤头燕鸥前来栖息和繁殖，最后有1,000多只大凤头燕鸥雏鸟及13只中华凤头燕鸥雏鸟繁殖成功。同时，五峙山列岛的繁殖群却消失了，应该是转移至铁墩岛上了。铁墩岛上录得的中华凤头燕鸥，已占群种总数量的近九成。

d. 2015年

留宿铁墩岛的监测工作继续由陈承彦负责，监测期从5月开始至8月，其间除了台风来袭及紧急事项，陈承彦及另一位工作人员皆留宿岛上。监测工作每天天亮开始直至天黑，全程在临时搭建的监测屋里进行。本年在铁墩岛上共录得2,000多只大凤头燕鸥及最多52只中华凤头燕鸥上岛栖息，成功繁殖1,000多只大凤头燕鸥雏鸟，以及最少16只中华凤头燕鸥雏鸟。

同期，五峙山列岛也进行人工招引的工作，最后吸引了约3,000只大凤头燕鸥和10只中华凤头燕鸥栖息，成功繁育了1,500多只大凤头燕鸥雏鸟和4只中华凤头燕鸥雏鸟。马祖列岛录得13只中华凤头燕鸥成鸟，中华凤头燕鸥的种群总数量首次接近百只，是有记录以来数量最多的一次。

2015年除了持续在铁墩岛进行人工招引外，更是首次为岛上的燕鸥幼鸟进行了环志，以获取更多燕鸥的迁徙数据。8月4日，来自中国和美国约20位专家登上铁墩岛进行环志，最后成功为31只燕鸥系上旗标，估计当中有一只是中华凤头燕鸥（因为两种燕鸥的幼鸟极其相似，不容易区分）。

本年除了成功为燕鸥幼鸟环志外，还首次在三个已知繁殖点同时获得成功繁殖的记录。可以说，"社群吸引技术"的人工招引非常成功。

工作人员为燕鸥做环志记录（陈水华摄）

陈承彦在监测小屋内，身后是记录板（陈承彦提供）

4. 中华凤头燕鸥繁殖期的行为

陈承彦在铁墩岛度过了两个夏季，全天候监测燕鸥，发现了不少有趣和值得研究的燕鸥繁殖行为：

求偶行为

跟很多鸟类一样，雄鸟会以食物作求偶"工具"，燕鸥也不例外。"雄鸟会叼来一条鱼，在异性面前炫耀、跳舞，它们是真的会跳舞！若雌性愿意接受，便会把鱼叼走。"不过陈承彦曾经见过一些更有趣的行为。"我见过有雌鸟把鱼叼走后，雄鸟改变主意，想把鱼抢回来。雌鸟当然不愿放手，最后是以两只鸟打架收场。所以，有时看见雄鸟叼着没有头的鱼，肯定就是之前曾经三心二意过。"[1]陈承彦笑着说。

营巢的密度

燕鸥成功配对后便会找寻合适的地方营巢，如前所述，燕鸥喜欢聚在一起营巢以减低被捕猎的机会，但燕鸥营巢的密度原来挺高，一平方米的地上大约可以造8个巢（两种燕鸥会混在一起造巢）。"燕鸥成鸟大约好像母鸡那样大，想象一下一平方米的地上坐着8只鸡是怎样的情况！"陈承彦笑着说。

营巢的位置

理论上，鸟巢愈是靠近中央便愈安全，没有燕鸥喜欢在最边缘的地方造巢，因为外围地方太容易被捕猎者袭击。所以，营巢初期会经常看到燕鸥打架、争地盘。

产卵与孵化

燕鸥于4月已开始出现，4月至5月开始产卵，通常一季一巢，一巢一蛋。如果有在6月初才产卵的燕鸥，那多是第一次繁殖失败的个体。"我也观察过6月底生蛋的燕鸥，但已经很迟了，坐巢时其他燕鸥幼鸟已离巢，营巢地变得相对疏落起来，安全度大大下降。所以，太迟生

---

① 陈嘉文，"海鸟达人陈承彦：拯救神话之鸟"，《评台》，2014年8月19日。

志愿者为燕鸥雏鸟环志后，便会在岛上放飞（陈水华摄）

蛋的燕鸥坐巢几天后也会弃巢而去。"孵蛋时，亲鸟是绝不会离开鸟巢的，雌雄成鸟会轮流坐巢和觅食。"所以，我们只要把整个繁殖范围划分成多个大小相同的方格，在方格里看见有多少只成鸟便有多少个巢，燕鸥巢的数量就是这样统计出来的。"燕鸥蛋的孵化期约26天，雏鸟大约在4至5周后便会离巢。"26天这个数字挺重要，因为我发现有好些巢在26天前几天已遭放弃，估计是亲鸟发现鸟蛋已无生命迹象而离去了。"陈承彦说。

燕鸥废蛋

陈承彦发现在燕鸥繁殖期过后，繁殖点还留有很多未孵化的蛋，除了是遭亲鸟放弃，还有是因为孵化期间成鸟间为争地盘而打架，落败的成鸟只得弃巢而去，留下的蛋会遭占巢者弃置，变成废蛋。"陈水华也说别的地方看不到这种情况。我觉得废蛋的数量有可能和燕鸥的安全感有关，会不会别的地方会有不同的情况？这个现象值得再做观察，最好有两个点可以比较一下，巢的密度会否影响废蛋的数量。"陈承彦说。另一个看见废蛋的原因，就是有些燕鸥在快要产卵时仍未找到理想的筑巢地，只好在边缘地带解决，但始终感到不够安全，所以坐巢一段日子后还是要弃巢，宁愿放弃一只蛋也不愿冒生命危险。

监测人员的苦与乐

在燕鸥繁殖的岛上留宿做全天候监测，在陈承彦眼中是"像身处天堂"的生活，但实际上是一件不只要能吃苦，还要忍受孤寂与刻板的工作。"我相信自己胜任这工作的原因是，我的性格非常孤僻！除了在岛上做紧急通信外，到目前为止我仍然不用手机。"陈承彦说。他笑言每天起床到天黑都对着燕鸥，晚上要整理数据和处理电子邮件，可以一天甚至数天不说话也不成问题，甚至挺享受这种生活，带去的十几本书最后也没空看，原封不动带回家。"每天我4点起床，大约4点半便渐渐天亮，可以看见鸟。走进岛上搭建的监测屋，在燕鸥生蛋后，每天第一件事是清点亲鸟是否仍在，若在本来的位置没见到，就看看附近有没有。然后开始统计，例如它们会叼多少鱼回来、叼哪种鱼。后期则锁定一两对燕鸥，看看雄鸟坐巢多些还是雌鸟多。直至天黑，就回帐篷。"[①]这是陈承彦和同伴在岛上的基本日程。岛上没有适合居住的条件，所有物资都要从陆上运送过来，所以在这方面不便要求太多。"这几个月里，我们每天基本都吃罐头食品和方便面，完全没问题！相信这也是我的另一个强项。"陈承彦笑着说。在铁墩岛上的监测工作殊不容易，除了监测人员能吃苦耐劳外，岛外的支持也十分重要，整个燕鸥人工招引和监测的项目，其实很能体现团队精神和保护人员的无私奉献精神。"所以，我特别想感谢象山县海洋局的人员，他们帮了我们很多，运水、运物资，解决了岛上不少问题。"陈承彦由衷地说。虽然监测燕鸥期间吃了不少苦，但所有参与过这项目的人，在见证中华凤头燕鸥成功繁殖，看到幼鸟飞翔的一刻，皆会感到所有的付出都是值得的。"看到小中华凤头燕鸥能孕育成功，自由地在天空

---

① 陈嘉文，"海鸟达人陈承彦：拯救神话之鸟"，《评台》，2014年8月19日。

飞翔，喜悦和心酸夹杂，胸口会感觉被什么东西填得满满的。如同十月怀胎，看着自己的孩子出娘胎，健康成长。"[1]黄秦说。

5. 中华凤头燕鸥面临的威胁

综合过去十多年的各种观测和报告，中华凤头燕鸥面临的最大威胁，可以说是其鸟蛋经常被人采集，以及人为干扰，令繁殖失败。"燕鸥在繁殖期是集群的，直接在岩石上产卵，对干扰非常敏感。如果船只靠得太近或者有人贸然登岛，燕鸥群会飞离岛屿，直到危险解除后才会回来坐巢。如果干扰时间过长，鸟蛋在烈日下暴晒，会导致其中的胚胎死亡，对燕鸥种群的繁殖和保护工作带来极大的影响。"黄秦说。"它们能够在马祖列岛存活，可能的原因是马祖过去为一个禁区，一般人不能随便上岛，人为干扰变相减低了许多。"陈承彦说。这些观测皆表明，降低人为干扰是保障中华凤头燕鸥繁殖成功的首要工作。

中国动物学家寿振黄先生曾于1937年在山东采集了21个中华凤头燕鸥的标本，估计它们曾经分布在中国东北方水域，而且数量不算稀少。大约10年前，北京观鸟会等北方观鸟组织曾尝试在东北水域寻找中华凤头燕鸥，但一直没有发现。"我和陈水华估计，可能很多年前中华凤头燕鸥的确在东北水域繁殖，但后来数量下降至不能形成有效的繁殖群，于是南迁至大凤头燕鸥的繁殖水域，跟它们混群繁殖。"陈承彦说。"南移"之说虽然没经证实，但当中的启示或许反映了东北方水域在过去数十年的人为和天然变化之大，从而令中华凤头燕鸥的数量大幅下降。

6. 结语

虽然过去数年里中华凤头燕鸥的总体数量皆有所上升，人工招引

---

[1] "有位22岁小伙子独自守望神话之鸟的鸟蛋"，《都市快报》，2011年10月21日。

亦证实能成功用在中华凤头燕鸥的种群恢复上，但神话之鸟的总体数量不够100只，对一个物种而言，这个数字仍然远远未能脱离灭绝边缘。目前的繁殖点数量不算多，中华凤头燕鸥的繁殖种群过于集中，对物种恢复来说会增加风险，例如一场台风或爆发传染病的话，便会令燕鸥大量死亡，甚至被推向灭绝的境地。不过，跟其他还未知总数或生存状况濒危的鸟种比较，中华凤头燕鸥总算引起了国内外自然保护界的关注，相关的保护项目亦积极推行中，只要保护的力量持续下去，破坏的力量会愈来愈少，中华凤头燕鸥的未来还不是绝望的。

陈水华认为，中华凤头燕鸥获国内外自然保护界高度关注是好事，但同时也引来太多慕名而来的爱好者，为一睹神话之鸟的风采或拍照的人络绎不绝，这些人为干扰渐渐成为新的威胁。"即便如此，政府对中华凤头燕鸥还不熟悉，民众更觉陌生，中华凤头燕鸥的未来，有赖于政府和民众的关注。"对于中华凤头燕鸥的保护工作，陈水华希望：

（1）加强浙江、福建沿海其他海鸟繁殖岛屿的调查和监测；

（2）加强海峡两岸的联动和协调；

（3）加强迁徙和越冬地的监测和保护；

（4）开展中华凤头燕鸥的保护遗传学研究，进一步了解其濒危机制。

陈承彦对中华凤头燕鸥的未来还是挺乐观的，除了希望相关的保护工作能继续推行，还希望借着神话之鸟所引起的关注，启动中国沿海海鸟的研究和保护，把中华凤头燕鸥的种群恢复概念，用到恢复其他日渐消失的海鸟上。"象山县鱼量丰富，加上中华凤头燕鸥作为明星物种，可为生态旅游提供发展概念，我希望看见由政府牵头成立研究与教育中心，把象山县变成中国海鸟研究的桥头堡。"除了浙江水域，陈承彦认为中国沿岸能研究海鸟的点不少，例如辽宁半岛已经是研究海鸟的好地方。"借着燕鸥招引及普查的成功，我希望可以引起国内对沿岸海鸟的研究和保护，填补国内对中国沿海海鸟研究的一大片空白。"

观鸟人黄秦的小故事

　　现专职从事自然教育和生态旅行的黄秦，因在读大学期间参加了推广观鸟的活动而接触小鸟，此后便跟观鸟结下不解之缘，自言观鸟改变了他的职业选择。工作以外的时间，黄秦经常投身到各种鸟类保护的活动和志愿工作，乐此不疲，因为观鸟带给他很多金钱也买不到的乐趣。观鸟多年，黄秦仍记得一个小故事："2007年11月，我和鸟友在浙江大学紫金港校区西面的鱼塘区域观鸟，突然有一只硕大的鸟，像重磅炸弹一样从空中直接扎到鱼塘中去，抓到一条大鱼后迅速飞起、离开。整个过程只有5秒，它抓鱼的地方，离我们只有30米左右的距离。一直等它飞走，我才反应过来这是鹗（Osprey, *Pandion haliaetus*）。后来观鸟时常常都能遇到鹗，但再也没有这样激动人心的体验。"

　　跟很多鸟人一样，黄秦刚开始观鸟时也热衷于追看新鸟种，但经历过这些挑战阶段后，便逐渐享受观鸟带来的愉悦。现在的他，就算是一只常见的普通鸟，都可以观察很久，看个体的差异、行为和习性，这是他感受自然的方式。"观鸟改变了我很多习惯，对我的性格也有很多积极的影响。年少时比较敏感，遇到困难容易生出悲观之念。在自然中观察鸟儿，令我更有耐心，心境也更为平和、轻松和豁达。"

全国沿海水鸟同步调查

在各种迁徙的候鸟里，水鸟可以说是很特别的一种，由于它们的食物包括潮间带的水生生物，所以各种湿地是它们的主要生境，只有在这些生境才会发现数量庞大的水鸟。湿地有着多种功能，也被喻为"地球之肾"，对环境及人类皆极为重要。水鸟集中的湿地，表示湿地支持着丰富的水生生物，亦即该地蕴含极高的生态价值，所以水鸟是湿地健康状况的最佳指标。要检查湿地是否健康，观测水鸟状况是最有效的办法，也是水鸟调查的重要功能之一。多年来，官方、学院、绿色机构和民间组织发起的水鸟调查数量不少，但论持续性和功能性，则以由全国多个鸟会和观鸟人自发筹组的"全国沿海水鸟同步调查"别具深远意义和参考价值。这项鸟类调查定期进行至今已超过10年，从无间断，涉及多地志愿者的无私奉献，而且其调查数据皆公开给各界使用，在推动"公民科学"和环境评估两方面，均做出重要的贡献和影响。本篇主要介绍调查的内容和全国沿海水鸟的状况，并采访了参与协调的志愿者白清泉和李静。

1. 水鸟是什么

水鸟是一个鸟类统称，当中包括鹭、鹤、鸭及涉禽等鸟类。本篇介绍的"全国沿海水鸟同步调查"所观测的目标是水鸟，当中又以涉禽占数量最多，所以是关键物种。涉禽的英文是"shorebirds"或"waders"，属鸻型目的鸟类，指鸻、鹬类的鸟，目前全球最少有200种涉禽，主要分布在湿地和沿海地带。极大部分的涉禽会吃潮水覆盖的泥土下的生物，它们凭着分布在喙上的神经末梢，灵敏地找寻藏在湿泥下数量和种类丰富的食物。由于泥下不同生物的分布有深有浅，所以涉禽的喙便演化出不同的长度，不同的觅食习性让涉禽"鸟以群分"，这也是在同一片湿地里会看到不同的涉禽种群喜欢"物以类聚"的原因之一。

2. 水鸟迁徙的路线与生境

全球的候鸟迁徙路线共9条[1]，经过中国的主要有3条，分别是东部海岸线、中部及西部。经过中国东部沿岸的路线称为东亚—澳大利西亚迁飞路线（East Asian–Australasian Flyway，简称EAAF），而全国沿海水鸟同步调查的观测点都分布在这条路线上，用以评估EAAF中国部分的水鸟品种和数量。

I. 迁徙的路线

迁飞路线是指候鸟于繁殖地和越冬地之间来往的路线。EAAF从北极圈、俄罗斯远东地区及阿拉斯加等地开始，南延至东南亚到澳大利亚和新西兰，整条路线途经22个国家，总长度约13,000公里。经EAAF迁徙的水鸟超过5,000万只，当中包括32种全球受威胁物种及19种近危物种，这里面更是包括了极危物种（Critically Endangered）[2]。据湿地公约2012年

---

① East Asian–Australasian Flyway Partnership官方网站。
② EAAF Information Brochure 2015.

第11次缔约方大会的《水鸟种群估计》报告显示，全球有38%的水鸟种群数量在下降，而亚洲是各大洲中最严重的，种群下降超过50%。

II. 迁徙的距离

在整条EAAF上，并非所有水鸟都从最北迁徙至最南方，很多鸟类只做短途迁徙，例如从俄罗斯往中国越冬。不过，有好些长途迁徙鸟，每年春秋两季皆往返极北地带与最南端，例如斑尾塍鹬，它们是目前所知会做最长途迁徙的涉禽。曾有一只被环志追踪的斑尾塍鹬雌鸟，于2007年8月从阿拉斯加日夜不停飞往新西兰，一口气飞了11,680公里，创下鸟类迁徙路线的新纪录。[①]

迁徙对候鸟来说是一次大冒险，先不说迁徙路上遇到的各种天灾人祸的威胁，迁徙鸟做长途飞行时会不眠不休不进食，出发前需要大量进食以作储备，并会将一些暂时不需要的器官如生殖器官萎缩，所以到达目的地或中转站时身体已非常虚弱。以红腹滨鹬（Red Knot, *Calidris canutus*）为例，每年4月从南半球出发，连续飞行超过6,000公里，抵达渤海湾时只剩下少于一半的体重。可以说，候鸟都以生命作赌注那样踏上迁徙之路，迁徙路线上栖息地的好坏状况绝对能操控候鸟的生死。当湿地大量消失，水鸟在迁徙时得不到充分的食物补给和休息，将会大量死亡，也会是部分水鸟灭绝的原因之一。

III. 迁徙期栖息的生境

湿地是候鸟尤其是水鸟的重要生境，湿地基本分为五大类：近海及滨海湿地、河流湿地、湖泊湿地、沼泽湿地、库塘。全国沿海水鸟

---

① Gill, R.E.; Tibbitts, T.L.; Douglas, D.C.; Handel, C.M.; Mulcahy, D.M.; Gottschalck, J.C.; Warnock, N.; McCaffery, B.J.; Battley, P.F.; Piersma, T. 2009. Extreme Endurance Flights by Landbirds Crossing the Pacific Ocean: Ecological Corridor rather than Barrier?. *Proceedings of the Royal Society B*.

同步调查的观测点大都属于滨海湿地。滨海湿地地形上包括河口、浅海、海滩、盐滩、潮滩、潮沟、泥炭沼泽、沙坝、沙洲、红树林、珊瑚礁、海草床、海湾、海堤、海岛等。中国的滨海湿地面积达5.7959百万公顷，占全国湿地总面积的10.85%。[1]

湿地跟森林和海洋并列为全球三大生态系统，不但具有生态价值，亦蕴含丰富的天然资源，并能保护海岸环境。湿地因其独特的地理构造，支持着多样不同的物种，为生态科研提供丰富的遗传资源。湿地盛产鱼、虾、蟹、藻类及莲藕等渔农业产品，泥炭是很好的燃料，盐湖湿地里拥有多种矿砂和盐类资源，它们为人类提供了丰富的天然资源。湿地能为环境污染"解毒"，污水流进湿地后，各种有害物质随着缓慢水流而漫漫沉积，最后被自然分解。此外，湿地对水的生态循环起着重要作用，能防止干旱和洪涝，并能防止海水入侵，保护海岸，其中红树林对防止海岸侵蚀的作用最为明显。

虽然沿岸湿地只占全国陆地总面积约0.6%，但其生态系统服务（ecosystem services）[2]每年所生产的价值足有2,000亿美元，或者是全国生态系统服务所生产的总价值的16%[3]，由此可见沿岸湿地的重要性。

3. 全国沿海水鸟同步调查

I. 背景

2005年3月21日，厦门鸟人蓝添艺（网名）在厦门大学上空发现14只卷羽鹈鹕（Dalmatian Pelican, *Pelecanus crispus*）飞过，前一天有一

---

① Yu Xiubo et al. 2015. Coastal Wetland Conservation Blueprint Project in China: Main Findings and Recommendations.
② 生态系统服务是指在生态系统里，人类直接或间接获取生存的资源，包括食物、洁净的空气和饮用水，以及各种原材料等。
③ Yu Xiubo et al. 2015. Coastal Wetland Conservation Blueprint Project in China: Main Findings and Recommendations.

群曾在香港米埔逗留的鸬鹚却不见了，刚好也是14只，于是论坛上便展开热烈讨论——若两地能展开同步水鸟调查，应该更能了解水鸟迁徙的路线和分布情况。厦门观鸟协会秘书长陈志鸿见到这种情况，便在世界自然基金会论坛的观鸟版上提出"沿海同步水鸟调查"的想法，沿海的鸟人在每月约定一个日期，多地同步展开水鸟调查。此建议一出，多地鸟人差不多是一呼百应，经过约半年的协调，第一个调查日便在同年9月18日展开。从2005年至今，这项调查从无间断，每个月沿岸多地的志愿者皆协议在同一天展开调查，所得的数据全交由协调人汇总，每数年出版一份报告，至今已出版四份全国报告，全部皆获得国内外的绿色机构赞助出版，并公开查阅。

II. 参与调查的地区

综合几份报告的资料，从2005年9个调查点开始进行每月全国同步调查至2013年，先后共有28个沿海城市参加了全国沿海同步调查。其中，辽宁丹东、天津、河北沧州、黄河三角洲、江苏连云港、上海南汇、福建闽江口、福建泉州湾、广东海丰、深圳、香港等11个地点，属于稳定的调查点，同时也是重点鸟区。调查展开至今，沿海所有省份最少设有一个调查点，务求提高EAAF中国部分的覆盖率。2013年后的调查数据仍在整理中。

III. 调查方法

各地调查人员于每月协调同一天进行调查，由于全属志愿性质，所以通常在双休日进行。调查人员的监测工具主要是双筒及单筒望远镜，通常于潮水最高位的时段进行调查（因为水鸟会在潮涨时靠近陆地，便于观察）。大部分监测点的调查工作可于一天内完成，除了鸭绿江和大如东地区等监测点，这些监测点范围较大，而且水鸟栖息点分散，需要多于一天才能巡查所有范围。为免出现重复数算同一批水鸟，调查人员会把鸟类可能来回迁飞的范围安排在同一天巡查，而距离较远的范围则安排在第二天进行调查。每个监测点皆安排一位协调员，核实每个点呈交的数据，以免出现重复计算的情形。

4. 监测结果（综合2005年至2013年的数据）

I. 根据《湿地公约》的定义，被列为"国际重要湿地"的条件之一，是该湿地能支持一个水鸟的品种或其亚种总数量的1%。综合2005年至2013年的调查数据，在全国沿海湿地32个调查点里，一共有75种水鸟在最少一个调查点达到种群总数1%的"国际重要湿地"指标。当中13种水鸟的数量，在最少一个调查点录得超过EAAF种群总数的20%。

II. 水鸟品种数目共录得161种，鸻鹬类共占55种。在161种水鸟里包括21种受威胁（被《世界自然保护联盟濒危物种红色名录》列为极危、濒危、易危）鸟种。

III. 以水鸟种类和数量来看，共有两个高峰期，一个在3月至4月的北迁期，低谷出现在6月，高峰和低谷在数量上的差异达7倍以上。南迁期较为漫长，数量和种类从7月就开始明显增加，持续至11月，高峰在10月至11月。鸻鹬类水鸟无论在种类还是数量上，在中国沿海地

全国多地鸟会定期举办水鸟普查培训（余日东提供）

区均处于最优势地位，其次为雁鸭类、鸥类等水鸟。不过，在11月至翌年2月的南迁期和越冬期间，雁鸭类水鸟则占主导地位。这样的结果反映了中国沿海湿地主要作为水鸟的迁徙停歇地，其次为越冬地的特征。其中渤海及黄海区湿地是中国沿海最主要的春秋季迁徙停歇地，东海及南海区则主要是作为水鸟的越冬地。

IV.　在32个调查点里，共有26个点支持最少一种达1%"国际重要湿地"指标的水鸟。在这26个符合国际重要湿地条件的点当中，只有13个受保护，其中8个是国家级自然保护区，4个是省级自然保护区，还有1个属于湿地公园。4个受保护的湿地——双台子河口国家级自然保护区、黄河三角洲国家级自然保护区、崇明东滩国家级自然保护区以及香港米埔与后海湾，皆已列入《湿地公约》名录。其余13个调查点则没有受到任何法律保护或划为自然保护区。

5.　讨论

I.　根据全国沿海水鸟同步调查的4份报告，在75种达到种群总数1%的"国际重要湿地"指标的水鸟里，鸻鹬类水鸟（涉禽）占了极大比例，这反映了中国沿海湿地作为中途栖息地及越冬地，对EAAF的涉禽来说非常重要。

II.　在32个调查点里共录得55种涉禽（全球共有大约200种涉禽），占全球总量超过20%，可见中国沿海湿地支持着种类丰富的涉禽。整个EAAF共有32种全球受威胁物种，而中国部分已录得21种，占总数的70%，证明中国沿海湿地支持着相当大比例的重要物种，也同时能左右这些物种的命运。

III.　撰写全国调查报告的白清泉表示，大滨鹬（Great Knot, *Calidris tenuirostris*）、大杓鹬（Far Eastern Curlew *Numenius madagascariensis*）、斑尾塍鹬这样的鸟种已经受到相对多的关注，但有一些鸟种看似常见，却未被列入受威胁级别，比如泽鹬（Marsh

Sandpiper, *Tringa stagnatilis*)，沿海水鸟调查组至今没有一笔超过1%的泽鹬数量记录。这些鸟并未受到应得的关注，但其数量变化可能更隐蔽一些。

IV. 有13种水鸟的数量，在最少一个调查点录得超过EAAF种群总数的20%。这说明了有些水鸟高度集中在某几个点，形成"超级水鸟点"，例如丹东曾录得超过种群总数20%的斑尾塍鹬，河北滦南经常录得占种群总数80%的红腹滨鹬，大如东地区更曾录得接近种群总数100%的小青脚鹬。水鸟极度集中在一个地方并非好事，全国同步调查协调人李静认为，这种现象可能表示别的栖息地已经消失或遭到严重破坏，水鸟只能另觅栖息地。此外，水鸟过度集中在一个点，一但爆发传染病，或者某种食物突然短缺，便可能对该物种造成灭绝性的影响。

V. 在32个调查点里，超过一半都支持着1%种群总数的水鸟，属于"国际重要湿地"，但当中只有一半国际重要湿地被列为自然保护区或受保护，其余的湿地不但没受到保护，更备受各种填海工程的威胁，并遭受不同程度的破坏。最严重的地方包括江苏、天津和渤海。江苏省政府计划于2020年完成总面积达1,800平方公里的填海工程，这些湿地都是极危物种勺嘴鹬和濒危物种小青脚鹬极度倚赖的生境；天津所剩无几的沿岸湿地也面临大幅度填海的威胁，渤海的沿海湿地也被开发，进行基建及渔业的发展。此外，目前受保护的沿岸湿地亦逐渐面临各种问题，包括管理不善、湿地界线因周边发展工程而不断被改动，以及受外来物种如互花米草的破坏[1]。可以说，中国沿海湿地面临的破坏和发展压力已到了极严峻的阶段。

---

[1] Bai et al. 2015. Identification of Coastal Wetlands of International Importance for Waterbirds: A Review of China Coastal Waterbird Surveys 2005 – 2013. *Avian Research*.

6. 水鸟受威胁的情况

I. 环境污染

2010年英国石油公司位于墨西哥湾的油厂发生严重的漏油事故，造成海湾的生态大灾难，令大量生物死亡，其中包括超过2.5万只水鸟，震惊全球。这个例子比较严重，但很能说明环境污染破坏生态系统，不只是受污染范围的生物，整个系统里的生物也不能幸免。东亚—澳大利西亚迁飞区伙伴关系湿地的管理者认为，在迁飞区湿地所面临的各种威胁中，污染是他们认为对湿地最严重的威胁，包括农业化肥、杀虫剂和除草剂的过度使用，工业排放造成的污染，溢油污染，塑料垃圾等。[①]迁飞区湿地污染对迁徙水鸟产生直接和间接的影响，对沿海迁徙水鸟的威胁绝不亚于捕猎和毒杀。

II. 捕猎及投毒

非法捕鸟在国内多地发生多时，情况严重，沿海湿地也无例外，就算在省级自然保护区里也经常发现非法鸟网，例如泉州湾河口湿地省级自然保护区于2016年3月的一次巡查中便拆除收缴20多张非法鸟网，工作人员表示每年10月开始便会发现非法鸟网捕捉越冬的候鸟。[②]在自然保护区里的非法捕鸟情况就如此张狂，可以想象，在不受保护和监管的湿地里发生的捕鸟行为会更为严重。除了用鸟网捕猎，投毒杀鸟的情况也令人忧心，投毒到鱼塘、湖泊等候鸟栖息地，常发生鸟类大量死亡的事情。例如2016年1月扬州高邮湖发生过毒杀小天鹅事件，而当地养鸭户的鸭也经常被毒杀。[③]更令人担心的是在濒危物种大

---

① 约翰·马敬能、伊沃耐·维尔奎尔、尼可拉斯·穆瑞，"世界自然保护联盟对东亚及东南亚潮间带栖息地特别是黄海（含渤海）的状况分析"，世界自然保护联盟：瑞士格兰德，2012年。
② "泉州打击沿海张网捕鸟行为收缴20余张网仅活2只泽鹬"，《泉州晚报》，2016年3月17日。
③ "两小天鹅在高邮湖遭投毒 被渔民救起后送动物园治活"，《扬州晚报》，2016年1月22日。

斑尾塍鹬（白清泉提供）

量停驻的湿地上发生的投毒，例如渤海湾便发生过20多只濒危物种东方白鹳中毒死亡的悲剧。[①]以上的报道只是冰山一角，没被报道和揭发的杀害可能更多。不论是捕猎还是投毒，候鸟被杀害的一大原因是供人食用，所以打击非法杀害鸟类的活动固然重要，但杜绝食野味的文化自是长远治本的方法。

III. 生境消失

东亚—澳大利西亚迁飞区伙伴关系的首席执合官斯派克·米林顿（Spike Millington）说，沿海湿地的围垦与填海工程，导致大量候鸟栖息地消失或遭破坏，对鸻鹬类等迁徙水鸟构成直接威胁，是EAAF上水鸟种群锐减的主要原因之一。国内沿海湿地在面对庞大的发展压力下，总面积不断缩小。综合2003年及2014年两次"全国湿地资源调查"的结果，在过去50年，国内60%以上的天然沿海湿地消失，其中包括53%的温带滨海湿地、73%的红树林和80%的珊瑚礁，尤其是近十年来

---

① "渤海湾湿地逐年萎缩东方白鹳迁徙路被扼住咽喉"，《新京报》，2012年12月11日。

滨海湿地消失的速度显著高于其他类型的湿地。2003年至2013年间，近海与海岸湿地面积减少了136.12万公顷，减少率为22.91%，是各类湿地中消失最快的（全国湿地平均减少率为8.82%），围垦和填海是导致滨海湿地消失的直接原因。

海岸湿地大量消失对整个EAAF的迁徙水鸟是否有灾难性的影响？难道水鸟不能另觅栖息地或采用替代湿地？假如人们在填海的同时在别处开辟类似生境，作为"生态补偿"，能否平衡填海工程带来的生态破坏？或许韩国新万锦的填海工程能提供答案。

韩国新万锦曾是EAAF候鸟的重要栖息地，政府于1991年在那里开始进行围垦工程，15年后竣工，建成长达33公里的海堤，围垦滩涂面积多达400平方公里。韩国政府认为候鸟会迁往附近其他湿地和滩涂，因而工程不会对候鸟构成威胁。政府同时承诺在围垦区内修建一个10平方公里的人工湖，并计划留出20平方公里的原始水域作为生态补偿。不过，根据"新万锦鸻鹬类鸟监测计划"的报告，从2006年大堤封闭到2008年期间，该工程令新万锦及附近地区的水鸟数量下降共计10万多只，其中包括9万只大滨鹬，曾经在该地区出现最多的19种水鸟数量也明显减少。[1]虽然在新万锦附近的锦江河口湿地和Gomso湾湿地录得的水鸟种数有上升趋势，但在替代湿地上观测到的鸟类数量远低于从新万锦消失的数量，说明韩国剩余的滩涂太小，不足以支持数量庞大的鸟群，所以大量候鸟因新万锦的围垦而死亡。[2]2008年在EAAF水鸟主要越冬地澳大利亚进行的"澳大利亚依赖黄海候鸟监测"，调查结果显示新万锦大堤封闭后，水鸟的越冬种群大幅下降，尤以曾极度倚赖

① Moores, N., Rogers, D., Kim, R-H, Hassel, C., Gosbell, K., Kim, S.A. & Park & M.-N. 2008. *The 2006-2008 Saemangeum Shorebird Monitoring Program Report*. Birds Korea Publication.

② Moores, N. 2012. *The Distribution, Abundance and Conservation of Avian Biodiversity in Yellow Sea Habitats in the Republic of Korea*. Unpublished PhD Thesis.

新万锦湿地的大滨鹬为甚，显示由于新万锦的围垦工程，大滨鹬的全球种群数量下降了20%。[1]

　　为什么替代湿地或生态补偿的方法不能阻止候鸟死亡？为什么迁徙路上一个中转站的消失会令候鸟数量大幅下降？这是所谓"移走梯子上至关重要的几个横档"[2]的现象——栖息地消失的面积跟候鸟种群数量下降的数量不成比例。造成这现象的原因包括：不是所有候鸟都使用相同的迁飞路线和相同的停歇地，有些物种非常特殊，它们只使用有特殊资源的地点，或能够为它们补足长途飞行所需体能的停歇地，不同物种的喙，适应在不同类型泥沙中觅食，以及食用不同类型的食物。补给能量的地点退化或丧失，会使得其他地点成为越来越重要的迁徙"瓶颈"。

　　不论是韩国新万锦还是亚洲其他地方目前为止所得的证据，皆表明了生态补偿未能填补天然湿地消失所带来的生态损失。根据"湿地国际"（Wetland International）的估计，曾在新万锦湿地录得的大滨鹬种群占了全球总数的23%，但到了2008年，新万锦的大滨鹬几乎绝迹。《世界自然保护联盟濒危物种红色名录》里，大滨鹬于2000年时仍被列为"无危"物种，但于2010年已把大滨鹬升级为"易危"物种，经过2015年最新的评估后，再次升级变为"濒危"物种，原因是"大滨鹬的中途栖息地因围垦与填海而消失，令种群数量大幅度下降，以及未来可见的填海工程将令大滨鹬的数量继续下降"。曾经极倚赖新万锦湿地的大滨鹬，其数量一直未能恢复，甚至已有下降的趋势，已经有力地说明EAAF的中途栖息地极为重要，而生态补偿的做法并不能达到补偿的效果。

---

① Danny Rogers, Chris Hassell, Jo Oldland, Rob Clemens, Adrian Boyle and Ken Rogers. 2009. *Monitoring Yellow Sea Migrants in Australia (MYSMA): Northwestern Australian Shorebird Surveys and Workshops.*

② 约翰·马敬能、伊沃耐·维尔奎尔、尼可拉斯·穆瑞，"世界自然保护联盟对东亚及东南亚潮间带栖息地特别是黄海（含渤海）的状况分析"，世界自然保护联盟：瑞士格兰德，2012年。

7. 结语

综合2005年至2013年"全国沿海水鸟同步调查"的数据，最明显的结论是，中国东部沿海湿地在整个EAAF迁飞区扮演着极重要的角色，对迁飞路线上的水鸟起着举足轻重的作用，对好些濒危鸟种来说甚至是"生死攸关"。另一项不说自明的结论便是，如此重要的沿海湿地，在各种势不可挡的发展力量下，已面临岌岌可危的命运，有些地区甚至已濒临崩溃状态。

东部沿海调查地区只有一半的"国际重要湿地"被列为自然保护区，保护的力度仍不够大。到目前为止，只有大约20.4%的沿海湿地受到保护，而全国受保护的湿地便有43.51%，二者的比例存在着很大的差距。此外，大部分受保护的沿海湿地仍然是"实验性区域"，保护的力度仍然很薄弱。[1]

保护湿地的力量不够强，其中一个症结是无法可依，至今仍没有一部全国性的湿地保护法。据报道，国家林业局辖下的湿地保护管理中心一位人员在洞庭湖执法时，因为一块湿地列在保护区外，令执法人员无所适从，不知道该按何法例行事。一名数次参与地方内部讨论的人士透露，上海市曾想推动成立湿地保护法规，但海洋、航运、市政、林业等部门都拿出自己的调研报告，各方各执一词，立法搁浅。[2]

"中国环境与发展国际合作委员会海洋课题组"一项研究结果显示，近十年来，我国沿海掀起了以满足城建、港口、工业建设需要的新一轮填海造地高潮，而围填海所造成的海洋和海岸带生态服务功能损失达到每年1,800多亿元，约相当于目前国家海洋生产总值的6%。[3]发展建设带来的利益和生活的改善，可谓现代文明的必然局面，但代

---

[1] Yu Xiubo et al. 2015. Coastal Wetland Conservation Blueprint Project in China: Main Findings and Recommendations.
[2] "消逝的候鸟生命线"，《绿色中国》，2012年第10期。
[3] "湿地保护红线告急"，《第一财经日报》，2015年10月20日。

价如果是天然的环境、清洁的饮用水、干净的空气、安全的食物材料等，而这些生态系统服务的产物如果就这样大幅度消失，未必能在短时间内恢复，甚至不能恢复，这样沉重的代价，我们是否准备好全数承受？

勺嘴鹬：下一个灭绝的物种？

在很多观鸟者心目中，勺嘴鹬是EAAF上的一颗大明星，在科学家和鸟类保护者心目中，它像恐龙那样珍贵。国家鹤类基金会专家苏立英指出，在EAAF上被评估的海岸地块，观察到的水鸟数量，每年下降速度为5%至9%，下降得最快的是勺嘴鹬，以年均26%的速度消失。据预测，它将在10年内灭绝。[①]勺嘴鹬于2008年被世界自然保护联盟列入濒危物种红色名录的"极危"物种，至今的处境仍然不甚乐观。勺嘴鹬在俄罗斯东北部繁殖，冬季南迁至东南亚国家，据湿地国际的评估，目前的总数量大约是140到480只。综合"全国沿海水鸟同步调查"的报告，中国东部尤其是江苏一带的湿地是勺嘴鹬的重要迁徙栖息地，每年秋季皆能录得稳定且大数量的勺嘴鹬。

据"全国沿海水鸟同步调查"协调人、"勺嘴鹬在中国"发起人李静说，相信迁徙的勺嘴鹬基本都会经过如东地区，可是曾经录得103只勺嘴鹬的地方，现在勺嘴鹬的数量已大不如前。"究竟它们是死掉还是搬到别的地方去，我们还未能证实。可是那个适合勺嘴鹬栖息的200公里的湿地，附近一直在发展，那片湿地一步一步地在萎缩，这肯定会有一个转折点（鸟死亡或转到别的地方）。"虽然江苏包括如东的好些湿地已被划为保护区，但实际上发展的压力也越来越大。"生态红线划是划了，但每个单位都有自己的定义，很多都没有实际作用。我最常被问的问题是'要给你划多少湿地才够（保护珍稀物种）'，我只能说你保持现状，我才能保证保护现状不变，但实际上是没可能。很多

---

① 冯永锋，"迁徙候鸟被杀 鸟肉消费者是罪魁祸首"，《中外对话》，2012年10月12日。

时候，当地政府说给我们留起一块，但湿地都碎片化了，其实对整个湿地系统的保护造成很大影响。虽然我知道，能保留某个范围的湿地，已经是多种力量博弈下所能得出的最好结果。"

以如东为工作基地的李静近年致力推动勺嘴鹬的保护行动，但她坦言对勺嘴鹬的前景不乐观，因为在中国东部沿海的重要湿地里，如东已经算是条件很好的湿地，但也不能幸免遭到破坏，别的地方更不能想象。"打个比方，即使目前沿海所有发展工程全都停下来，已造成的负面影响却不会立刻停下来，数量在下降的物种还是继续下降，因为惯性使然。"现实的情况是，工程都没有停下来，勺嘴鹬是否会在我们有生之年内灭绝？答案似乎不容乐观，而能够改写答案的能力，就掌握在我们手里，我们愿意给沿海水鸟一个怎样的结局？

白清泉：迷上彩色旗标的狂热者

白清泉在丹东市林业局工作，从事野生动物的保护工作，接触观鸟也跟工作极有关系。"2000年观鸟爱好者钟嘉（网名橘树）访问鸭绿江口湿地保护区，我因为工作的原因陪同。后来钟嘉回忆说，她记得我当时说过一句话：这个好啊，我得玩这个。"两年后，全国鸟类环志中心和澳洲涉禽研究组合作保护水鸟的项目，请来澳洲涉禽研究组的梅伟义和彼特·柯林斯（Peter Collins），在鸭绿江口开展鸻鹬类水鸟用彩色旗标环志的培训，来自全国各个滨海湿地保护区的工作人员包括白清泉也参加了这次培训。"经历连续10天终生难忘的工作，白天野外观察、研讨，夜间捉鸟环志，还有环志培训和自由的讨论。我从未见过如此积极的工作氛围，工作的高强度和专业性也前所未见，还有外国专家为了避免鸟类可能受到潜在的伤害，可以在4月初的丹东跳进齐腰深的海里去收网，这样的理念和工作热情始终贯穿活动。"往后十多年，白清泉也风雨无间地从事水鸟调查的工作，可以看出是深受这些专家的影响。"受他们的影响，我开始成为一个'疯狂'的观鸟爱好者，去探索未知的自然世界。"白清泉自言道。

白清泉忆述了第一次在别人的单筒望远镜里看到腿上佩戴了彩色

白清泉

旗标的水鸟，便是斑尾塍鹬。"我对那橘红色PVC塑料材质的旗标印象深刻，那质地绝非天然，和数以万计的斑尾塍鹬所形成的生命体形成鲜明对比，而它又那么自然，佩戴着它的主人和整个大群的鸟大部分在睡觉，但那发着光泽的橘红色似乎在宣告它主人的与众不同。后来我慢慢知道，那不过是一只普通的彩色旗标鸟，一枚橘红色旗标代表这只鸟是在澳大利亚维多利亚州被环志的，可以说明它是从那里飞到鸭绿江口来的。观察旗标颜色，可以了解其迁徙路线，这个场景也促使我后来将旗标观察作为观鸟和水鸟调查活动中一项重要的内容。"斑尾塍鹬不只令白清泉迷上观察彩色旗标鸟，还令他感受到长途迁徙鸟所展示的生命的韧度。"观鸟多年，我见过为数约10万的鸻鹬类鸟群在跟前，多次有数万只鸟从头顶飞过，嗡嗡的振翅声就像天籁。不过，最令我感动的时刻，是看到迁徙鸟上路。鸭绿江口4月底5月上旬，有时能看到停留在鸭绿江多日的水鸟再次起飞向繁殖地迁徙，刚刚起飞的鸟会结成小群在空中，边飞边叫。有一天临近黄昏，一小群斑尾塍鹬在天空中大叫着向东飞，当时它们正打算飞向阿拉斯加，将要不眠不休不进食地连续飞行数千公里；新西兰北岛每年3月举办的斑尾塍鹬欢送节——观鸟者在海边欢送这些即将连续飞行上万公里、越过太平洋才能到达黄海北岸的长途迁徙鸟——此时我才开始理解当中的意义。"

第四章

国内鸟类保护概况

1. 环境保护的历史背景

　　人类大规模地利用大自然资源的历史最少有数千年，但意识到我们利用大自然的同时而造成不少破坏的反思，则到了17世纪中期，当时欧洲发现过度开垦森林令其不能复原，人们才开始注意环境问题。1662年在英国出版的《森林志》(*Sylva, or A Discourse of Forest-Trees and the Propagation of Timber in His Majesty's Dominions*)，可以说是首部提出人类不合理开采自然资源而产生恶果的重要著作，并影响了欧洲一些国家的森林管理政策，但由于引来不少地主的反对和抗议，致使关注森林开垦的力量渐渐沉寂下来，直到19世纪才重新抬头。19世纪初，还处于英国殖民管治下的印度成为第一个实行科学管理森林的地方，这全赖一群对环境与人类健康极为关注的医学家和科学家的共同努力。当时，以詹姆斯·拉纳尔德·马丁(James Ranald Martin)为首的医生经常宣传大量伐木带来的恶果，以及环境变化对人类健康带来的影响，并游说英国政府于印度成立林业局，以科学手段管理并保护印度的森林，可以说是全球首个由政府立法保护环境的例子。同时，工业革命带来空气污染的恶果也引起英国中产阶级的强烈反应，经过多番讨论后，于1863年政府通过第一部关于环境的法案《碱业法》(*Alkali Acts*)，用来管制工业排放废料；自此，人们也开始关注环境污染带来的影响。1898年首个关注环境的非营利组织"治理煤烟协会"(Coal Smoke Abatement Society)成立，推动政府及市民关注烧煤带来空气污染的问题。总体来说，19世纪欧洲人对环境的关注仍主要围绕在最容易看得见、最直接影响自己健康的空气污染，但在19世纪末期，城市高速发展带来种种污染、商业主义和对乡村破坏的影响已令很多城市人感到不满，以知识分子为首的英国中产阶层开始影响舆论，为后来民间发起的环境保护组织带来很大影响。

　　在美国，关注环境问题的思潮在19世纪末萌芽，美国外交官及哲学家乔治·珀金斯·马什(George Perkins Marsh)于1864年出

版的《人与自然》（*Man and Nature*）中，力图打破美国人认为大
自然资源是取之不尽、永不枯竭的误区，被视为保护思想与运动
的起源。马什在书里指出大量伐木会导致土地沙漠化，人类无度
开发土地资源将带来生态问题，首次把生态的概念带到人们的视
野，该书后来促成了纽约州在北部成立自然保护区阿迪朗达克公园
（Adirondack Park），是美国首个展示了人类和自然和谐并存的例
子。被喻为"国家公园之父"的自然学家约翰·缪尔（John Muir），
视大自然的存在为天赋权利，一生致力于保护自然环境，后来成
功游说国会于1892年成立优胜美地山谷国家公园（Yosemite Valley
National Park），保护了优胜美地山谷免遭开发的命运。缪尔的思
想和对自然保护的信念，被视为现代自然保护主义的先驱。踏入20
世纪，随着几本脍炙人口的著作，包括指出化学农药"滴滴涕"对
人类健康与生态带来威胁的《寂静的春天》（*Silent Spring*）、关注
人工添加剂与化学农药对人类生活构成负面影响的《我们的合成环
境》（*Our Synthetic Environment*），以及提出人口爆炸会带来环境
资源问题的《人口爆炸》（*The Population Bomb*）等，美国大众对
人类与自然环境的关系渐渐关注起来，其中《寂静的春天》在美国
引起极大回响，后来更是成功推动了政府全面禁止"滴滴涕"的使
用，被视为民间绿色革命的首个成功例子。此后，民间对环境问题
的关注渐渐扩展至多个领域，六七十年代人们关注核武器和核能源
带来的环境问题，80年代人们注意到酸雨危机，90年代发现臭氧层
变得稀薄，到近十多年则关注全球变暖及气候变化等环境问题。

　　为美国环境保护思潮带来深远影响的马什认为，人类的福祉全系
于善用环境资源而不是取之无度，善用环境资源的大前提是保障未来
人类的生存机会，所以确保大自然资源维持良好与平衡状态是人类的
责任。他认为，当大自然与人类的关系出现失衡、资源短缺或消失时，
是人类不合理使用自然资源的后果，而不是因为天然资源不足。

2. 为什么从鸟类入手？

19世纪是人类关注环境问题的开始，当时"保护"的概念主要指人类对自然资源的管理，自然资源包括木材、土地及矿产等，后来范围扩展至森林、水源及野生动物。在这时期，世上第一项保护野生动物的法案《海鸟保护法案》（*See Birds Preservation Act*）在1869年于英国面世。后来，人们因反对利用凤头鹛鹛和三趾鸥的皮和羽毛来做衣服而发起的保护鸟类运动，亦于1889年促进了英国皇家鸟类保护协会（Royal Society for the Protection of Birds，前身叫The Plumage League）的成立，而保护野生动物的思潮渐渐蔓延欧美各地。随着人们越来越关注自然环境和野生动物的福利，越来越多的环境问题陆续浮出水面，相关的科学研究亦变得必需而迫切，科学家开始发现生态系统在理解自然环境变化的重要性。在20世纪90年代，欧美科学家为了把生态系统的理论跟保护政策对上号，开始广泛应用"保护生物学"（conservation biology）及"生物多样性"（biological diversity）的概念，希望更有效地探讨维持生态系统平衡发展的方法。生态系统研究是一门牵涉多个学科的大题目，野生生物在其中的角色及其与环境的关系都是研究的范围，生态系统里的每一个成员都可以入手研究，而以鸟类入手，有以下这些原因：

I. 易于观察和收集数据：相比起其他生物如哺乳类动物，鸟类的活动范围相对广阔，加上其飞行习性，较容易被发现和观察到。此外，鸟类的迁徙行为定期而牵涉大面积范围，可提供稳定和具有参考价值的数据。

II. 鸟是气候变化的指标：鸟类的迁徙行为和分布范围发生变化，让我们知道气候也发生变化。2016年在欧美同步进行的一项研究显示，两地常见鸟的分布因气候原因而出现变化，例如鹪鹩（Winter Wren, *Troglodytes troglodytes*）在欧洲的分布正在往越来越暖的北部迁移，而南方地带的鹪鹩数量正在下降，因为南方的夏天变得越来越热。

美国的情况亦一样，在美国普遍分布的旅鸫（American Robin, *Turdus migratorius*）于南部地区如密西西比州和路易斯安那州的分布数量呈下降趋势，但在中北部的州如达科他州的数量则不断上升，科学家相信两地常见鸟的分布变化显示了气候正发生重大变化。[①]

III. 鸟是环境状况的探针：鸟类对环境变化异常敏感，假如它们的生境发生变化甚至消失了，它们也会做出人类很易观察的行为和数量变化。最明显的例子便是在东亚—澳大利西亚迁飞路线上迁徙的候鸟变化，不时反映了从俄罗斯到澳大利亚沿岸湿地的健康状况，例如大滨鹬的数量大幅下降，便显示了迁飞路线上湿地遭破坏的状况（详情参见第三章中的"全国沿海水鸟同步调查"一文）。

IV. 鸟是量度生物多样性的重要物种之一

世界自然保护联盟定期评估全球物种的状况与数量变化，并把这些庞大数据制定为各项指标，用以监察生态系统的状况，其中一种指标便是"红色名录指数"（Red List Index，简称RLI），而RLI也是国际上被广泛应用于生物多样性的研究。目前世界自然保护联盟用来制定RLI的生物只包括鸟类、哺乳类、两栖类及珊瑚类（这四类生物的所有物种皆最少被评估两次），而RLI亦被越来越多的国家用来量度生物多样性的流失速度。

3. 国内鸟类现况概述

I. 缺乏数据

根据中国观鸟年报于2016年更新的《中国鸟类名录》，中国鸟类总数为1,458种，而当中受《野生动物保护法》和有关法律与法规保护的国家一级重点保护鸟类的种数为41种，二级重点保护鸟类的种数为707种。根据世界自然保护联盟的红色名录，被列为受胁（即极危、濒危、

---

① Shaun Hurrell. *Small Bird, Big Message.* Birdlife.org, 1 April 2016.

易危）的中国鸟类种数为89种（2015年11月19日更新），当中有21种受胁鸟种为东亚—澳大利西亚迁飞路线上的水鸟，换言之最少有接近25%的受胁鸟种集中在中国东部沿岸区域。

　　上述的数字只是一些最基本的数据，由于国内缺乏长期系统化、体制化的全国性鸟类普查[①]，亦没有像英国鸟类学信托基金会那样定期进行全国性鸟类普查——我们连很多常见鸟的整体数量、它们的繁殖地分布变化等基本数据也欠缺——所以国内鸟类的整体状况和数字仍然存在很多空白和灰色地带。中国鸟类的现况目前只有碎片化的调查和数据，例如不同部门及地方政府自己进行的调查，国际机构如世界自然基金会和世界自然保护联盟以及鸟会等民间组织的调查，或者是观鸟者个人录得的观察数据等，这些调查和数据不一定公开，亦没有统一的调查方法和标准。我们对国内受胁鸟种的现况，包括繁殖地的最新分布及种群数量，除了几种已备受关注的濒危鸟种如中华凤头燕鸥、勺嘴鹬、黑脸琵鹭及栗斑腹鹀以外，更多的受胁鸟种的最新状况都是不明或资料不全。再说，上述几种被列为濒危甚至极危的鸟种，均没有被列入国家一级保护名录。以鹀为例，中国鸟类名录上列有30种鹀，其中5种已被《世界自然保护联盟濒危物种红色名录》列为受胁物种，但没有任何一种鹀被列为国家一级重点保护物种。国际鸟盟于2015年3月发表的欧洲红色名录最新评估显示[②]，田鹀（Rustic Bunting, *Emberiza rustica*）的数量在20世纪下半叶急剧下跌，约占30%至49%，是继黄胸鹀后另一种数量下跌速度最快的鹀，可能会步黄胸鹀后尘被列为濒危物种，但目前仍未受到国家重点保护。

---

① 目前国内并无定期进行的全国性鸟类普查，而首次全国性冬季水鸟同步调查，则由国家林业局统一组织实施，于2016年1月8日至17日进行。本次调查涉及全国31个省、自治区和直辖市行政区域（暂不包括台湾、香港和澳门），调查范围包括846个调查区域，5,255个观测点。包括44个国家级自然保护区，45个省级自然保护区，37个其他级别自然保护区，3个国际重要湿地，9个国家重要湿地，48个省级重要湿地和76个各级湿地公园。

② Birdlife International. 2015. Red List Assessment.

II. 养鸟、吃鸟

由于文化积累下来的习惯，我国的养鸟和吃鸟文化是其中一个威胁鸟类生存的原因。为了迎合这些需求，打鸟、非法捕鸟的活动一直难以遏止，很多鸟种如黄胸鹀（俗称禾花雀）因为长年被大量捕猎食用而变得越来越少，从2000年仍被世界自然保护联盟列为"无危"，到2013年已升级为"濒危"物种，估计目前国内约剩10,000只迁徙个体。究竟捕猎对鸟类带来多大的影响？一群来自美国、澳洲及亚洲的学者和专家于2016年发表了一篇学术报告，以苏门答腊为研究地点，论述鸟类贩卖跟鸟类数量的关系。东南亚的鸟类贩卖活动也非常活跃，人们为了观赏、食用、入药、宗教放生等理由而捕鸟，目前已知曾被贩卖的鸟类超过1,000种。报告里用了一项为期14年的鸟类普查数据，加上他们采访了49位捕鸟人，最后在苏门答腊南部发现的154种鸟里，市场价格越高的鸟类，数量也随时间而呈明显下降趋势。"捕猎跟生境流失的情况不同，捕猎导致的影响并不容易直接观察，亦不能从短期的野外考察中发现，但越来越多的证据显示，捕猎对印度尼西亚甚至东南亚的生物多样性造成严重的威胁。"[①]

III.《野生动物保护法》

《野生动物保护法》（简称《野保法》）是目前国内用以保护野生动物以及打击所有伤害野生动物福利的重要法律，在法律涵盖的范围里，野生动物原则上受到应有的保护，但正如世上很多法律皆存在不足之处，以及尚待改善的地方，国内的保护人士对《野保法》也有多种不同的意见。其中最受争议的条款是关于"人工繁育野生动物"，其中包括国家重点保护的野生动物。"人工繁育"是一个复杂的课题，在鸟类保护的历史上，很多珍稀鸟类曾因人工繁育的方式

① J. Berton C. Harris, et al. 2016. *Bird Declines from Pet Trade*. Contributed Paper.

才脱离灭绝边缘，朱鹮（Crested Ibis, *Nipponia nippon*）便是最著名的例子。不过，当法律的灰色地带被滥用的时候，保护野生动物的目的便会变质，最后更可能令更多野生动物受到伤害，甚至会影响生态系统。

Ⅳ．生境遭受发展的威胁

在中国高速发展的几十年里，国内鸟类的多种生境已经历了不同程度的变化甚至遭到严重破坏，其中最严重的便是人口密集的东部，包括沿海湿地、农田及森林的消失。在多种重要生境遭受威胁的情况里，大部分受访鸟人最担心的首推东部沿岸湿地的消失，主要是因为这些湿地都是东亚—澳大利西亚迁飞路线上的重要中转站，很多候鸟的福祉甚至存亡，都跟中国东部沿岸湿地有着唇亡齿寒的关系。

Ⅴ．自然保护区的管理

自然保护区是一种重要的保护手段，理论上，自然保护区的存在应能协助缓和经济发展和自然生态之间的矛盾。在现实的情况里，自然保护区的评估、选址、规划及管理，皆极为影响一个地方的整体生态状况。

在20世纪70年代末已为亚洲多个国家评估自然生态状况、订立自然保护区标准的生物多样性和保护专家马敬能，于80年代开始在中国参与多项环境评估及保护的项目，对于国内的自然保护区提出以下看法：

在很多自然保护区里，你能看见美丽的树林，但除了茂密的林子以外，你很难看见应该在那里出现的其他生物——灵长类动物、肉食性动物等，整个森林像死寂了一样。这些应该在保护区里生活的野生动物，都被拿去进行人工繁育了，管理者其实不关心保护区里有没有动物，只要能人工繁育它们，让大众看到它们，便当是保护成功。事实上，所有人工繁育的做法，不论是金丝猴类、雉类或熊猫等濒危物种，对野生动物的保护都造成极大伤害，因为人们把这些动物从野外拿去进行人工繁育后，并不会回放到野外。这就是很多自然保护区里的野生动物数量不多的原因之一。

从20世纪80年代开始便经常在中国观鸟的孔思义，多年来差不多跑遍大江南北观鸟，对国内的自然保护区也有另一番体验：

现在越来越多有科研背景的年轻人加入管理自然保护区，令人对保护的前景感到还有希望。我们乐于见到保护区既能从生态旅游获得收益，又能做到保护自然生态，但现实是我看见平衡点都侧重在前者身上——国内很多自然保护区，不论是国家级、省级还是地方，似乎都只志在吸引游客，而不是志在保护自然生态。如果有哪个保护区突然不让进入，那不是为了保护环境或野生动物，而极可能是有人在做一些见不得光的事情，例如非法伐木、非法捕猎或进行一些违章基建。作为一个外国人，我明白每个国家都有不同国情，但如果我看不到自然保护区真的在保护自然，我不会违心赞美的。

因为采访工作和观鸟而深入多个国内自然保护区的《中国日报》记者陈亮，同样看到国内很多自然保护区的问题：

国内有一个很常见的问题，就是鸟况真正好的点都不划在保护区内，保护区里往往都没什么好的鸟类的生境。这也不一定是外行人管内行事的结果，有时候他们挺内行的，可能看到一个林子挺好的，感觉可以开发成旅游区，他们就把这林子划在保护区外头。比方说，金峰岭里面有一个旅游步道，这步道的鸟况非常好，那片林子也很好，而这景点里有一个保护区，也有路让人走，但里面基本没什么鸟。保护区里没有鸟，很讽刺吧。

VI. 人鸟并存

不少从事保护工作的受访鸟人皆表示，在保护野生动物的成功条件里，其中一项是"在地保护"，如果一项保护措施缺少当地人的参与，成功机会不会太高。近年在云南百花岭上兴起了一种"水坑鸟摄"的活动，当地人都在山上鸟况比较好的地方建"水坑"，架起帐篷，为鸟摄爱好者提供很好的拍鸟机会。当地人发现鸟儿能为他们带来稳定而可观的收入，于是由打鸟变成"引鸟"，也不再破坏附近的树林，被视为一个人鸟并存的成功例子。曾在百花岭采访的陈亮说："百花岭的水塘形式，像是一个缓冲区，这种形式我觉得还不错，当然这种引鸟的方式长期来说对种群有什么影响还不知道，但至少这种模式可以大量保存山上其他生境。"

VII. 国家对野生动物保护工作的重视

2016年除了迎来《野生动物保护法》的修订工作，也发生了另一件重要事情。1月份发布的中央一号文件，第二部分第9条提到了"加强自然保护区建设和管理，对重要生态系统和物种资源实行强制性保护"。这是中央一号文件第一次提及野生动物保护的事情，积极的看法是"野生动物保护"至少已被提上更高的日程，相信所有关注野生动物福利的保护人士，也乐于见到野生动物受到官方更多的注视。长远来说，当然更希望看见保护的成效，生物多样性的流失速度能放缓，以及生态系统得到平衡。

4. 生物多样性和生态系统的重要性

谈到保护，很多时候都是在谈保持生物多样性及维持生态系统的平衡，究竟它们为何重要，而如果人类继续放任不管地发展经济，又会有何后果？

I. 生物多样性

如前述所言，"生物多样性"的概念出现不到50年，但随着更多国家意识到其重要性，联合国于20世纪80年代末成立了"跨政府生物多样性与生态系统服务平台"（Intergovernmental Platform on Biodiversity and Ecosystem Services，简称IPBES），提供地区性和国际性的生物多样性和生态系统服务的评估。这些评估能协助各国政府制定符合可持续发展目标的政策，其中包括于1992年成立的《生物多样性公约》（*Conventions for Biological Diversity*），这项公约至今已有包括中国在内的接近200个国家签署。所有签署国家皆要遵守公约设定的发展标准，例如"爱知生物多样性目标"（Aichi targets for 2020），力求在发展与保护之间取得最佳平衡。

国内推动生物多样性保护的计划，早在1994年就开始了，国务院在1994年6月正式发布的《中国生物多样性保护行动计划》中提出27个重要区域的80个自然保护区作为森林生态系统优先保护地点；24个自然保护区作为草原、荒漠生态系统的重要保护地点；29处自然保护区作为湿地、水域生态系统的重要保护地点；23处自然保护区作为海洋海岸生态系统的重要保护地点。在2010年，环保部印发《中国生物多样性保护战略与行动计划》（2011—2030年），列举了32个内陆陆地及水域生物多样性保护优先区域以及3个海洋与海岸保护优先区。2015年12月31日，环保部办公厅印发了《关于发布"中国生物多样性保护优先区域范围"的公告》。北京大学自然保护与社会发展研究中心的王昊博士认为，公告的做法带来不少正面的影响。"32块边界清晰的地图，里面围着接近29%的陆地国土面积和最有价值的生物多样性，有最高的保护优先级。环保部把2010年的文字描述落实到2015年的地图，解决技术层面的困难固然值得赞赏，但敢于向公众公开地图更值得钦佩。有了边界，普通人也能知道哪里开发应该给保护让路，哪里的官员应该为自然负更多的责任，哪些地方的政府做得好，哪些做得不好。然而，32块保护优先区还不足以保护中国所有的生物多样性，区外还有不能连成大片的、面积较小的优先区需要不断地被识别出来，予以保护。地图的公布，无疑使得这些进步都变为可能。"①

不过，中国幅员辽阔，人口众多，尽管不少重要生境已列作生物多样性保护优先区，但令人忧心的是保护优先区里的情况并不如预设中理想，而未列入优先区的生境，正面对着更严峻的局面。"我们最近开展的一项基于'最受关注濒危物种'在中国分布格局的分析显示，中国东部尚有大量国际受胁物种集中分布在沿海、沿江，以及星散在江淮平原和长江中下游广大范围内的一系列湿地中。虽然中国沿海地区几乎完全被包括在三个海洋类型的生物多样性保护优先区中，但大量研究工作显示中国沿海野生动物（如候鸟和洄游鱼类）栖息地快速丧失的势头并未得到遏制，其保护以及监管任务极其繁重艰巨，却又十分紧迫。"②

放任不管的发展会令生物多样性流失，导致物种灭绝，最后会带来生态系统的崩溃及生态灾难。东南亚的城市化发展及大量伐木已严重破坏自然环境，根据一份报告所述③，单在2003年，一共已录得3种植物及8种动物在东南亚正式灭绝。如果目前的情况继续发展下去，在进入下世纪前，东南亚会失去大约四分之三的原始森林，这意味着更多的物种将面临灭绝的命运。专家预计在2100年，东南亚的物种数量会减少13%到42%，当中最少有一半是东南亚特有种，它们的灭绝意味着全球的生物多样性将受到重创，更重要的是，这种重创会带来严重的生态灾难。

II. 生态系统的崩溃

生态系统服务为人类带来清洁的空气、干净的水源、安全的食材

---

①② 闻丞，"中国野生动植物最喜欢的35个地方，你去过几个？"，山水自然保护中心，2016年1月21日。

③ Navjot S. Sodhi, et al. (December 2004). Southeast Asian Biodiversity and Impending Disaster. *Trends in Ecology and Evolution* 19 (12).

和重要的发展资源。不过，生态系统像把双刃剑，其产出的生态价值能为人类所享用，让我们得以繁盛发展，但当我们过度发展以致系统失衡时，所带来的灾难却未必是我们所能承受的。

根据一篇学术文章①，生态系统的失衡一旦过了临界点，便会以很快的速度崩溃，并且不能恢复过来。目前有很多证据显示，生态系统的失衡已不是地区程度，而是全球化的程度。到目前为止，地球上43%的非冰雪陆地已被开发为农牧业生产、建设城市等用途，当超过50%的天然林地消失时，便是全球生态系统进入不能恢复的大崩溃状态。其实，目前不少生态灾难已给人类带来直接影响：过度捕鱼令北大西洋的鳕鱼种群出现衰退，全球变暖令北美西部的中欧山松大小蠹（Mountain Pine Beetle, *Dendroctonus ponderosae*）大量爆发，至今已有超过8,000万亩树林受到虫害而大量死亡。新墨西哥大学的生态学家詹姆斯·布朗（James H. Brown）说："这些数字让我很害怕，我们制造了人口和经济的大泡沫，只要你细心计算一下，便知道地球根本不能承受这些泡沫。"②

牛津大学人类社会未来研究院（Future of Humanity Institute, Oxford University）于2015年发表了《全球挑战：威胁人类文明的12项危机》的危机评估报告③，把"人类文明崩溃"定义为全球人口数量和政治—经济—社会系统的复杂性出现长期持续的大幅下降，而导致人类文明崩溃的12种危机皆会带来不能预估的冲击，但并非完全不能预防。这12项危机包括极端气候变化、核战、生态灾难、全球化传染病、全球系统崩溃、严重的彗星冲击、超级火山爆发、生物武器、纳米技术、人工智能、未来的全球恶劣管理、未知的危机，其中头5项被列为

---

① Anthony D. Barnosky, et al. 2012. Approaching a State Shift in Earth's Biosphere. Nature DOI:10.1038/nature11018.

② Brian Merchant. 2015-10-29. Scientists Fear Global Ecological Collapse Once 50% of the Natural Landscape is Gone. TreeHugger.

③ Dennis Pamlin, et al. 2015. Global Challenges: 12 Risks that Threaten Human Civilizations. Global Challenges Foundation.

"已发生"的危机，因为它们已对人类的经济和技术发展造成威胁。这份报告指出，生态灾难将给人类文明带来的威胁包括以下几项：

- 将人类的食物系统置于危险的位置，可能引起大饥荒。
- 洪水泛滥的概率提高，并会导致相关的自然灾害。
- 对人类的影响是长期的，甚至会影响很多代人类。
- 全球大约40%的贸易皆来自农业、渔业、林业及以植物为基础的药品业，生物多样性能为人类的创新科技带来珍贵的资源库，但生物多样性的流失速度已达警戒线，目前可量度的流失率是人类在地球出现前的100到1,000倍。根据世界自然保护联盟的数据，大约21,000种生物正面临灭绝危机，有专家认为我们已进入地质学上一个新纪元：人类世（Anthropocene），即人类的活动已成为改变生物圈的主要力量。
- 随着面临灭绝的物种数量不断增加，生物圈已呈现出全球生态系统将越过临界点的征兆，人类一直不断攫取的地球资源，将在几代人的时间里发生不可逆转的变化。

5. 我可以做什么？

保护是个复杂的大题目，并非个人层面能解决的事情，而各种令人忧心的数据，也很容易让人对未来感到悲观，或者有人会觉得危言耸听。不论地球和人类的未来是悲观还是乐观，假如我们相信自然环境的变化是人类的一种"共业"，那么我们每个人的保护力量加起来是不容小觑的，甚至是一种必行之义。与其担忧未来，更积极的做法是从个人做起，为保护我们的唯一栖息地尽最基本的责任。

支持本地绿色团体

"假如我们不支持这些团体，谁会保护重要的生境？如果你重视你身边的自然环境，你应该大力支持本地的绿色团体，别以为它们是天上掉下来的。"孔思义和黄亚萍说。

培养一种低碳的生活习惯，并持之以恒

根据香港BSAP（Biodiversity Strategy and Action Plan）小组所发表的数据，如果所有人的生活方式像香港人那样高碳和浪费，我们需要3.5个地球才够生存下去。

成为在地物种的保护大使

不论你身处城市还是乡村，你身边都有多样物种值得去保护。挑一种你最喜欢的在地物种，成为它们的代言人，为它们发声，保护它们的生境。

6. 结语

"经济发展在中国是必需的，但生态教育也可以同时于全国广泛开展。在水土流失和伐木情况严重的发展中国家如多米尼加共和国与柬埔寨，经济发展和生态教育——看似是矛盾的两极——可以并行不悖。在中国也一样，国家的植树政策、人们对水源保护的关注等，都反映了生态系统的保护跟经济发展是同样必需而重要的。接下来要做的是，我们需要教育人们，让他们明白一个能让小鸟健康地存活的生态系统，正是人类同样需要的生态系统。如果这种共识不能获全国各阶层的认同，那么现在所做的保护措施都只能发挥短期效益，而发展所带来的长期破坏将被无视。这种无视是致命的！"（莫克伦）